JN026546

農業経営統計調査報告

令和元年

畜 産 物 生 産 費
大臣官房統計部

令 和 5 年 1 月

農林水産省

目　　　次

利 用 者 の た め に

1 調査の概要

(1) 調査の目的

　農業経営統計調査「畜産物生産費統計」は、牛乳、子牛、乳用雄育成牛、交雑種育成牛、去勢若齢肥育牛、乳用雄肥育牛、交雑種肥育牛及び肥育豚の生産費の実態を明らかにし、畜産物価格の安定をはじめとする畜産行政及び畜産経営の改善に必要な資料の整備を行うことを目的としている。

(2) 調査の沿革

　わが国の畜産物生産費調査は、昭和26年に農林省統計調査部において牛乳生産費調査を実施したのが始まりで、その後、国民の食料消費構造の変化から畜産物の需要が増加する中で、昭和29年に酪農及び肉用牛生産の振興に関する法律（昭和29年法律第182号）が施行されたことに伴い、牛乳生産費調査を拡充した。昭和33年に食肉価格が急騰し、食肉の需給安定対策が緊急の課題となったことに伴い、昭和34年から子牛、肥育牛、子豚及び肥育豚の生産費調査を開始し、翌35年に養鶏振興法（昭和35年法律第49号）が制定されたことを契機に鶏卵生産費調査を開始した。

　昭和36年には畜産物の価格安定等に関する法律（昭和36年法律第183号）が、昭和40年には加工原料乳生産者補給金等暫定措置法（昭和40年法律第112号）がそれぞれ施行されたことにより、価格安定対策の資料としての必要性から各種畜産物生産費調査の規模を大幅に拡充し、昭和42年にはブロイラー生産費調査、昭和48年には乳用雄肥育牛生産費調査をそれぞれ開始した。

　昭和63年には、牛肉の輸入自由化に関連した国内対策として肉用子牛生産安定等特別措置法（昭和63年法律第98号）が施行され、肉用子牛価格安定制度が抜本的に強化拡充されたことに伴い、乳用雄育成牛生産費調査を開始した。

　その後の農業・農山村・農業経営の実態変化は著しく、こうした実態を的確に捉えたものとするため、平成2年から3年にかけて生産費調査の見直し検討を行い、その結果を踏まえ、平成3年には農業及び農業経営の著しい変化に対応できるよう一部改正を行った。

　その後は、ブロイラー生産費調査は平成4年まで、鶏卵生産費調査は平成6年まで実施し、それ以降は調査を廃止し、また、養豚経営において、子取り経営農家及び肥育経営農家の割合が低下し、子取りから肥育までを一貫して行う養豚経営農家の割合が高まっている状況に鑑み、平成5年から肥育豚生産費調査対象農家を、これまでの肥育経営農家から一貫経営農家に変更した。これに伴い、子豚生産費調査を廃止した。

　平成6年には、農業経営の実態把握に重点を置き、多面的な統計作成が可能な調査体系とすることを目的に、従来、別体系で実施していた農家経済調査と農畜産物繭生産費調査を統合し「農業経営統計調査」（指定統計第119号）として、農業経営統計調査規則（平成6年農林水産省令第42号）に基づき実施されることとなった。

　畜産物生産費については、平成7年から農業経営統計調査の下「畜産物生産費統計」として取りまとめることとなり、同時に間接労働の取扱い等の改正を行い、また、平成10年から家族労働費について、それまでの男女別評価から男女同一評価（当該地域で男女を問わず実際に支払われた平均賃金による評価）に改定が行われた。

平成11年度からは、多様な肉用牛経営について畜種別に把握するため「交雑種肥育牛生産費統計」及び「交雑種育成牛生産費統計」の取りまとめをそれぞれ開始した。また、畜産物価格算定時期の変更に伴い調査期間を変更し、全ての畜種について当年4月から翌年3月とした。

　平成16年には、食料・農業・農村基本計画等の新たな施策の展開に応えるため農業経営統計調査を、営農類型別・地域別に経営実態を把握する営農類型別経営統計に編成する調査体系の再編・整備等の所要の見直しを行った。これに伴って畜産物生産費についても、平成16年度から農家の農業経営全体の農業収支、自家農業投下労働時間の把握の取りやめ、自動車費を農機具費から分離・表章する等の一部改正を行った。

　令和元年から、調査への決算書類等の活用の幅が広がる等、調査の効率化を図るため、全ての畜種について調査期間を当年1月から12月へ変更した。

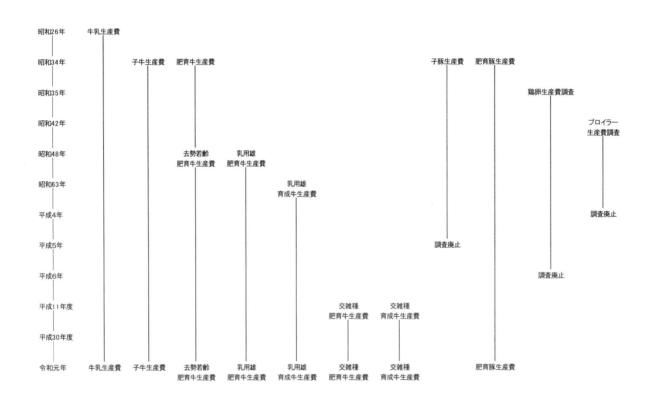

(3)　調査の根拠法令

　　統計法（平成19年法律第53号）第9条第1項の規定に基づく総務大臣の承認を受けて実施した基幹統計調査（基幹統計である農業経営統計を作成する調査）として、農業経営統計調査規則（平成6年農林水産省令第42号）に基づき実施した。

(4)　調査の機構

　　農林水産省大臣官房統計部及び地方組織（地方農政局、北海道農政事務所、内閣府沖縄総合事務局及び内閣府沖縄総合事務局の農林水産センター）を通じて実施した。

(5)　調査の体系

　　農業経営統計調査は、営農類型別経営統計及び生産費統計の２つの体系から構成されており、それぞれ図のとおりである。

農 業 経 営 統 計 調 査 の 体 系 図

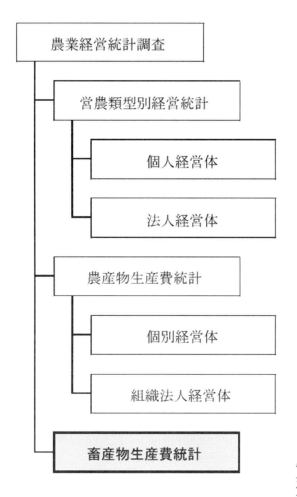

　　　　　　　　　　　　　　　　　　　　［畜産物生産費統計で統計を作成する品目］
　　　　　　　　　　　　　　　　　　　　牛乳、去勢若齢肥育牛、乳用雄肥育牛、
　　　　　　　　　　　　　　　　　　　　交雑種肥育牛、子牛、乳用雄育成牛、
　　　　　　　　　　　　　　　　　　　　交雑種育成牛、肥育豚

(6)　本資料の収録範囲

　　本資料は、農業経営統計調査のうち畜産物生産費統計について収録した。

(7)　調査対象

　　本調査における調査対象は、次のとおりである。

　　農業生産物の販売を目的とし、世帯による農業経営を行う農業経営体（法人格を有する経営体を含む。）であり、かつ畜種ごとに、次の条件に該当するものである。

　　牛 乳 生 産 費：　搾乳牛（ホルスタイン種等の乳用種に限る。）を１頭以上飼養し、生乳を販売する経営体

　　子 牛 生 産 費：　肉用種の繁殖雌牛を２頭以上飼養して子牛を生産し、販売又は自家肥育に仕向ける経営体

育　成　牛　生　産　費
　　　　乳用雄育成牛生産費：　肥育用もと牛とする目的で育成している乳用雄牛を５頭以上飼養し、
　　　　　　　　　　　　　　　　販売又は自家肥育に仕向ける経営体
　　　　交雑種育成牛生産費：　肥育用もと牛とする目的で育成している交雑種牛を５頭以上飼養し、
　　　　　　　　　　　　　　　　販売又は自家肥育に仕向ける経営体
　　　肥　育　牛　生　産　費
　　　　去勢若齢肥育牛生産費：　肥育を目的とする去勢若齢和牛を１頭以上飼養し、販売する経営体
　　　　乳用雄肥育牛生産費：　肥育を目的とする乳用雄牛を１頭以上飼養し、販売する経営体
　　　　交雑種肥育牛生産費：　肥育を目的とする交雑種牛を１頭以上飼養し、販売する経営体
　　　肥　育　豚　生　産　費：　肥育豚を年間 20 頭以上販売し、肥育用もと豚に占める自家生産子豚
　　　　　　　　　　　　　　　　の割合が７割以上の経営体

　　なお、農業経営体とは、次のア又はイに該当する事業を行う者をいう。
　ア　経営耕地面積が30a 以上の規模の農業
　イ　農作物の作付面積又は栽培面積、家畜の飼養頭羽数又はその出荷羽数その他の事業の規模が次に
　　　示す農業経営体の外形基準（面積、頭数等といった物的指標）以上の農業
　　　　露地野菜作付面積　　15 a
　　　　施設野菜栽培面積　　350㎡
　　　　果樹栽培面積　　　　10 a
　　　　露地花き栽培面積　　10 a
　　　　施設花き栽培面積　　250㎡
　　　　搾乳牛飼養頭数　　　 1 頭
　　　　肥育牛飼養頭数　　　 1 頭
　　　　豚飼養頭数　　　　　15頭
　　　　採卵鶏飼養羽数　　　150羽
　　　　ブロイラー年間出荷羽数　　1,000羽
　　　　その他　　１年間における農業生産物の総販売額が50万円以上に相当する事業の規模

(8)　調査の対象と調査対象経営体の選定方法
　　　　生産費統計作成の畜種ごとに、2015 年農林業センサス結果において調査の対象に該当した経営体を
　　　一覧表に整理して母集団リストを編成し、調査対象経営体を抽出した。
　　ア　対象品目別経営体リストの作成
　　　　　調査対象品目ごとに 2015 年農林業センサスに基づき、次の経営体を飼養頭数規模別及び全国農
　　　　業地域別に区分したリストを作成した。なお、対象品目別の飼養頭数規模階層は表１を参照。
　　　（ア）　牛乳生産費
　　　　　　乳用牛（24 か月齢以上。以下同じ。）を飼養する経営体
　　　（イ）　肥育牛生産費
　　　　　　和牛などの肉用種（肥育中の牛）、肉用として飼っている乳用種（肥育中の牛）又は和牛と乳
　　　　　用種の交雑種（肥育中の牛）を飼養する経営体

(ｳ) 子牛生産費

　　和牛などの肉用種（子取り用雌牛）（以下「繁殖雌牛」という。）を飼養する経営体

(ｴ) 育成牛生産費

　　肉用として飼っている乳用種（売る予定の子牛）又は和牛と乳用種の交雑種（売る予定の子牛）を飼養する経営体

(ｵ) 肥育豚生産費

　　肥育豚を飼養する経営体

表1　畜産物生産費統計の飼養頭数規模階層

区　　分	規　　模　　区　　分							
牛　　　乳	20頭未満	20〜30	30〜50	50〜100	100〜200	200頭以上		
去勢若齢肥育牛 乳用雄肥育牛 交雑種肥育牛	10頭未満	10〜20	20〜30	30〜50	50〜100	100〜200	200〜500	500頭以上
子　　　牛	2〜5頭未満	5〜10	10〜20	20〜50	50〜100	100頭以上		
乳用雄育成牛 交雑種育成牛	5〜20頭未満	20〜50	50〜100	100〜200	200頭以上			
肥　育　豚	100頭未満	100〜300	300〜500	500〜1,000	1,000〜2,000	2,000頭以上		

イ　調査対象経営体数（標本の大きさ）の算出

　　調査対象経営体数（標本の大きさ）については、資本利子・地代全額算入生産費（以下「全算入生産費」という。）を指標とした目標精度（標準誤差率）に基づき、それぞれ必要な調査対象経営体数を算出した（表2参照）。

表2　目標精度、調査対象経営体数及び抽出率

単位：経営体

		指標	目標精度 （標準誤差率）	調査対象経営体数 （標本の大きさ）	抽出率
牛乳	北海道	生乳100kg（乳脂肪分3.5%換算）当たり全算入生産費	1.0	234	1/ 26
	都府県		2.0	188	1/ 57
	小計		－	422	1/ 40
去勢若齢肥育牛		肥育牛1頭当たり全算入生産費	2.0	299	1/ 27
乳用雄肥育牛			2.0	84	1/ 14
交雑種肥育牛			2.0	96	1/ 19
子牛		子牛1頭当たり全算入生産費	2.0	188	1/187
乳用雄育成牛		育成牛1頭当たり全算入生産費	3.0	53	1/ 11
交雑種育成牛			3.0	60	1/ 23
肥育豚		肥育豚1頭当たり全算入生産費	2.0	100	1/ 20

ウ　標本配分

（ア）　牛乳生産費

　　イで定めた北海道、都府県別の調査対象経営体数を飼養頭数規模別に最適配分し、更に全国農業地域別の乳用牛を飼養する経営体数に応じて比例配分した。この際、都府県において規模階層別の精度が4％を下回った階層について、精度が4％となるまで調査対象経営体を追加し、全国農業地域別の精度が8％を下回った全国農業地域について、精度が8％となるまで調査対象経営体を追加した。

（イ）　牛乳生産費以外

　　イで定めた調査対象経営体数を飼養頭数規模別に最適配分し、更に全国農業地域別に該当畜を飼養する経営体数に応じて比例配分した。

エ　標本抽出

　　アで作成した対象品目別経営体リストにおいて、該当畜を飼養頭数の小さい経営体から順に並べた上で、ウで配分した当該規模階層の調査対象経営体数で等分し、等分したそれぞれの区分から1経営体ずつ無作為に抽出した。

（9）　調査の時期

ア　調査期間

　　調査期間は、平成31年1月1日から令和元年12月31日までの1年間である。

イ　調査票の配布時期及び提出期限

　　調査期間より前に配布し、提出期限については調査期間終了月の翌々月とした。

　　なお、令和元年調査については、新型コロナウイルス感染症の影響を踏まえ、調査票の提出期限を4か月延期した。

(10) 調査事項

ア　経営の概況

イ　生産物の販売等の状況又は調査対象畜の取引状況

ウ　調査対象畜産物の生産に使用した資材等に関する事項

エ　物件税及び公課諸負担に関する事項

オ　消費税

カ　借入金（買掛未払金を含む。）及び支払利子に関する事項

キ　出荷に要した経費（牛乳生産費を除く。）

ク　建物及び構築物（土地改良設備を含む。）の所有状況

ケ　自動車（自動二輪・三輪を含む。）の所有状況

コ　農業機械（生産管理機器を含む。）の所有状況

サ　農具の購入費等に関する事項

シ　搾乳牛等の所有状況（牛乳生産費のみ）

ス　土地の面積及び地代に関する事項

セ　労働に関する事項

ソ　乳用牛の月齢別の飼育経費に関する事項（牛乳生産費のみ）

(11) 調査対象畜となるものの範囲

この調査において、生産費を把握する対象とする家畜の種類は、次のとおりである。

ア　牛乳生産費統計

搾乳牛及び調査期間中にその搾乳牛から生まれた子牛。ただし、子牛については、生後10日齢までを調査の対象とし、副産物として取り扱っている（調査開始時以前に生まれた子牛、調査期間中に生まれ10日齢を超えた子牛等は対象外とした。）。

イ　子牛生産費統計

繁殖雌牛及びその繁殖雌牛から生まれた子牛（肥育牛（育成が終了した牛）あるいは使役専用の牛、種雄牛等は対象外とした。）。

ウ　育成牛生産費統計

肥育用もと牛とする目的で育成している牛（肉用種の子牛、搾乳牛に仕向けるために育成している牛、育成が終了した牛は対象外とした。）。

エ　肥育牛生産費統計

肉用として販売する目的で肥育している牛（繁殖雌牛及びその繁殖雌牛から生まれた子牛は対象外とした。ただし、育成が終了し肥育中のものは対象とした。）。

オ　肥育豚生産費統計

肉用として販売する目的で飼養されている豚及びその生産にかかわる全ての豚（肉豚、子豚生産のための繁殖雌豚、種雄豚、繁殖用後継豚として育成中の豚、繁殖用豚生産のための原種豚及び繁

殖能力消滅後肥育されている豚）。

(12) 調査方法

　　職員又は統計調査員が調査票を調査対象経営体に配布し、原則として調査対象経営体が記入し、郵送、オンライン又は職員若しくは統計調査員により回収（決算書類等の提供を含む。）した。

　　また、必要に応じて、職員又は統計調査員による調査対象経営体に対する面接調査の方法も併用した。

2　調査上の主な約束事項

(1)　畜産物生産費の概念

　　畜産物生産費統計において、「生産費」とは、畜産物の一定単位量の生産のために消費した経済費用の合計をいう。ここでいう費用の合計とは、具体的には、畜産物の生産に要した材料（種付料、飼料、敷料、光熱動力、獣医師料及び医薬品、その他の諸材料）、賃借料及び料金、物件税及び公課諸負担、労働費（雇用・家族（生産管理労働も含む。））、固定資産（建物、自動車、農機具、生産管理機器、家畜）の財貨及び用役の合計をいう。

　　なお、これらの各項目の具体的事例は、別表1を参照されたい。

(2)　主な約束事項

ア　生産費の種別（生産費統計においては、「生産費」を次の3種類に区分する。）

(ｱ)　「生産費（副産物価額差引）」

　　調査対象畜産物の生産に要して費用合計から副産物価額を控除したもの

(ｲ)　「支払利子・地代算入生産費」

　　「生産費（副産物価額差引）」に支払利子及び支払地代を加えたもの

(ｳ)　「資本利子・地代全額算入生産費」

　　「支払利子・地代算入生産費」に自己資本利子及び自作地地代を擬制的に計算して算入したもの

イ　物財費

　　調査対象畜を生産するために消費した流動財費（種付料、飼料費、敷料費、光熱動力費、獣医師料及び医薬品費、その他の諸材料費等）及び固定財（建物、自動車、農機具、生産管理機器、家畜の償却資産）の減価償却費を合計したものである。

　　なお、流動財費は、購入したものについてはその支払額、自給したものについてはその評価額により算出した。

(ｱ)　種付料

　　牛乳生産費統計、子牛生産費統計及び肥育豚生産費統計における種付料は、搾乳牛、繁殖雌牛及び繁殖雌豚に、計算期間中に種付けに要した精液代、種付料金等を計上した。

　　なお、自家で種雄牛を飼養し、種付けに使用している場合の種付料は、その地方の1回の受精に要する種付料で評価した。ただし、肥育豚生産費統計では、自家で飼養している種雄豚により種付けを行った場合は「種雄豚費」を計上しているので、種付料は計上しない。

(ｲ)　もと畜費

育成牛生産費統計、肥育牛生産費統計及び肥育豚生産費統計におけるもと畜費は、もと畜そのものの価額に、もと畜を購入するために要した諸経費も計上した。自家生産のもと畜は、その地方の市価により評価した。

なお、肥育豚生産費統計における自家生産のもと畜については、その育成に要した費用を各費目に計上しているため、もと畜費としては計上しない。

(ウ) 飼料費

 a 流通飼料費

 (a) 購入飼料費

 実際の飼料の購入価額、購入付帯費及び委託加工料を計上した。

 なお、生産費調査では、配合飼料価格安定基金の積立金及び補てん金は計上しない。

 (b) 自給飼料費

 飼料作物以外の自給の生産物を飼料として給与した場合は、その地方の市価（生産時の経営体受取価格）によって評価して計上した。

 b 牧草・放牧・採草費（自給）

 牧草等の飼料作物の生産に要した費用及び野生草・野乾草・放牧場・採草地に要した費用を計上した。

 なお、労働については、平成7年から労働費のうちの間接労働費として計上している。

(エ) 敷料費

稲わら、麦わら、おがくず、野草など畜舎内の敷料として利用した費用を計上した。

なお、自給敷料はその地方の市価（生産時の経営体受取価格）によって評価して計上した。

(オ) 光熱水量及び動力費

購入又は自家生産した動力材料、燃料、水道料、電気料等を計上した。

(カ) その他の諸材料費

縄、ひも、ビニールシート等の消耗材料など、他の費目に計上できない材料を計上した。

(キ) 獣医師料及び医薬品費

獣医師に支払った料金及び使用した医薬品、防虫剤、殺虫剤、消毒剤等の費用のほか、家畜共済掛金のうちの疾病傷害分を計上した。

(ク) 賃借料及び料金

建物・農機具等の借料、生産のために要した共同負担費、削てい料、きゅう肥を処理するために支払った引取料等を計上した。

(ケ) 物件税及び公課諸負担

畜産物の生産のための装備に賦課される物件税（建物・構築物の固定資産税、自動車税等。ただし、土地の固定資産税は除く。）、畜産物の生産を維持・継続する上で必要不可欠な公課諸負担（集落協議会費、農業協同組合費、自動車損害賠償責任保険等）を計上した。

(コ) 家畜の減価償却費

生産物である牛乳、子牛の生産手段としての搾乳牛、繁殖雌牛の取得に要した費用を減価償却計算を行い計上した。牛乳生産費統計では乳牛償却費、子牛生産費統計では繁殖雌牛償却費という。

また、搾乳牛、繁殖雌牛を廃用した場合は、廃用時の帳簿価額から廃用時の評価額（売却した場合は売却額）を差し引いた額を処分差損益として償却費に加算した（ただし、処分差益が減価

償却費を上回った場合は、統計表上においては減価償却費を負数「△」として表章している。）。

なお、肥育豚生産費統計における繁殖雌豚費及び種雄豚費については、後述(サ)のとおり。

償却費

減価償却費

1か年の減価償却額

＝（取得価額－1円（備忘価額））×耐用年数に応じた償却率

a 取得価額

搾乳牛及び繁殖雌牛の取得価額は初回分べん以降（繁殖雌牛の場合、初回種付け以降）に購入したものは購入価額とし、自家育成した場合にはその地方における家畜市場の取引価格又は実際の売買価格等を参考として、搾乳牛については初回分べん時、繁殖雌牛は初回種付時で評価した。

また、購入した場合は、購入価額に購入に要した費用を含めて計上した。

b 耐用年数に応じた償却率

搾乳牛及び繁殖雌牛の耐用年数に応じた償却率は、減価償却資産の耐用年数等に関する省令（昭和40年大蔵省令第15号）に定められている耐用年数（以下「法定耐用年数」という。）に対応する償却率をそれぞれ用いている。

(サ) 繁殖雌豚費及び種雄豚費

繁殖雌豚及び種雄豚の購入に要した費用を計上した。

なお、自家育成の繁殖畜については、それの生産に要した費用を生産費の各費目に含めているので本費目には計上しない。

(シ) 建物費

建物・構築物の償却費と修繕費を計上した。

また、建物・構築物を廃棄又は売却した場合は、処分時の帳簿価額から処分時の評価額（売却した場合は売却額）を差し引いた額を処分差損益として償却費に加算した（ただし、処分差益が減価償却費を上回った場合は、統計表上においては減価償却費を負数「△」として表章している。）。

a 償却費

減価償却費

1か年の減価償却額

＝（取得価額－1円（備忘価額））×耐用年数に応じた償却率

(a) 取得価額

取得価額は取得に要した価額により評価した。ただし、国及び地方公共団体から補助金を受けて取得した場合は、取得価額から補助金部分を差し引いた残額で、償却費の計算を行った。

(b) 耐用年数に応じた償却率

法定耐用年数に対応した償却率を用いた。

b 修繕費

建物・構築物の維持修繕について、購入又は支払の場合、購入材料の代金及び支払労賃を計上した。

(ス) 自動車費

自動車の減価償却費及び修繕費を計上した。

なお、自動車の償却費と修繕費の計算方法は、建物と同様である。

(セ) 農機具費

農機具の減価償却費及び修繕費を計上した。

なお、農機具の償却費と修繕費の計算方法は、建物と同様である。

(ソ) 生産管理費

畜産物の生産を維持・継続するために使用したパソコン、ファックス、複写機等の生産管理機器の購入費、償却費及び集会出席に要した交通費、技術習得に要した受講料などを計上した。

なお、生産管理機器の償却費の計算方法は、建物と同様である。

ウ　労働費

調査対象畜の生産のために投下された家族労働の評価額と雇用労働に対する支払額の合計である。

(ア) 家族労働評価

調査対象畜の生産のために投下された家族労働については、「毎月勤労統計調査」（厚生労働省）（以下「毎月勤労統計」という。）の「建設業」、「製造業」及び「運輸業，郵便業」に属する５～29人規模の事業所における賃金データ（都道府県単位）を基に算出した単価を乗じて計算したものである。

(イ) 労働時間

労働時間は、直接労働時間と間接労働時間に区分した。

直接労働時間とは、食事・休憩などの時間を除いた調査対象畜の生産に直接投下された労働時間（生産管理労働時間を含む。）であり、間接労働時間とは、自給牧草の生産、建物や農機具の自己修繕等に要した労働時間の調査対象畜の負担部分である。

なお、作業分類の具体的事例は、別表２を参照されたい。

エ　費用合計

調査対象畜を生産するために消費した物財費と労働費の合計である。

オ　副産物価額

副産物とは、主産物（生産費集計対象）の生産過程で主産物と必然的に結合して生産される生産物である。生産費においては、主産物生産に要した費用のみとするため、副産物を市価で評価（費用に相当すると考える。）し、費用合計から差し引くこととしている。

各畜産物生産費の副産物価額については、次のものを計上した。

①　牛乳生産費統計：子牛（生後10日齢時点）及びきゅう肥

②　子牛生産費統計：きゅう肥

③　育成牛生産費統計：事故畜、４か月齢未満で販売された子畜及びきゅう肥

④　肥育牛生産費統計：事故畜及びきゅう肥

⑤　肥育豚生産費統計：事故畜、販売された子豚、繁殖雌豚、種雄豚及びきゅう肥

なお、牛乳生産費統計における子牛については、10日齢以前に販売されたものはその販売価額、10日齢時点で育成中のものは10日齢時点での市価評価額、各畜種のきゅう肥については、販売されたものはその販売価額、自家用に仕向けられたものは費用価計算で評価し、その他の副産物につい

ては、販売価額とした。

カ　資本利子

(ｱ)　支払利子

　調査対象畜の生産のために調査期間内に支払った利子額を計上した。

(ｲ)　自己資本利子

　調査対象畜の生産のために投下された総資本額から、借入資本額を差し引いた自己資本額に年利率４％を乗じて計算した。

　なお、本利率は、統計法に基づく生産費調査開始時（昭和24年）の国債、郵便貯金の利子率を基礎に定めたものを踏襲している。

キ　地代

(ｱ)　支払地代

　調査対象畜の飼養及び飼料作物の生産に利用された土地のうち、借入地について実際に支払った賃借料及び支払地代を計上した。

(ｲ)　自作地地代

　調査対象畜の飼養及び飼料作物の生産に利用された土地のうち、所有地について、その近傍類地（調査対象畜の生産に利用される所有地と地力等が類似している土地）の賃借料又は支払地代により評価した。

3 調査結果の取りまとめ方法と統計表の編成

(1) 調査結果の取りまとめ方法

ア 集計対象（集計経営体）

集計経営体は、調査対象経営体から次の経営体を除いた経営体とした。

- ・調査期間途中で調査対象畜の飼養を中止した経営体
- ・記帳不可能等により調査ができなくなった経営体
- ・調査期間中の家畜の飼養実績が調査対象に該当しなかった経営体

イ 集計方法

各集計経営体について取りまとめた個別の結果（様式は巻末の「個別結果表」に示すとおり。）を用いて、全国又は規模階層別等の集計対象とする区分ごとに、次のウ及びエの算定式により計算単位当たり生産費又は1経営体当たり平均値を算出した。ここで、算定式中のウエイトは次の値を用いた。

(ア) 牛乳生産費統計及び肥育豚生産費統計

飼養頭数規模別及び全国農業地域別の区分ごとの標本抽出率（畜産統計調査結果（平成31年2月1日現在）における当該区分の大きさ（飼養戸数）に対する集計経営体数の比率）の逆数とし、集計経営体ごとに定めた。

$$標本抽出率 = \frac{調査結果において当該階層に該当する畜産物生産費集計経営体数}{畜産統計調査結果における当該階層の大きさ}$$

(イ) 子牛生産費統計、育成牛生産費統計及び肥育牛生産費統計

全国平均値の算出には、(ア)と同様のウエイトを用いた。

全国農業地域別平均値は単純平均により算出しており、その算出には当該ウエイトは用いず、全ての集計経営体のウエイトを「1」とした。

ウ 計算単位当たり生産費の算出方法

生産費は、一定数量の主産物の生産のために要した費用として計算されるものであり、その「計算単位」はできるだけ取引単位に一致させるため、次のとおり主産物の単位数量を生産費の計算単位とした。

(ア) 牛乳生産費統計

牛乳生産費統計における主産物は、調査期間中に搾乳された生乳の全量（販売用、自家用、子牛の給与用）であって、計算の単位は生乳100kg当たりである。

生乳100kg当たりの生産費の算出方法は、次のとおりである。

$$生乳100kg当たりの生産費 = \frac{1頭当たり生産費}{1頭当たり搾乳量（kg）} \times 100$$

この調査では、分母となる搾乳量として乳脂肪分3.5%換算乳量又は実搾乳量を用いている。乳脂肪分3.5%換算乳量の算出方法は、次のとおりである。

$$乳脂肪分3.5\%換算乳量 = \frac{乳脂肪量（実搾乳量 \times 乳脂肪分）}{0.035}$$

(イ) 子牛生産費統計

子牛生産費統計における主産物は、調査期間中に販売又は自家肥育に仕向けられた子牛であって、計算の単位は子牛1頭当たりである。

(ウ) 育成牛生産費統計

育成牛生産費統計における主産物は、ほ育・育成が終了し、肥育用もと牛として調査期間中に販売又は自家肥育に仕向けられたものであって、計算の単位は育成牛1頭当たりである。

(エ) 肥育牛生産費統計

肥育牛生産費統計における主産物は、肥育過程を終了し、調査期間中に肉用として販売された肥育牛であって、計算の単位は肥育牛の生体100kg当たりである。

なお、肥育過程の終了とは、肥育用もと牛を導入し、満肉の状態まで肥育することであるが、肥育牛の場合は、肥育用もと牛の性質（導入時の月齢及び生体重、性別など）、肥育期間、肥育程度等により肥育過程の終了が異なりその判定も困難である。このため、本調査では、その肥育牛が販売された時点をもって肥育終了とし、その肥育牛を主産物とした。

(オ) 肥育豚生産費統計

肥育豚生産費統計における主産物は、調査期間中に肉用として販売された肥育豚（子豚を除く。）であって、計算の単位は肥育豚の生体100kg当たりである。

また、単位頭数当たりの投下費用、あるいは生産費、収益も重要であることから、主産物の単位数量当たり生産費とともに、飼養する家畜1頭当たりの生産費を計算している。

具体的に、これらの平均値については、次の式により算出した。

$$計算単位当たり生産費 = \frac{\sum_{i=1}^{n} w_i c_i}{\sum_{i=1}^{n} w_i v_i}$$

c_i ： 集計対象とする区分に属するi番目の集計経営体の生産費の調査結果
v_i ： 集計対象とする区分に属するi番目の集計経営体の計算単位の数量の調査結果
w_i ： 集計対象とする区分に属するi番目の集計経営体のウエイト
n ： 集計対象とする区分に属する集計経営体数

エ　1経営体当たり平均値の算出方法

　農業従事者数や、経営土地面積、建物等の所有状況などの1経営体当たり平均値については、次の式により算出した。

$$1経営体当たり平均値 = \frac{\sum_{i=1}^{n} w_i x_i}{\sum_{i=1}^{n} w_i}$$

　　xi　：　集計対象とする区分に属するi番目の集計経営体のX項目の調査結果
　　wi　：　集計対象とする区分に属するi番目の集計経営体のウエイト
　　n　：　集計対象とする区分に属する集計経営体数

オ　収益性指標（所得及び家族労働報酬）の計算

　収益性を示す指標として、次のものを計算した。

　収益性指標は本来、農業経営全体の経営計算から求めるべき性格のものであるが、ここでは調査対象畜と他の家畜との収益性を比較する指標として該当対象畜部門についてのみ取りまとめているので、利用に当たっては十分留意されたい。

(ｱ)　所得

　生産費総額から家族労働費、自己資本利子及び自作地地代を控除した額を粗収益から差し引いたものである。

　なお、所得には配合飼料価格安定基金及び肉用子牛生産者補給金等の補助金は含まない。

　　所得＝粗収益－｛生産費総額－（家族労働費＋自己資本利子＋自作地地代）｝

　　　ただし、生産費総額＝費用合計＋支払利子＋支払地代＋自己資本利子＋自作地地代

(ｲ)　1日当たり所得

　所得を家族労働時間で除し、これに8（1日を8時間とみなす。）を乗じて算出したものである。

　　1日当たり所得＝所得÷家族労働時間×8時間（1日換算）

(ｳ)　家族労働報酬

　生産費総額から家族労働費を控除した額を粗収益から差し引いて求めたものである。

　　家族労働報酬＝粗収益－（生産費総額－家族労働費）

(ｴ)　1日当たり家族労働報酬

　家族労働報酬を家族労働時間で除し、これに8（1日を8時間とみなす。）を乗じて算出したものである。

　　1日当たり家族労働報酬＝家族労働報酬÷家族労働時間×8時間（1日換算）

(2)　統計表の編成

　全ての統計表について、全国・飼養頭数規模別、全国農業地域別に編成した。

　なお、牛乳生産費統計については、北海道及び都府県の飼養頭数規模別の統計表を編成した。

(3) 統計の表章

統計表章に用いた全国農業地域及び階層区分は次のとおりである。

ア 全国農業地域区分

全国農業地域名	所属都道府県名
北 海 道	北海道
東 北	青森、岩手、宮城、秋田、山形、福島
北 陸	新潟、富山、石川、福井
関 東 ・ 東 山	茨城、栃木、群馬、埼玉、千葉、東京、神奈川、山梨、長野
東 海	岐阜、静岡、愛知、三重
近 畿	滋賀、京都、大阪、兵庫、奈良、和歌山
中 国	鳥取、島根、岡山、広島、山口
四 国	徳島、香川、愛媛、高知
九 州	福岡、佐賀、長崎、熊本、大分、宮崎、鹿児島
沖 縄	沖縄

注： 子牛、乳用雄育成牛、交雑種育成牛及び乳用雄肥育牛生産費統計の「北陸」については、調査を行っていないため全国農業地域としての表章を行っていない。

　乳用雄育成牛、交雑種育成牛、乳用雄肥育牛及び肥育豚生産費統計の「近畿」については、調査を行っていないため全国農業地域としての表章を行っていない。

　交雑種育成牛及び肥育豚生産費統計の「中国」については、調査を行っていないため全国農業地域としての表章を行っていない。

　子牛及び肥育豚生産費統計以外の「沖縄」については、調査を行っていないため全国農業地域としての表章を行っていない。

イ 階層区分

調査名 階層区分の指標	牛 乳 搾 乳 牛 飼 養 頭 数	子 牛 繁 殖 雌 牛 飼養月平均頭数	育 成 牛 育 成 牛 飼養月平均頭数	肥 育 牛 肥 育 牛 飼養月平均頭数	肥 育 豚 肉 豚 飼養月平均頭数
I	1～20 頭未満	2～5 頭未満	5～20 頭未満	1～10 頭未満	1～100 頭未満
II	20～30	5～10	20～50	10～20	100～300
III	30～50	10～20	50～100	20～30	300～500
IV	50～100	20～50	100～200	30～50	500～1,000
V	100～200	50～100	200 頭以上	50～100	1,000～2,000
VI	200 頭以上	100 頭以上		100～200	2,000 頭以上
VII				200～500	
VIII				500 頭以上	

4　利用上の注意

(1)　畜産物生産費調査の見直しに基づく調査項目の一部改正

　　畜産物生産費調査は、農業・農山村・農業経営の著しい実態変化を的確に捉えたものとするため、平成２～３年にかけて見直し検討を行い、その検討結果を踏まえ調査項目の一部改正を行った（ブロイラー生産費を除き、平成４年から適用。）。

　　したがって、平成４年以降の生産費及び収益性等に関する数値は、厳密な意味で平成３年以前とは接続しないので、利用に当たっては十分留意されたい。

　　なお、改正の内容は次のとおりである。

ア　家族労働の評価方法を、「毎月勤労統計」により算出した単価によって評価する方法に変更した。

イ　「生産管理労働時間」を家族労働時間に、「生産管理費」を物財費に新たに計上した。

ウ　土地改良に係る負担金の取り扱いを変更し、草地造成事業及び草地開発事業の負担金のうち、事業効果が個人の資産価値の増加につながるもの（整地、表土扱い）を除きすべて飼料作物の生産費用（費用価）として計上した。

エ　減価償却費の計上方法を変更し、更新、廃棄等に伴う処分差損益を計上した。乳牛償却費については、農機具等と同様の法定に即した償却計算に改めるとともに、売却等に伴う処分差損益を新たに計上し、繁殖雌牛の耐用年数についても、法定耐用年数に改めた。

オ　物件税及び公課諸負担のうち、調査対象畜の生産を維持・継続していく上で必要なものを新たに計上した。

カ　きゅう肥を処分するために処理（乾燥、脱臭等）を加えて販売した場合の加工経費を新たに計上した。

キ　資本利子を支払利子と自己資本利子に、地代を支払地代と自作地地代に区分した。

ク　統計表章において、「第１次生産費」を「生産費（副産物価額差引）」に、「第２次生産費」を「資本利子・地代全額算入生産費」にそれぞれ置き換え、「生産費（副産物価額差引）」と「資本利子・地代算入生産費」の間に、新たに、実際に支払った利子・地代を加えた「支払利子・地代算入生産費」を新設した。

(2)　農業経営統計調査への移行に伴う調査項目の一部変更

　　平成６年７月、農業経営の実態把握に重点を置き、農業経営収支と生産費の相互関係を明らかにするなど多面的な統計作成が可能な調査体系とすることを目的に、従来、別体系で実施していた農家経済調査と農畜産物繭生産費調査を統合し、農業経営統計調査へと移行した。

　　畜産物生産費は、平成７年から農業経営統計調査の下「畜産物生産費統計」として取りまとめることとなり、同時に、畜産物の生産に係る直接的な労働以外の労働（購入付帯労働及び建物・農機具等

の修繕労働等）を間接労働として関係費目から分離し、「労働費」及び「労働時間」に含め計上することとした。

(3) 家族労働評価方法の一部改正

ア 平成10年から従来の男女別評価を男女同一評価（当該地域で男女を問わず実際に支払われた平均賃金による評価）に改正した。

イ 平成17年1月から、毎月勤労統計の表章産業が変更されたことに伴い、家族労働評価に使用する賃金データを「建設業」、「製造業」及び「運輸、通信業」から、「建設業」、「製造業」及び「運輸業」に改正した。

ウ 平成22年1月から、毎月勤労統計の表章産業が変更されたことに伴い、家族労働評価に使用する賃金データを「建設業」、「製造業」及び「運輸業」から、「建設業」、「製造業」及び「運輸業、郵便業」に改正した。

(4) 調査期間の変更について

令和元年調査から調査期間を変更し、全ての畜種について、当年1月1日から当年12月31日とした。

なお、平成11年度調査から平成30年度の調査期間は、全ての畜種について当年4月1日から翌年3月31日である。

また、平成11年調査以前の調査期間については、畜種ごとに次のとおりである。

ア 牛乳生産費統計

前年9月1日から調査年8月31日までの1年間

イ 子牛生産費統計、育成牛生産費統計及び肥育牛生産費統計

前年8月1日から調査年7月31日までの1年間

ウ 肥育豚生産費統計

前年7月1日から調査年6月30日までの1年間

(5) 公表資料名の年次の変更について

公表資料名の年次については、平成18年までは公表する年を記載していたが、平成19年の公表から調査期間の該当する年度を記載することとした。このことにより、掲載している平成18年度以降の年次別統計表（累年統計表）については、調査対象期間の変更を行った平成12年まで遡って変更した。したがって、既に公表した『平成12年畜産物生産費』～『平成18年畜産物生産費』を『平成11年度畜産物生産費』～『平成17年度畜産物生産費』と読み替えた。

(6) 農業経営統計調査の体系整備（平成16年）に伴う調査項目の一部変更等

平成16年には、食料・農業・農村基本計画等の新たな施策の展開に応えるため、農業経営統計調査を、営農類型別・地域別に経営実態を把握する営農類型別経営統計に編成する調査体系の再編・整備等の所要の見直しを行った。

これに伴って畜産物生産費についても、平成16年度から農家の農業経営全体の農業収支、自家農業

投下労働時間の把握の取りやめ、自動車費を農機具費から分離・表章する等の一部改正を行った。

(7) 税制改正における減価償却計算の見直し

ア　平成19年度税制改正における減価償却費計算の見直しに伴い、農業経営統計調査における1か年の減価償却額は償却資産の取得時期により次のとおり算出した。なお、本方式による計算は平成30年度まで適用した。

（ｱ）　平成19年4月以降に取得した資産

　　　1か年の減価償却額＝（取得価額－1円（備忘価額））×耐用年数に応じた償却率

（ｲ）　平成19年3月以前に取得した資産

　　a　平成20年1月時点で耐用年数が終了していない資産

　　　　1か年の減価償却額＝（取得価額－残存価額）×耐用年数に応じた償却率

　　b　上記aにおいて耐用年数が終了した場合、耐用年数が終了した翌年調査期間から5年間

　　　　1か年の減価償却額＝（残存価額－1円（備忘価額））÷5年

　　c　平成19年12月時点で耐用年数が終了している資産の場合、20年1月以降開始する調査期間から5年間

　　　　1か年の減価償却額＝（残存価額－1円（備忘価額））÷5年

イ　平成20年度税制改正における減価償却費計算の見直し（資産区分の大括化、法定耐用年数の見直し）を踏まえて算出した。

(8) 調査票の変更に伴う、調査範囲、方式の変更

令和元年から、これまで使用してきた現金出納帳・作業日誌、経営台帳に変えて、調査品目別の調査票を用いた調査に変更した。これに伴い、以下の変更を行った。

ア　建物の面積、自動車、農機具の台数は、従前、経営における所有面積、所有台数であったが、調査対象品目の生産に使用した建物の面積、使用した台数に変更した。

イ　自給肥料の評価は、従前、材料費と生産に要した労働時間から評価する費用価主義によっていたが、市価評価に変更した。

(9) 牧草の費用価に係る統計表の廃止

牧草等の飼料作物の生産に要した費用及び野生草・野乾草・放牧場・採草地に要した費用を費用価計算した統計表について、令和元年から廃止した。

注：　費用価とは、自給物の生産に要した材料、固定材、労働等に係る費用を計算し評価したものである。

(10) 全国農業地域別や規模別及び目標精度を設定していない調査結果について

全国農業地域別や規模別の結果及び目標精度を設定していない結果については、集計対象数が少ないほか、一部の表章項目によってはごく少数の経営体にしか出現しないことから、相当程度の誤差を含んだ値となっており、結果の利用に当たっては十分留意されたい。

(11) 調査対象経営体数（調査を行った数）、集計対象経営体数及び実績精度

　　令和元年における調査対象畜別の調査対象経営体数（調査を行った数）、集計対象経営体数及び実績精度は、次のとおりである。

　　なお、実績精度は、計算単位当たり（注）全算入生産費を指標とした実績精度は標準誤差率（標準誤差の推定値÷推定値×100）であり、推定式は次のとおりである。

区　　分	単位	牛　乳			子牛	乳用雄育成牛
		全国	北海道	都府県		
調査対象経営体数（調査を行った数）	経営体	421	234	187	187	30
集 計 経 営 体 数	経営体	419	233	186	184	29
標 準 誤 差 率	％	1.0	1.2	1.6	1.9	3.1

区　　分	単位	交雑種育成牛	去勢若齢肥育牛	乳用雄肥育牛	交雑種肥育牛	肥育豚
調査対象経営体数（調査を行った数）	経営体	51	289	53	90	97
集 計 経 営 体 数	経営体	47	287	53	89	96
標 準 誤 差 率	％	2.4	0.9	1.4	2.7	1.8

注１：　調査対象経営体数（調査を行った数）は、調査対象畜種の飼養状況の変化等により、対象品目別経営体リスト（母集団リスト）より標本選定できなかった経営体数を除いた数を計上している。
注２：　牛乳生産費：生乳100kg当たり（乳脂肪分3.5％換算）、子牛生産費：子牛１頭当たり
　　　　乳用雄育成牛生産費：育成牛１頭当たり、交雑種育成牛生産費：育成牛１頭当たり
　　　　去勢若齢肥育牛生産費：肥育牛１頭当たり、乳用雄肥育牛生産費：肥育牛１頭当たり
　　　　交雑種肥育牛生産費：肥育牛１頭当たり、肥育豚生産費：肥育豚１頭当たり

○　実績精度（標準誤差率）の推定式

　　　　N　　　　：　母集団の農業経営体数
　　　　N_i　　　：　ｉ番目の階層の農業経営体数
　　　　L　　　　：　階層数
　　　　n_i　　　：　ｉ番目の階層の標本数
　　　　x_{ij}　　　：　ｉ番目の階層のｊ番目の標本のx（生産費）の値
　　　　y_{ij}　　　：　ｉ番目の階層のｊ番目の標本のy（計算単位生産量）の値
　　　　$\overline{x}_i$　　　：　ｉ番目の階層のxの１農業経営体当たり平均の推定値
　　　　$\overline{y}_i$　　　：　ｉ番目の階層のyの１農業経営体当たり平均の推定値
　　　　$\overline{x}$　　　　：　xの１農業経営体当たり平均の推定値
　　　　$\overline{y}$　　　　：　yの１農業経営体当たり平均の推定値
　　　　S_{ix}　　　：　ｉ番目の階層のxの標準偏差の推定値
　　　　S_{iy}　　　：　ｉ番目の階層のyの標準偏差の推定値
　　　　S_{ixy}　　：　ｉ番目の階層のxとyの共分散の推定値
　　　　r　　　　：　計算単位当たりの生産費の推定値
　　　　S　　　　：　rの標準誤差の推定値

　　　とするとき、

$$\bar{x} = \sum_{i=1}^{L} \frac{Ni}{N} \cdot \bar{x}i \qquad \bar{y} = \sum_{i=1}^{L} \frac{Ni}{N} \cdot \bar{y}i \qquad r = \frac{\bar{x}}{\bar{y}}$$

$$S^2 \fallingdotseq \left(\frac{\bar{x}}{\bar{y}}\right)^2 \cdot \sum_{i=1}^{L} \left(\frac{Ni}{N}\right)^2 \cdot \frac{Ni-ni}{Ni-1} \cdot \frac{1}{ni} \cdot \left(\frac{Six^2}{\bar{x}^2} + \frac{Siy^2}{\bar{y}^2} - 2 \cdot \frac{Sixy}{\bar{x}\,\bar{y}}\right)$$

標準誤差率の推定値 $= \dfrac{S}{r}$

(12) 記号について

統計表中に使用した記号は、次のとおりである。

「0」　　：　単位に満たないもの（例：0.4円→0円）

「0.0」、「0.00」　：　単位に満たないもの（例：0.04頭→0.0頭）又は増減がないもの

「－」　　：　事実のないもの

「…」　　：　事実不詳又は調査を欠くもの

「x」　　：　個人又は法人その他の団体に関する秘密を保護するため、統計数値を公表しないもの

「△」　　：　負数又は減少したもの

「nc」　　：　計算不能

(13) 秘匿措置について

統計調査結果について、調査対象経営体数が2以下の場合には調査結果の秘密保護の観点から、当該結果を「x」表示とする秘匿措置を施している。

(14) ホームページ掲載案内

本統計の累年データについては、農林水産省ホームページの統計情報に掲載している分野別分類「農家の所得や生産コスト、農業産出額など」の「畜産物生産費統計」で御覧いただけます。

なお、公表した数値の正誤情報は、ホームページでお知らせします。

【 https://www.maff.go.jp/j/tokei/kouhyou/noukei/seisanhi_tikusan/index.html#r 】

(15) 転載について

この統計表に掲載された数値を他に転載する場合は、「農業経営統計調査　令和元年畜産物生産費」（農林水産省）による旨を記載してください。

5　利活用事例

(1)　「畜産経営の安定に関する法律」に基づく加工原料乳生産者補給金単価の算定資料に利用。

(2)　「肉用子牛生産安定等特別措置法」に基づく肉用子牛の保証基準価格及び肉用子牛の合理化目標価格の算定資料に利用。

(3)　「畜産経営の安定に関する法律」に基づく肉用牛肥育経営安定交付金及び肉豚経営安定交付金の算定資料に利用。

(4)　「酪農及び肉用牛生産の振興に関する法律」に基づく「酪農及び肉用牛生産の近代化を図るための基本方針」の経営指標作成のための資料に利用。

6　お問合せ先

農林水産省　大臣官房統計部　経営・構造統計課　畜産物生産費統計班

電話：（代表）03-3502-8111（内線　3630）

　　　　（直通）03-3591-0923

FAX：　　　　03-5511-8772

※　本調査に関するご意見・ご要望は、上記問合せ先のほか、農林水産省ホームページでも受け付けております。

【 https://www.contactus.maff.go.jp/j/form/tokei/kikaku/160815.html 】

別表1　生産費の費目分類

費目		費目の内容	調査の種類							
			牛乳（乳）	肉用牛						肥育豚
				子牛	乳用育成雄牛	交雑育成種牛	去勢肥育若齢牛	乳用肥育雄牛	交雑肥育育種牛	
種付料		精液、種付けに要した費用。自給の場合は、その地方の市価評価額（肥育豚生産費は除く。）	○	○						○
もと畜費		肥育材料であるもと畜の購入に要した費用。自家生産の場合は、その地方の市価評価額（肥育豚生産費は除く。）			○	○	○	○	○	○
飼料費	流通飼料費	購入飼料費と自給の飼料作物以外の生産物を飼料として給与した自給飼料費（市価）	○	○	○	○	○	○	○	○
	牧草・放牧・採草費（自給）	牧草等の飼料作物の生産に要した費用及び野生草、野乾草、放牧場、採草地に要した費用	○	○	○	○	○	○	○	○
敷料費		敷料として畜房内に搬入された材料費	○	○	○	○	○	○	○	○
光熱水料及び動力費		電気料、水道料、燃料、動力運転材料等	○	○	○	○	○	○	○	○
その他諸材料費		縄、ひも等の消耗材料のほか、他の費目に該当しない材料費	○	○	○	○	○	○	○	○
獣医師料及び医薬品費		獣医師料、医薬品、疾病傷害共済掛金	○	○	○	○	○	○	○	○
賃借料及び料金		賃借料（建物、農機具など）、きゅう肥の引取料、登録・登記料、共同放牧地の使用料、検査料（結核検査など）、その他材料と労賃が混合したもの	○	○	○	○	○	○	○	○
物件税及び公課諸負担		固定資産税（土地を除く。）、自動車税、軽自動車税、自動車取得税、自動車重量税、都市計画税等 集落協議会費、農業協同組合費、農事実行組合費、農業共済組合賦課金、自動車損害賠償責任保険等	○	○	○	○	○	○	○	○
家畜の減価償却費		搾乳牛、繁殖雌牛の減価償却費	○	○						
繁殖雌豚費及び種雄豚費		繁殖雌豚、種雄豚の購入に要した費用								○
建物費	建物	住宅、納屋、倉庫、畜舎、作業所、農機具置場等の減価償却費及び修繕費	○	○	○	○	○	○	○	○
	構築物	浄化槽、尿だめ、サイロ、牧さく等の減価償却費及び修繕費	○	○	○	○	○	○	○	○
自動車費		減価償却費及び修繕費 なお、車検料、任意車両保険費用も含む。	○	○	○	○	○	○	○	○
農機具費	大農具	大農具の減価償却費及び修繕費	○	○	○	○	○	○	○	○
	小農具	大農具以外の農具類の購入費及び修繕費	○	○	○	○	○	○	○	○
生産管理費		集会出席に要する交通費、技術習得に要する受講料及び参加料、事務用机、消耗品、パソコン、複写機、ファックス、電話代等の生産管理労働に伴う諸材料費、減価償却費	○	○	○	○	○	○	○	○
労働費	家族	「毎月勤労統計調査」（厚生労働省）により算出した賃金単価で評価した家族労働費（ゆい、手間替え受け労働の評価額を含む。）	○	○	○	○	○	○	○	○
	雇用	年雇、季節雇、臨時雇の賃金（現物支給を含む。） なお、住み込み年雇、手伝受け及び共同作業受けの評価は家族労働費に準ずる。	○	○	○	○	○	○	○	○
資本利子	支払利子	支払利子額	○	○	○	○	○	○	○	○
	自己資本利子	自己資本額に年利率4％を乗じて得た額	○	○	○	○	○	○	○	○
地代	支払地代	実際に支払った建物敷地、運動場、牧草栽培地、採草地の賃借料及び支払地代	○	○	○	○	○	○	○	○
	自作地地代	所有地の見積地代（近傍類地の賃借料又は支払地代により評価）	○	○	○	○	○	○	○	○

注：○印は該当するもの

23

別表2　労働の作業分類

作業			作業の内容	調査の種類							
				牛乳	肉用牛						肥育豚
					子牛	乳育用成雄牛	交育雑成種牛	去肥勢育若齢牛	乳肥用育雄牛	交肥雑育種牛	
飼料の調理・給与・給水			飼料材料の裁断、粉砕、引割煮炊き、麦・豆類の水浸及び芽出し、飼料の混配合などの調理・給与・給水などの作業	○	○	○	○	○	○	○	○
敷料の搬入、きゅう肥の搬出			敷わら、敷くさの畜房への投入、ふんかき、きゅう肥（尿を含む。）の最寄りの場所（たい積所・尿だめなど）までの搬出作業	○	○	○	○	○	○	○	○
搾乳及び牛乳処理・運搬			乳房の清拭・搾乳準備・搾乳・搾乳後のろ過・冷却などの作業、搾乳関係器具の消毒・殺菌などの後片付け作業、販売のため最寄りの集乳所までの運搬作業	○							
その他の畜産管理作業	手入・運動・放牧		皮ふ・毛・ひづめなどの手入れ及び追い運動・引き運動などの運動を目的とした作業、放牧場までの往復時間	△	△	△	△	△	△	△	△
	きゅう肥の処理		きゅう肥の処理作業	△	△	△	△	△	△	△	△
	飼育管理	種付関係	種付け場への往復・保定・補助などの手伝い作業	△	△						△
		分べん関係	分べん時における助産作業	△	△						△
		防疫関係	防虫剤・殺虫剤などの散布作業	△	△	△	△	△	△	△	△
		その他の作業	その他上記に含まれない飼育関係作業	△	△	△	△	△	△	△	△
	生産管理労働		畜産物の生産を維持・継続する上で必要不可欠とみられる集会出席（打合せ等）、技術習得、簿記記帳	△	△	△	△	△	△	△	△

注：1　○印は該当するもの、△印は「その他の畜産管理作業」に一括するもの。
　　2　牛乳生産費について、平成9年調査より、「飼育管理」に含めていた「きゅう肥の処理」を分離するとともに、それまで分類していた「牛乳運搬」と「搾乳及び牛乳処理」を「搾乳及び牛乳処理・運搬」に結合した。
　　3　平成29年度調査より、それまで分類していた肉用牛の「手入・運動・放牧」並びに全ての畜産物生産費の「きゅう肥の処理」、「飼育管理」及び「生産管理労働」を「その他の畜産管理作業」に結合した。

I 調査結果の概要

1 牛乳生産費

（1） 全国

ア　令和元年の搾乳牛1頭当たり
資本利子・地代全額算入生産費
（以下「全算入生産費」という。）
は79万6,467円で、前年度に
比べ1.8％増加した。

イ　生乳100kg当たり（乳脂肪分
3.5％換算乳量）全算入生産費
は8,236円で、前年度に比べ
2.1％増加した。

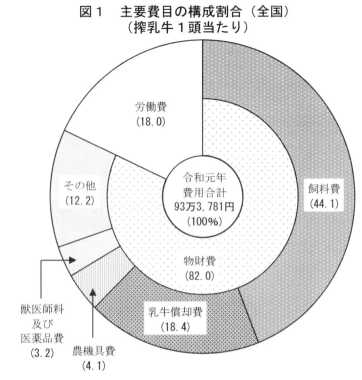

図1　主要費目の構成割合（全国）
　　　（搾乳牛1頭当たり）

注：　飼料費には、配合飼料価格安定制度の
　　　補てん金は含まない（以下同じ。）。

表1　牛乳生産費（全国）

区　　　　分	単位	平成30年度	令和元年 実数	令和元年 構成割合	対前年度増減率
搾乳牛1頭当たり				％	％
物財費	円	749,211	765,981	82.0	2.2
うち飼料費	〃	402,009	411,699	44.1	2.4
乳牛償却費	〃	164,315	171,383	18.4	4.3
農機具費	〃	39,632	38,454	4.1	△ 3.0
獣医師料及び医薬品費	〃	29,510	30,027	3.2	1.8
労働費	〃	168,847	167,800	18.0	△ 0.6
費用合計	〃	918,058	933,781	100.0	1.7
副産物価額	〃	181,622	182,378	－	0.4
生産費（副産物価額差引）	〃	736,436	751,403	－	2.0
支払利子・地代算入生産費	〃	743,903	758,671	－	2.0
全算入生産費	〃	782,435	796,467	－	1.8
生乳100kg当たり（乳脂肪分3.5％換算乳量）全算入生産費	円	8,068	8,236	－	2.1
1経営体当たり搾乳牛飼養頭数	頭	56.4	58.7	－	4.1
搾乳牛1頭当たり投下労働時間	時間	101.48	99.56	－	△ 1.9

注：1　令和元年調査から調査期間を調査年4月から翌年3月までの期間から調査年1月から
　　　　12月までの期間に変更した。
　　2　対前年度増減率は、令和元年と平成30年度を比較したものである（以下同じ。）。

（2） 北海道

　ア　令和元年の搾乳牛1頭当たり
　　　全算入生産費は75万257円で、
　　　前年度に比べ3.7％増加した。

　イ　生乳100㎏当たり全算入生産
　　　費は7,659円で、前年度に比べ
　　　2.3％増加した。

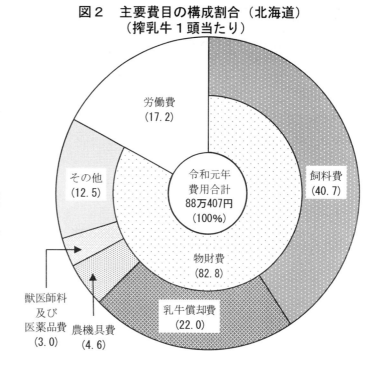

図2　主要費目の構成割合（北海道）
（搾乳牛1頭当たり）

表2　牛乳生産費（北海道）

区　　　　　　分	単位	平成30年度	令　和　元　年		対前年度増減率
			実　数	構成割合	
搾乳牛1頭当たり				％	％
物　　　　財　　　　費	円	706,982	728,629	82.8	3.1
うち飼　　　料　　　費	〃	348,342	357,953	40.7	2.8
乳　牛　償　却　費	〃	181,644	193,652	22.0	6.6
農　機　具　費	〃	42,335	40,828	4.6	△ 3.6
獣医師料及び医薬品費	〃	25,172	26,639	3.0	5.8
労　　　　働　　　　費	〃	153,745	151,778	17.2	△ 1.3
費　　用　　合　　計	〃	860,727	880,407	100.0	2.3
副　産　物　価　額	〃	190,597	183,151	－	△ 3.9
生産費（副産物価額差引）	〃	670,130	697,256	－	4.0
支払利子・地代算入生産費	〃	678,104	704,794	－	3.9
全　算　入　生　産　費	〃	723,629	750,257	－	3.7
牛乳,100㎏当たり（乳脂肪分3.5％換算乳量）					
全　算　入　生　産　費	円	7,485	7,659	－	2.3
1経営体当たり搾乳牛飼養頭数	頭	80.1	82.4	－	2.9
搾乳牛1頭当たり投下労働時間	時間	87.35	86.40	－	△ 1.1

（3） 都府県

　ア　令和元年の搾乳牛1頭当たり
　　全算入生産費は85万3,553円
　　で、前年度に比べ0.3％減少し
　　た。

　イ　生乳100kg当たり全算入生産
　　費は8,969円で、前年度に比べ
　　1.9％増加した。

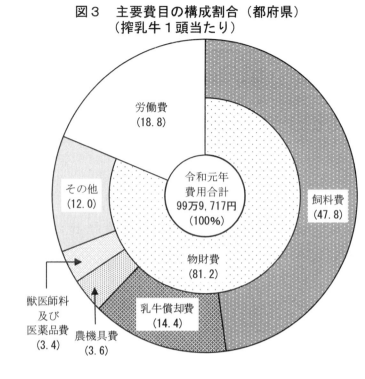

図3　主要費目の構成割合（都府県）
　　　（搾乳牛1頭当たり）

労働費
(18.8)

その他
(12.0)

令和元年
費用合計
99万9,717円
(100%)

物財費
(81.2)

飼料費
(47.8)

乳牛償却費
(14.4)

獣医師料
及び
医薬品費
(3.4)

農機具費
(3.6)

表3　牛乳生産費（都府県）

区　　　　　　　　分	単位	平成30年度	令和元年		対前年度増減率
			実　数	構成割合	
搾乳牛1頭当たり				％	％
物　　　　　財　　　　　費	円	802,347	812,120	81.2	1.2
うち飼　　　料　　　費	〃	469,526	478,092	47.8	1.8
乳　牛　償　却　費	〃	142,515	143,875	14.4	1.0
農　機　具　費	〃	36,230	35,519	3.6	△　2.0
獣医師料及び医薬品費	〃	34,969	34,213	3.4	△　2.2
労　　　　　働　　　　　費	〃	187,848	187,597	18.8	△　0.1
費　　用　　合　　計	〃	990,195	999,717	100.0	1.0
副　産　物　価　額	〃	170,329	181,424	－	6.5
生産費（副産物価額差引）	〃	819,866	818,293	－	△　0.2
支払利子・地代算入生産費	〃	826,691	825,228	－	△　0.2
全　算　入　生　産　費	〃	856,426	853,553	－	△　0.3
生乳100kg当たり（乳脂肪分3.5％換算乳量）					
全　算　入　生　産　費	円	8,806	8,969	－	1.9
1経営体当たり搾乳牛飼養頭数	頭	41.2	43.3	－	5.1
搾乳牛1頭当たり投下労働時間	時間	119.25	115.82	－	△　2.9

2 子牛生産費

繁殖雌牛を飼養し、子牛を販売する経営における令和元年の子牛1頭当たり全算入生産費は65万5,600円で、前年度に比べ0.7％増加した。

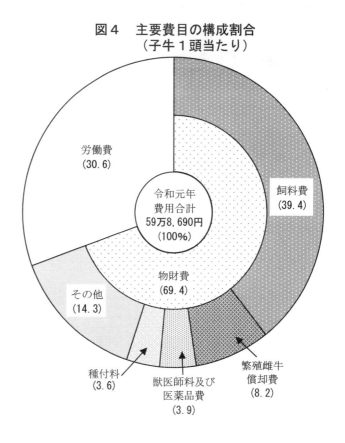

図4 主要費目の構成割合
（子牛1頭当たり）

労働費
(30.6)

令和元年
費用合計
59万8,690円
(100%)

飼料費
(39.4)

物財費
(69.4)

その他
(14.3)

種付料
(3.6)

獣医師料及び
医薬品費
(3.9)

繁殖雌牛
償却費
(8.2)

表4 子牛生産費

区　　　　　　　　分	単位	平成30年度	令　和　元　年		対前年度増減率
			実　数	構成割合	
子　牛　1　頭　当　た　り				％	％
物　　　　　財　　　　　費	円	410,599	415,680	69.4	1.2
うち　飼　　　　料　　　　費	〃	237,620	235,611	39.4	△ 0.8
繁　殖　雌　牛　償　却　費	〃	45,300	48,909	8.2	8.0
獣医師料及び医薬品費	〃	24,000	23,616	3.9	△ 1.6
種　　　付　　　料	〃	20,957	21,467	3.6	2.4
労　　　　　働　　　　　費	〃	183,114	183,010	30.6	△ 0.1
費　　用　　合　　計	〃	593,713	598,690	100.0	0.8
生産費（副産物価額差引）	〃	571,349	575,293	－	0.7
支払利子・地代算入生産費	〃	582,776	585,466	－	0.5
全　算　入　生　産　費	〃	650,969	655,600	－	0.7
1経営体当たり子牛販売頭数	頭	12.1	12.7	－	5.0
1頭当たり投下労働時間	時間	126.45	124.20	－	△ 1.8

3 乳用雄育成牛生産費

乳用種の雄牛を育成し、販売する経営における令和元年の育成牛1頭当たり全算入生産費は24万5,369円で、前年度に比べ0.9％増加した。

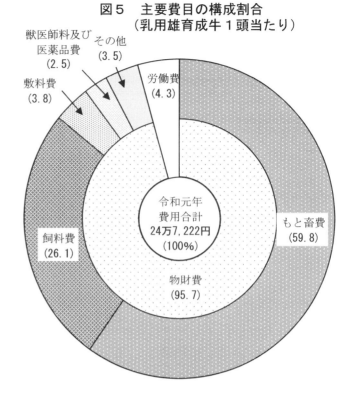

図5 主要費目の構成割合
（乳用雄育成牛1頭当たり）

獣医師料及び医薬品費（2.5）
その他（3.5）
敷料費（3.8）
労働費（4.3）
令和元年 費用合計 24万7,222円（100%）
もと畜費（59.8）
飼料費（26.1）
物財費（95.7）

表5　乳用雄育成牛生産費

区　　　　　　　　分	単位	平成30年度	令和元年 実数	令和元年 構成割合	対前年度 増減率
育 成 牛 1 頭 当 た り				%	%
物　　　　　　財　　　　　　費	円	233,042	236,575	95.7	1.5
うち　も　　と　　畜　　費	〃	145,356	147,756	59.8	1.7
飼　　　料　　　費	〃	64,840	64,443	26.1	△ 0.6
敷　　　料　　　費	〃	9,038	9,479	3.8	4.9
獣 医 師 料 及 び 医 薬 品 費	〃	5,103	6,303	2.5	23.5
労　　　　　働　　　　　費	〃	10,639	10,647	4.3	0.1
費　　　用　　　合　　　計	〃	243,681	247,222	100.0	1.5
生 産 費 (副 産 物 価 額 差 引)	〃	240,513	243,284	－	1.2
支 払 利 子 ・ 地 代 算 入 生 産 費	〃	241,249	244,025	－	1.2
全　算　入　生　産　費	〃	243,087	245,369	－	0.9
1 経 営 体 当 た り 販 売 頭 数	頭	425.8	446.8	－	4.9
1 頭 当 た り 投 下 労 働 時 間	時間	6.12	5.93	－	△ 3.1

4　交雑種育成牛生産費

交雑種の牛を育成し、販売する経営における令和元年の育成牛 1 頭当たり全算入生産費は 37 万 8,006 円で、前年度に比べ 8.9％増加した。

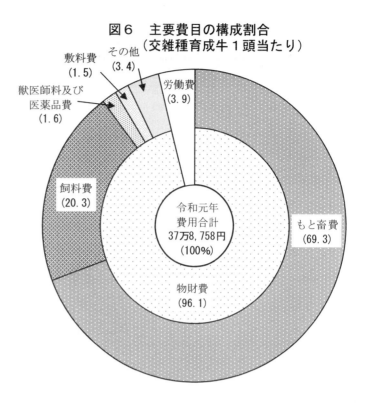

図6　主要費目の構成割合
（交雑種育成牛 1 頭当たり）

表6　交雑種育成牛生産費

区　　　　　　　　　分	単位	平成30年度	令　和　元　年		対前年度増減率
			実　数	構成割合	
育 成 牛 1 頭 当 た り				％	％
物　　　　　財　　　　　費	円	331,266	363,829	96.1	9.8
うち も　　　と　　　畜　　　費	〃	229,783	262,548	69.3	14.3
飼　　　　　料　　　　　費	〃	77,717	77,021	20.3	△　0.9
獣 医 師 料 及 び 医 薬 品 費	〃	6,166	6,086	1.6	△　1.3
敷　　　　　料　　　　　費	〃	5,539	5,564	1.5	0.5
労　　　　　働　　　　　費	〃	14,968	14,929	3.9	△　0.3
費　　　用　　　合　　　計	〃	346,234	378,758	100.0	9.4
生 産 費 (副 産 物 価 額 差 引)	〃	341,824	374,140	－	9.5
支 払 利 子 ・ 地 代 算 入 生 産 費	〃	342,911	374,963	－	9.3
全　算　入　生　産　費	〃	347,053	378,006	－	8.9
1 経 営 体 当 た り 販 売 頭 数	頭	202.7	253.1	－	24.9
1 頭 当 た り 投 下 労 働 時 間	時間	9.28	9.06	－	△　2.4

5　去勢若齢肥育牛生産費

（1）　去勢若齢和牛を肥育し、販売する経営における令和元年の肥育牛1頭当たり全算入生産費は133万6,990円で、前年度に比べ3.8％減少した。

（2）　生体100kg当たり全算入生産費は、16万8,386円で、前年度に比べ3.7％減少した。

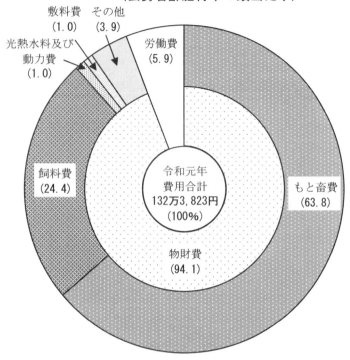

図7　主要費目の構成割合
（去勢若齢肥育牛1頭当たり）

表7　去勢若齢肥育牛生産費

区　　　　分	単位	平成30年度	令和元年 実数	令和元年 構成割合	対前年度 増減率
肥 育 牛 1 頭 当 た り				%	%
物　　　　財　　　　費	円	1,293,885	1,245,936	94.1	△　3.7
うち　も　と　畜　費	〃	894,275	844,283	63.8	△　5.6
飼　　料　　費	〃	319,345	323,576	24.4	1.3
光 熱 水 料 及 び 動 力 費	〃	12,978	13,592	1.0	4.7
敷　　料　　費	〃	12,579	12,873	1.0	2.3
労　　　　働　　　　費	〃	75,799	77,887	5.9	2.8
費　　用　　合　　計	〃	1,369,684	1,323,823	100.0	△　3.3
生 産 費 (副 産 物 価 額 差 引)	〃	1,361,086	1,313,460	－	△　3.5
支 払 利 子 ・ 地 代 算 入 生 産 費	〃	1,379,845	1,328,937	－	△　3.7
全　算　入　生　産　費	〃	1,389,314	1,336,990	－	△　3.8
生体100kg当たり全算入生産費	円	174,783	168,386	－	△　3.7
1 経 営 体 当 た り 販 売 頭 数	頭	42.3	42.4	－	0.2
1 頭 当 た り 投 下 労 働 時 間	時間	49.72	50.00	－	0.6

6 乳用雄肥育牛生産費

（1） 乳用種の雄牛を肥育し、販売する経営における令和元年の肥育牛1頭当たり全算入生産費は53万4,792円で、前年度に比べ0.2％増加した。

（2） 生体100kg当たり全算入生産費は6万8,571円で、前年度に比べ0.2％増加した。

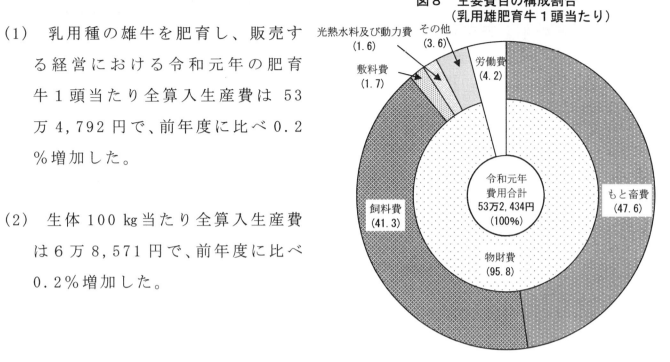

図8　主要費目の構成割合
（乳用雄肥育牛1頭当たり）

光熱水料及び動力費
(1.6)
その他
(3.6)
敷料費
(1.7)
労働費
(4.2)
飼料費
(41.3)
もと畜費
(47.6)
令和元年
費用合計
53万2,434円
(100%)
物財費
(95.8)

表8　乳用雄肥育牛生産費

区　　　　　　　　分	単位	平成30年度	令　和　元　年　実　数	令　和　元　年　構成割合	対前年度増減率
肥 育 牛 1 頭 当 た り				％	％
物　　　　　　　財　　　　　　　費	円	505,466	510,114	95.8	0.9
うち　も　　と　　畜　　費	〃	244,943	253,603	47.6	3.5
飼　　　料　　　費	〃	223,292	219,937	41.3	△　1.5
敷　　　料　　　費	〃	7,535	9,036	1.7	19.9
光 熱 水 料 及 び 動 力 費	〃	8,532	8,262	1.6	△　3.2
労　　　　　　　働　　　　　　　費	〃	24,940	22,320	4.2	△ 10.5
費　　　用　　　合　　　計	〃	530,406	532,434	100.0	0.4
生 産 費 （ 副 産 物 価 額 差 引 ）	〃	524,906	527,772	－	0.5
支 払 利 子 ・ 地 代 算 入 生 産 費	〃	525,983	529,273	－	0.6
全　　算　　入　　生　　産　　費	〃	533,596	534,792	－	0.2
生 体 100kg 当 た り 全 算 入 生 産 費	円	68,437	68,571	－	0.2
1 経 営 体 当 た り 販 売 頭 数	頭	121.4	110.6	－	△　8.9
1 頭 当 た り 投 下 労 働 時 間	時間	15.76	13.12	－	△ 16.8

7 交雑種肥育牛生産費

（1） 交雑種の牛を肥育し、販売する経営における令和元年の肥育牛1頭当たり全算入生産費は79万4,770円で、前年度に比べ4.1%減少した。

（2） 生体100kg当たり全算入生産費は9万7,759円で、前年度に比べ2.8%減少した。

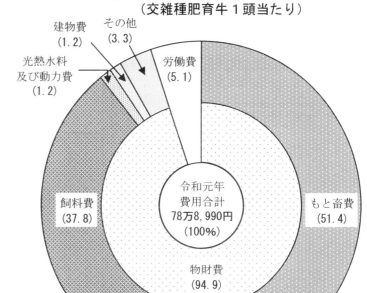

図9 主要費目の構成割合
（交雑種肥育牛1頭当たり）

表9 交雑種肥育牛生産費

区　　　　　　　　分	単位	平成30年度	令和元年 実数	令和元年 構成割合	対前年度増減率
肥 育 牛 1 頭 当 た り				%	%
物　　　　財　　　　費	円	780,187	748,809	94.9	△ 4.0
うち　も　と　畜　費	〃	430,702	405,634	51.4	△ 5.8
飼　　料　　費	〃	298,560	297,952	37.8	△ 0.2
光 熱 水 料 及 び 動 力 費	〃	9,807	9,251	1.2	△ 5.7
建　　物　　費	〃	12,382	9,105	1.2	△ 26.5
労　　　　働　　　　費	〃	39,749	40,181	5.1	1.1
費　　用　　合　　計	〃	819,936	788,990	100.0	△ 3.8
生 産 費 (副 産 物 価 額 差 引)	〃	813,250	781,801	－	△ 3.9
支 払 利 子 ・ 地 代 算 入 生 産 費	〃	819,596	786,870	－	△ 4.0
全　算　入　生　産　費	〃	829,119	794,770	－	△ 4.1
生体100kg当たり全算入生産費	円	100,534	97,759	－	△ 2.8
1 経 営 体 当 た り 販 売 頭 数	頭	94.7	101.9	－	7.6
1 頭 当 た り 投 下 労 働 時 間	時間	24.81	24.31	－	△ 2.0

8 肥育豚生産費

（1） 令和元年の肥育豚1頭当たり全算入生産費は3万3,824円で、前年度に比べ2.7％増加した。

（2） 生体100kg当たり全算入生産費は2万9,588円で、前年度に比べ2.2％増加した。

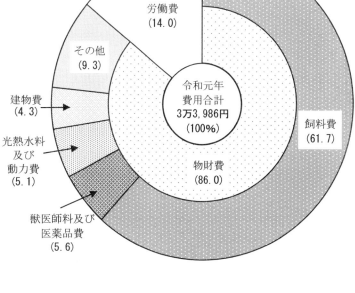

図10 主要費目の構成割合
（肥育豚1頭当たり）

労働費
(14.0)

その他
(9.3)

建物費
(4.3)

光熱水料
及び
動力費
(5.1)

獣医師料及び
医薬品費
(5.6)

令和元年
費用合計
3万3,986円
(100%)

物財費
(86.0)

飼料費
(61.7)

表10 肥育豚生産費

区　　分	単位	平成30年度	令　和　元　年 実　数	令　和　元　年 構　成　割　合	対前年度増減率
肥 育 豚 1 頭 当 た り				％	％
物　　　　財　　　　費	円	28,540	29,219	86.0	2.4
うち飼　　　　料　　　　費	〃	20,451	20,957	61.7	2.5
獣医師料及び医薬品費	〃	1,992	1,917	5.6	△ 3.8
光 熱 水 料 及 び 動 力 費	〃	1,661	1,730	5.1	4.2
建　　　　物　　　　費	〃	1,510	1,456	4.3	△ 3.6
労　　　　働　　　　費	〃	4,610	4,767	14.0	3.4
費　　用　　合　　計	〃	33,150	33,986	100.0	2.5
生産費（副産物価額差引）	〃	32,187	33,077	－	2.8
支払利子・地代算入生産費	〃	32,270	33,159	－	2.8
全　算　入　生　産　費	〃	32,943	33,824	－	2.7
生体100kg当たり全算入生産費	円	28,947	29,588	－	2.2
1 経 営 体 当 た り 販 売 頭 数	頭	1,399.0	1,300.6	－	△ 7.0
1 頭 当 た り 投 下 労 働 時 間	時間	2.91	2.95	－	1.4

Ⅱ 統 計 表

1 牛 乳 生 産 費

1　牛乳生産費
(1)　経営の概況（1経営体当たり）

区　　分	集計経営体数	世帯員 計	男	女	農業就業者 計	男	女
	(1) 経営体	(2) 人	(3) 人	(4) 人	(5) 人	(6) 人	(7) 人
全　　　　　国　(1)	419	4.5	2.3	2.2	2.6	1.6	1.0
1 ～ 20頭未満　(2)	46	3.4	1.7	1.7	2.1	1.2	0.9
20 ～ 30　(3)	42	3.8	2.0	1.8	2.2	1.4	0.8
30 ～ 50　(4)	109	4.4	2.3	2.1	2.5	1.5	1.0
50 ～ 100　(5)	156	4.8	2.5	2.3	2.9	1.7	1.2
100 ～ 200　(6)	51	5.6	2.6	3.0	2.8	1.7	1.1
200頭以上　(7)	15	6.9	3.5	3.4	4.3	2.7	1.6
北　　海　　道　(8)	233	4.8	2.5	2.3	2.8	1.7	1.1
1 ～ 20頭未満　(9)	10	3.8	2.2	1.6	2.3	1.6	0.7
20 ～ 30　(10)	13	3.7	1.8	1.9	2.3	1.3	1.0
30 ～ 50　(11)	54	3.8	2.0	1.8	2.3	1.4	0.9
50 ～ 100　(12)	108	4.8	2.5	2.3	2.8	1.7	1.1
100 ～ 200　(13)	36	5.7	2.8	2.9	2.9	1.8	1.1
200頭以上　(14)	12	7.4	3.7	3.7	4.4	2.8	1.6
都　　府　　県　(15)	186	4.2	2.1	2.1	2.5	1.5	1.0
1 ～ 20頭未満　(16)	36	3.5	1.7	1.8	2.1	1.2	0.9
20 ～ 30　(17)	29	3.8	2.0	1.8	2.2	1.4	0.8
30 ～ 50　(18)	55	4.8	2.5	2.3	2.6	1.6	1.0
50 ～ 100　(19)	48	4.8	2.4	2.4	3.0	1.7	1.3
100 ～ 200　(20)	15	5.2	2.2	3.0	2.7	1.6	1.1
200頭以上　(21)	3	5.7	3.1	2.6	3.8	2.4	1.4
東　　　　　北　(22)	42	4.6	2.3	2.3	2.5	1.4	1.1
北　　　　　陸　(23)	5	4.3	2.3	2.0	2.0	1.4	0.6
関　東　・　東　山　(24)	56	3.9	2.0	1.9	2.3	1.5	0.8
東　　　　　海　(25)	17	4.3	2.2	2.1	2.9	1.7	1.2
近　　　　　畿　(26)	9	4.2	2.1	2.1	2.3	1.5	0.8
中　　　　　国　(27)	14	4.4	2.1	2.3	2.6	1.5	1.1
四　　　　　国　(28)	6	4.8	2.6	2.2	2.4	1.6	0.8
九　　　　　州　(29)	37	4.2	2.0	2.2	2.8	1.6	1.2

	経	営		土		地		
計	耕		地		畜 産 用 地			
	小 計	田	畑	牧草地	小 計	畜舎等	放牧地	採草地
(8)	(9)	(10)	(11)	(12)	(13)	(14)	(15)	(16)
a	a	a	a	a	a	a	a	a
3,421	3,066	164	416	2,486	355	105	228	22	(1)
793	735	313	180	242	58	30	28	-	(2)
1,420	1,272	254	429	589	148	53	95	-	(3)
2,421	1,998	96	308	1,594	423	63	339	21	(4)
4,846	4,326	126	501	3,699	520	137	376	7	(5)
6,594	6,202	92	575	5,535	392	263	129	-	(6)
12,725	11,797	11	1,360	10,426	928	309	186	433	(7)
7,178	6,411	34	652	5,725	767	174	574	19	(8)
2,150	1,939	258	614	1,067	211	25	186	-	(9)
4,499	3,750	10	1,305	2,435	749	69	680	-	(10)
4,978	3,941	43	435	3,463	1,037	83	916	38	(11)
7,179	6,395	22	548	5,825	784	153	620	11	(12)
8,960	8,421	9	592	7,820	539	347	192	-	(13)
16,188	15,498	-	1,869	13,629	690	352	255	83	(14)
983	895	249	263	383	88	61	3	24	(15)
652	609	318	135	156	43	31	12	-	(16)
921	870	294	286	290	51	51	-	-	(17)
916	853	127	232	494	63	51	-	12	(18)
1,250	1,138	284	428	426	112	112	-	-	(19)
1,692	1,603	263	540	800	89	89	-	-	(20)
3,472	1,910	41	-	1,869	1,562	196	-	1,366	(21)
1,586	1,540	447	313	780	46	46	-	-	(22)
553	327	150	13	164	226	226	-	-	(23)
912	774	159	373	242	138	73	-	65	(24)
502	423	59	94	270	79	34	45	-	(25)
406	379	320	32	27	27	27	-	-	(26)
674	610	192	376	42	64	64	-	-	(27)
491	450	136	105	209	41	41	-	-	(28)
904	835	257	160	418	69	50	-	19	(29)

1 牛乳生産費（続き）
(1) 経営の概況（1経営体当たり）（続き）

区　　　　　　分	家畜の飼養状況（調査開始時）		生産に使用した建物・設備（1経営体当たり）				
	搾乳牛	育成牛	畜　　舎	納屋・倉　庫	乾牧草収納庫	サイロ	ふん尿貯留槽
	(17) 頭	(18) 頭	(19) ㎡	(20) ㎡	(21) ㎡	(22) 基	(23) 基
全　　　　　　　　国 (1)	58.4	30.9	1,143.6	279.7	79.7	2.4	0.7
1 ～ 20頭未満 (2)	13.7	5.1	298.9	98.3	14.5	5.6	0.3
20 ～ 30 (3)	25.7	8.7	597.4	198.7	38.7	1.2	0.3
30 ～ 50 (4)	39.7	20.5	802.2	186.3	68.0	1.1	0.6
50 ～ 100 (5)	69.4	36.7	1,283.7	394.3	131.8	1.9	0.9
100 ～ 200 (6)	134.9	80.5	2,808.6	533.3	100.4	2.1	1.4
200頭以上 (7)	258.7	145.6	4,430.0	649.8	226.2	2.7	1.4
北　　海　　道 (8)	81.2	51.9	1,454.3	506.3	174.5	1.6	1.2
1 ～ 20頭未満 (9)	14.8	9.7	237.1	252.4	35.9	0.1	0.5
20 ～ 30 (10)	27.4	15.8	674.1	457.4	191.8	1.1	0.5
30 ～ 50 (11)	40.1	23.0	626.8	325.8	152.5	1.1	0.9
50 ～ 100 (12)	70.0	41.4	1,272.2	518.9	204.9	1.5	1.2
100 ～ 200 (13)	136.0	91.2	2,645.1	703.7	148.8	2.3	1.9
200頭以上 (14)	245.1	177.5	3,899.4	775.4	220.6	3.3	1.6
都　　府　　県 (15)	43.5	17.3	941.9	132.7	18.3	2.9	0.3
1 ～ 20頭未満 (16)	13.6	4.6	305.3	82.3	12.3	6.2	0.2
20 ～ 30 (17)	25.4	7.5	585.0	156.8	13.9	1.2	0.3
30 ～ 50 (18)	39.4	19.1	905.5	104.2	18.2	1.1	0.4
50 ～ 100 (19)	68.5	29.5	1,301.3	202.5	19.2	2.5	0.4
100 ～ 200 (20)	132.6	58.4	3,147.3	180.2	－	1.7	0.3
200頭以上 (21)	295.1	60.7	5,847.7	314.1	241.0	1.1	0.6
東　　　　　　北 (22)	30.5	13.1	603.0	62.6	18.4	0.7	0.4
北　　　　　　陸 (23)	33.6	8.6	921.8	91.7	23.9	1.1	0.4
関　東　・　東　山 (24)	49.3	17.5	953.2	155.6	14.3	6.4	0.2
東　　　　　　海 (25)	57.2	20.7	1,242.5	93.3	55.9	0.7	0.4
近　　　　　　畿 (26)	35.1	17.8	514.9	161.7	8.0	1.5	0.1
中　　　　　　国 (27)	40.7	15.5	1,197.7	241.1	3.8	2.6	0.7
四　　　　　　国 (28)	32.0	15.1	544.5	146.7	8.6	1.2	0.2
九　　　　　　州 (29)	53.4	24.5	1,398.7	167.8	17.8	1.7	0.3

	自 動 車 ・ 農 機 具 の 使 用 台 数 （ 10 経 営 体 当 た り ）								
貨物自動車	ミルカー		搾乳ロボット	バルククーラー	牛乳冷却機（バルククーラーを除く。）	バーンクリーナー	トラクター	は種機	
	バケット	パイプライン							
(24) 台	(25) 台	(26) 台	(27) 台	(28) 台	(29) 台	(30) 台	(31) 台	(32) 台	
26.0	2.1	11.1	0.4	10.7	0.7	10.2	35.4	2.4	(1)
22.4	3.0	7.2	–	10.0	0.6	4.9	21.1	1.4	(2)
22.9	1.9	10.1	–	10.5	0.3	9.7	30.6	3.7	(3)
25.7	1.1	11.9	0.1	11.6	0.4	12.3	31.0	2.8	(4)
27.0	2.3	12.0	0.6	10.2	0.7	12.0	43.7	2.1	(5)
30.6	3.3	13.5	1.7	11.2	1.8	10.6	49.1	2.6	(6)
40.1	1.2	16.5	0.9	10.2	0.6	9.9	60.8	3.2	(7)
22.3	1.8	13.0	0.6	10.9	0.3	13.3	48.1	1.3	(8)
18.7	4.3	9.3	–	9.3	1.0	3.0	38.7	–	(9)
18.5	0.8	13.1	–	10.0	–	11.5	39.2	1.5	(10)
14.9	1.3	11.0	–	10.2	0.2	13.3	37.2	0.6	(11)
22.3	1.4	13.1	0.5	11.0	0.4	14.5	49.2	1.6	(12)
28.5	3.2	14.4	1.8	11.9	0.1	13.8	57.3	1.7	(13)
38.3	1.7	17.9	1.3	11.7	0.8	12.5	69.6	1.7	(14)
28.5	2.3	9.9	0.2	10.5	0.9	8.1	27.2	3.2	(15)
22.7	2.9	6.9	–	10.1	0.6	5.0	19.3	1.5	(16)
23.6	2.1	9.7	–	10.5	0.3	9.4	29.2	4.0	(17)
32.1	1.0	12.5	0.2	12.4	0.6	11.8	27.3	4.1	(18)
34.2	3.6	10.2	0.7	9.1	1.2	8.2	35.2	2.8	(19)
34.9	3.6	11.5	1.4	9.6	5.2	4.0	32.1	4.6	(20)
44.8	–	12.8	–	6.4	–	2.8	37.2	7.2	(21)
23.6	2.2	8.8	–	11.3	–	9.0	30.3	2.6	(22)
25.7	1.3	9.8	–	8.7	–	6.9	26.3	–	(23)
30.7	1.7	10.2	–	10.6	1.1	9.4	27.1	4.2	(24)
31.0	1.0	9.9	0.3	10.5	2.0	10.5	9.9	1.3	(25)
22.1	–	13.3	0.6	7.5	1.5	11.8	17.0	2.4	(26)
31.2	5.2	9.3	0.4	11.5	1.8	9.3	33.5	2.0	(27)
32.5	3.3	6.7	0.9	10.9	–	1.9	30.0	5.3	(28)
30.6	3.9	10.8	0.8	10.1	1.2	3.6	30.4	3.8	(29)

1　牛乳生産費（続き）
（1）　経営の概況（１経営体当たり）（続き）

区　　　分	自動車・農機具の所有状況（ 10 経営体当たり ）					
	マニュアスプレッダー	プラウ・ハロー	モ　ア　ー	集 草 機	カッター	ベーラー
	(33)　台	(34)　台	(35)　台	(36)　台	(37)　台	(38)　台
全　　　　　　　国　(1)	7.5	9.9	11.3	11.6	1.9	8.7
1　～　20頭未満　(2)	4.2	5.9	8.2	6.9	2.1	6.8
20　～　30　(3)	7.5	6.9	8.4	7.8	1.4	9.3
30　～　50　(4)	6.7	8.8	10.8	10.9	1.7	9.3
50　～　100　(5)	8.9	12.9	14.3	17.1	2.0	10.2
100　～　200　(6)	10.9	12.3	11.7	12.5	2.5	6.2
200頭以上　(7)	9.3	20.7	18.0	13.9	0.9	10.1
北　　海　　道　(8)	9.7	14.4	15.8	19.3	1.2	11.5
1　～　20頭未満　(9)	7.0	17.3	8.3	18.3	1.0	8.3
20　～　30　(10)	9.2	12.3	13.1	17.7	0.8	14.6
30　～　50　(11)	8.2	12.0	13.8	18.4	0.2	12.8
50　～　100　(12)	10.3	15.0	17.6	23.0	1.7	12.8
100　～　200　(13)	11.6	13.5	14.8	14.4	1.7	6.6
200頭以上　(14)	8.8	21.7	22.1	15.0	1.3	11.3
都　　府　　県　(15)	6.0	6.9	8.3	6.7	2.3	7.0
1　～　20頭未満　(16)	3.9	4.7	8.2	5.7	2.3	6.6
20　～　30　(17)	7.3	6.0	7.7	6.2	1.5	8.4
30　～　50　(18)	5.8	6.8	9.1	6.5	2.7	7.2
50　～　100　(19)	6.7	9.7	9.2	8.0	2.5	6.1
100　～　200　(20)	9.6	9.6	5.2	8.5	4.3	5.3
200頭以上　(21)	10.8	18.0	7.2	10.8	－	7.2
東　　　　　　　北　(22)	5.4	7.2	10.7	8.9	2.5	9.0
北　　　　　　　陸　(23)	2.6	4.5	4.5	3.8	－	9.1
関　東　・　東　山　(24)	6.5	8.6	8.6	6.7	0.7	6.6
東　　　　　　　海　(25)	2.9	1.0	4.8	－	3.2	1.3
近　　　　　　　畿　(26)	7.0	1.2	2.7	0.6	0.6	8.5
中　　　　　　　国　(27)	7.1	5.9	9.3	3.3	3.7	6.2
四　　　　　　　国　(28)	1.9	5.8	7.2	1.9	4.2	3.6
九　　　　　　　州　(29)	8.0	8.4	8.2	10.6	5.0	7.4

（続き）その他の牧草収穫機	搬送・吹上機	トレーラー	運搬用機具	搾乳牛飼養頭数（1経営体当たり通年換算頭数）	搾乳牛の成畜時評価額（関係頭数1頭当たり）	
(39) 台	(40) 台	(41) 台	(42) 台	(43) 頭	(44) 円	
9.7	0.9	2.9	5.0	58.7	685,029	(1)
5.4	0.4	1.3	1.7	13.2	607,059	(2)
10.6	0.5	2.7	6.4	25.0	627,235	(3)
11.1	1.3	3.2	4.9	39.6	633,182	(4)
11.1	1.2	3.6	4.8	69.8	681,129	(5)
8.0	0.8	4.0	6.3	137.2	724,307	(6)
14.4	1.2	2.1	14.9	264.1	730,139	(7)
10.8	1.4	4.2	4.4	82.4	728,438	(8)
4.0	－	－	1.0	14.4	703,589	(9)
8.5	3.8	1.5	3.8	26.4	684,524	(10)
9.6	1.8	3.4	3.2	40.4	701,361	(11)
12.6	1.2	4.8	4.2	70.6	713,246	(12)
8.5	0.9	6.0	5.1	139.0	741,942	(13)
17.1	1.7	2.9	11.7	251.2	754,120	(14)
9.0	0.6	2.1	5.3	43.3	631,130	(15)
5.6	0.5	1.4	1.8	13.1	596,512	(16)
10.9	－	2.9	6.8	24.7	617,671	(17)
12.0	1.0	3.1	6.0	39.1	593,089	(18)
8.8	1.2	1.8	5.8	68.5	629,754	(19)
6.7	0.5	－	8.9	133.4	685,691	(20)
7.2	－	－	23.6	298.4	674,736	(21)
11.0	0.9	2.1	2.2	30.9	623,999	(22)
－	－	4.5	6.1	32.7	638,976	(23)
11.3	0.3	2.2	6.9	49.3	630,400	(24)
1.6	0.3	－	6.2	57.0	747,601	(25)
2.4	－	4.0	13.5	34.2	464,027	(26)
9.7	3.0	0.7	12.2	41.8	534,303	(27)
2.8	－	－	0.9	30.5	496,000	(28)
9.5	0.7	2.8	2.6	52.0	655,845	(29)

1　牛乳生産費（続き）
（2）　生産物（搾乳牛1頭当たり）

区　　　　　分	生					乳			
	実　　搾　　乳　　量					乳脂肪生産量	乳脂肪分	無脂乳固形分	乳脂肪分3.5％換算乳量
	計	出荷量	小売量	子牛給与量	家計消費量				
	(1) kg	(2) kg	(3) kg	(4) kg	(5) kg	(6) kg	(7) %	(8) %	(9) kg
全　　　　　　　　国 (1)	8,607	8,569	0	34	4	338	3.93	8.74	9,670
1　〜　　20頭未満 (2)	7,695	7,638	0	26	31	302	3.92	8.72	8,623
20　〜　　30 (3)	7,985	7,952	0	27	6	309	3.87	8.73	8,842
30　〜　　50 (4)	8,292	8,259	0	28	5	324	3.91	8.74	9,268
50　〜　　100 (5)	8,550	8,512	0	35	3	336	3.93	8.74	9,593
100　〜　　200 (6)	9,057	9,008	1	46	2	360	3.97	8.72	10,284
200頭以上 (7)	8,860	8,832	−	27	1	347	3.92	8.76	9,906
北　　海　　道 (8)	8,626	8,577	0	46	3	343	3.98	8.69	9,795
1　〜　　20頭未満 (9)	6,801	6,727	1	47	26	265	3.90	8.65	7,577
20　〜　　30 (10)	6,751	6,689	−	52	10	271	4.01	8.71	7,746
30　〜　　50 (11)	7,796	7,756	0	33	7	308	3.95	8.70	8,805
50　〜　　100 (12)	8,505	8,458	0	44	3	336	3.95	8.67	9,595
100　〜　　200 (13)	9,120	9,060	−	58	2	364	3.99	8.68	10,404
200頭以上 (14)	8,809	8,769	−	39	1	352	4.00	8.76	10,069
都　　府　　県 (15)	8,587	8,560	1	20	6	333	3.88	8.78	9,515
1　〜　　20頭未満 (16)	7,798	7,742	0	24	32	306	3.92	8.73	8,742
20　〜　　30 (17)	8,198	8,170	1	22	5	316	3.85	8.73	9,031
30　〜　　50 (18)	8,595	8,566	0	25	4	334	3.89	8.77	9,549
50　〜　　100 (19)	8,622	8,599	0	20	3	336	3.90	8.84	9,590
100　〜　　200 (20)	8,921	8,896	3	20	2	351	3.93	8.80	10,027
200頭以上 (21)	8,974	8,973	−	−	1	334	3.72	8.76	9,541
東　　　　　　　　北 (22)	8,330	8,299	−	23	8	326	3.91	8.76	9,328
北　　　　　　　　陸 (23)	7,626	7,596	1	25	4	288	3.78	8.69	8,222
関　東　・　東　山 (24)	8,546	8,514	2	21	9	329	3.85	8.76	9,399
東　　　　　　　　海 (25)	9,439	9,398	−	38	3	356	3.77	8.77	10,161
近　　　　　　　　畿 (26)	9,246	9,231	−	13	2	351	3.80	8.77	10,028
中　　　　　　　　国 (27)	9,110	9,093	−	14	3	350	3.84	8.83	10,002
四　　　　　　　　国 (28)	8,834	8,815	−	13	6	349	3.95	8.72	9,974
九　　　　　　　　州 (29)	8,288	8,278	0	8	2	331	3.99	8.86	9,446

価　額	副　産　物							参　考	
	計	子　牛			きゅう肥			3.5%換算乳量100kg当たり乳価	乳飼比
		頭　数	雌	価　額	搬出量	利用量	価　額（利用分）		
(10)円	(11)円	(12)頭	(13)頭	(14)円	(15)kg	(16)kg	(17)円	(18)円	(19)%
901,366	182,378	0.92	0.50	164,128	18,683	12,427	18,250	9,321	36.8	(1)
843,922	177,944	0.78	0.37	147,387	19,272	11,590	30,557	9,787	43.7	(2)
886,333	189,519	0.81	0.42	166,204	18,364	12,210	23,315	10,024	43.3	(3)
889,052	174,862	0.87	0.48	158,596	17,949	10,837	16,266	9,593	38.6	(4)
885,202	185,706	0.94	0.51	165,356	18,483	13,221	20,350	9,228	35.3	(5)
928,708	176,778	0.96	0.53	162,948	19,251	12,028	13,830	9,031	34.4	(6)
927,153	191,453	0.96	0.54	173,679	18,976	13,522	17,774	9,360	37.6	(7)
846,556	183,151	0.98	0.54	162,169	18,506	15,663	20,982	8,643	29.8	(8)
653,927	247,873	0.93	0.46	176,720	19,401	19,401	71,153	8,630	32.3	(9)
661,151	193,479	0.89	0.50	159,272	16,306	14,137	34,207	8,535	32.6	(10)
757,782	180,242	0.93	0.51	157,426	17,358	14,300	22,816	8,606	30.1	(11)
830,044	191,508	1.00	0.54	165,750	18,284	16,721	25,758	8,651	28.9	(12)
897,437	173,568	0.99	0.56	157,013	19,289	15,160	16,555	8,626	30.0	(13)
874,132	181,083	0.99	0.56	166,196	18,525	15,307	14,887	8,681	30.5	(14)
969,074	181,424	0.85	0.46	166,549	18,903	8,430	14,875	10,185	44.3	(15)
865,550	169,984	0.76	0.36	144,049	19,257	10,701	25,935	9,901	44.6	(16)
925,221	188,835	0.80	0.41	167,401	18,719	11,877	21,434	10,245	44.7	(17)
968,925	171,589	0.82	0.46	159,309	18,307	8,729	12,280	10,147	42.7	(18)
972,662	176,506	0.87	0.48	164,730	18,797	7,671	11,776	10,142	43.8	(19)
996,229	183,708	0.90	0.49	175,760	19,168	5,265	7,948	9,935	43.0	(20)
1,046,403	214,778	0.87	0.46	190,509	19,988	9,505	24,269	10,967	50.8	(21)
887,457	164,840	0.87	0.47	145,865	19,034	10,566	18,975	9,514	41.4	(22)
901,493	180,324	0.82	0.38	169,788	18,899	6,860	10,536	10,964	50.1	(23)
972,157	185,249	0.82	0.45	167,712	18,619	9,364	17,537	10,343	47.0	(24)
1,110,954	227,505	0.96	0.54	215,188	19,070	5,357	12,317	10,934	45.4	(25)
1,118,346	170,341	0.82	0.47	155,703	19,339	6,830	14,638	11,152	43.0	(26)
1,052,912	192,535	0.92	0.45	179,294	19,445	8,285	13,241	10,527	43.7	(27)
1,032,671	157,412	0.83	0.41	152,811	19,157	4,691	4,601	10,354	39.6	(28)
915,198	168,597	0.79	0.43	158,544	18,953	7,365	10,053	9,689	41.7	(29)

1　牛乳生産費（続き）
（3）　作業別労働時間（搾乳牛1頭当たり）

区　　　分	合　計	男	女	直　　　　　接			
				計	飼　　　　　育		
					飼 料 の 調 理・給 与・給 水		
					小　計	男	女
	(1)	(2)	(3)	(4)	(5)	(6)	(7)
全　　　　　国　(1)	99.56	69.77	29.79	93.23	21.52	15.36	6.16
1　～　20頭未満　(2)	194.18	145.57	48.61	179.49	46.61	32.82	13.79
20　～　30　(3)	148.98	116.18	32.80	138.49	36.18	25.70	10.48
30　～　50　(4)	123.93	89.62	34.31	116.26	29.52	20.72	8.80
50　～　100　(5)	98.67	69.03	29.64	91.54	20.61	15.21	5.40
100　～　200　(6)	76.56	50.52	26.04	73.14	15.78	11.24	4.54
200頭以上　(7)	65.47	40.90	24.57	61.56	11.05	7.43	3.62
北　　海　　道　(8)	86.40	58.92	27.48	81.25	16.55	11.91	4.64
1　～　20頭未満　(9)	206.64	175.32	31.32	193.32	50.57	40.69	9.88
20　～　30　(10)	146.26	110.95	35.31	136.32	32.74	26.01	6.73
30　～　50　(11)	120.97	83.45	37.52	112.51	26.47	18.41	8.06
50　～　100　(12)	97.59	67.08	30.51	90.87	18.58	13.45	5.13
100　～　200　(13)	69.03	46.00	23.03	65.92	13.21	9.59	3.62
200頭以上　(14)	62.15	40.25	21.90	59.41	9.25	6.41	2.84
都　　府　　県　(15)	115.82	83.17	32.65	108.04	27.68	19.63	8.05
1　～　20頭未満　(16)	192.76	142.17	50.59	177.92	46.16	31.91	14.25
20　～　30　(17)	149.41	117.06	32.35	138.82	36.77	25.65	11.12
30　～　50　(18)	125.74	93.38	32.36	118.55	31.36	22.12	9.24
50　～　100　(19)	100.38	72.16	28.22	92.59	23.81	17.99	5.82
100　～　200　(20)	92.84	60.34	32.50	88.77	21.35	14.82	6.53
200頭以上　(21)	72.90	42.36	30.54	66.40	15.12	9.74	5.38
東　　　　　北　(22)	128.20	93.90	34.30	117.01	35.17	23.65	11.52
北　　　　　陸　(23)	138.21	106.43	31.78	135.27	31.53	23.18	8.35
関　東　・　東　山　(24)	106.21	79.85	26.36	98.66	23.61	17.92	5.69
東　　　　　海　(25)	116.05	78.36	37.69	112.72	25.21	16.49	8.72
近　　　　　畿　(26)	115.83	94.00	21.83	111.05	27.26	23.03	4.23
中　　　　　国　(27)	119.96	82.45	37.51	114.82	27.02	20.86	6.16
四　　　　　国　(28)	139.37	92.87	46.50	123.12	30.67	20.00	10.67
九　　　　　州　(29)	115.30	76.18	39.12	106.99	29.08	19.23	9.85

単位：時間

労　　　　　働　　　　　時						間		
労　　　　働　　　　時　　　　間						そ　　の　　他		
敷料の搬入・きゅう肥の搬出			搾 乳 及 び 牛 乳 処 理 ・ 運 搬			小　　　計	男	女
小　　　計	男	女	小　　　計	男	女			
(8)	(9)	(10)	(11)	(12)	(13)	(14)	(15)	(16)	
11.11	8.44	2.67	47.12	30.61	16.51	13.48	9.63	3.85	(1)
24.85	18.51	6.34	84.66	63.52	21.14	23.37	18.32	5.05	(2)
17.87	13.94	3.93	64.09	50.90	13.19	20.35	15.97	4.38	(3)
13.40	10.00	3.40	56.97	39.97	17.00	16.37	12.15	4.22	(4)
10.75	8.00	2.75	46.64	29.89	16.75	13.54	9.46	4.08	(5)
7.88	6.32	1.56	38.89	22.40	16.49	10.59	7.41	3.18	(6)
8.02	6.07	1.95	33.16	17.76	15.40	9.33	5.86	3.47	(7)
9.34	6.90	2.44	44.30	27.54	16.76	11.06	7.78	3.28	(8)
33.00	24.53	8.47	87.12	77.56	9.56	22.63	19.79	2.84	(9)
16.50	14.04	2.46	67.24	48.27	18.97	19.84	13.28	6.56	(10)
12.18	8.40	3.78	59.47	38.33	21.14	14.39	10.69	3.70	(11)
10.99	7.73	3.26	49.01	31.06	17.95	12.29	8.57	3.72	(12)
7.23	5.60	1.63	35.84	21.15	14.69	9.64	6.74	2.90	(13)
6.31	5.19	1.12	36.04	20.79	15.25	7.81	5.25	2.56	(14)
13.31	10.35	2.96	50.58	34.39	16.19	16.47	11.92	4.55	(15)
23.92	17.82	6.10	84.39	61.93	22.46	23.45	18.15	5.30	(16)
18.10	13.91	4.19	63.54	51.35	12.19	20.41	16.42	3.99	(17)
14.16	10.98	3.18	55.46	40.98	14.48	17.57	13.03	4.54	(18)
10.36	8.44	1.92	42.88	28.05	14.83	15.54	10.89	4.65	(19)
9.29	7.89	1.40	45.48	25.11	20.37	12.65	8.88	3.77	(20)
11.87	8.05	3.82	26.70	10.98	15.72	12.71	7.22	5.49	(21)
15.13	11.80	3.33	52.78	38.24	14.54	13.93	10.78	3.15	(22)
28.29	20.45	7.84	49.84	40.16	9.68	25.61	19.76	5.85	(23)
13.36	10.51	2.85	44.30	32.20	12.10	17.39	12.22	5.17	(24)
10.96	9.66	1.30	62.07	37.70	24.37	14.48	11.41	3.07	(25)
11.17	9.07	2.10	52.74	39.86	12.88	19.88	17.35	2.53	(26)
14.35	11.28	3.07	51.77	31.80	19.97	21.68	13.77	7.91	(27)
15.10	11.59	3.51	62.74	40.12	22.62	14.61	8.11	6.50	(28)
10.73	7.67	3.06	52.27	31.66	20.61	14.91	10.55	4.36	(29)

1 牛乳生産費（続き）
（3） 作業別労働時間（搾乳牛１頭当たり）（続き）

単位：時間

区　　　　　分	間接労働時間	自給牧草に係る労働時間	家族・雇用別内訳 家族 計	男	女	雇用 計	男	女
	(17)	(18)	(19)	(20)	(21)	(22)	(23)	(24)
全　　　　　国　(1)	6.33	4.80	76.77	54.19	22.58	22.79	15.58	7.21
1　〜　20頭未満　(2)	14.69	11.37	184.55	137.59	46.96	9.63	7.98	1.65
20　〜　30　(3)	10.49	8.78	133.78	103.46	30.32	15.20	12.72	2.48
30　〜　50　(4)	7.67	5.88	108.89	77.29	31.60	15.04	12.33	2.71
50　〜　100　(5)	7.13	5.43	80.43	55.14	25.29	18.24	13.89	4.35
100　〜　200　(6)	3.42	2.25	44.70	29.07	15.63	31.86	21.45	10.41
200頭以上　(7)	3.91	2.89	32.39	24.26	8.13	33.08	16.64	16.44
北　　海　　道　(8)	5.15	3.76	68.45	47.02	21.43	17.95	11.90	6.05
1　〜　20頭未満　(9)	13.32	10.90	205.86	174.54	31.32	0.78	0.78	−
20　〜　30　(10)	9.94	8.06	142.48	107.17	35.31	3.78	3.78	−
30　〜　50　(11)	8.46	6.40	113.53	76.56	36.97	7.44	6.89	0.55
50　〜　100　(12)	6.72	5.08	84.07	57.62	26.45	13.52	9.46	4.06
100　〜　200　(13)	3.11	2.04	44.12	28.87	15.25	24.91	17.13	7.78
200頭以上　(14)	2.74	1.82	38.65	27.83	10.82	23.50	12.42	11.08
都　　府　　県　(15)	7.78	6.04	87.05	63.04	24.01	28.77	20.13	8.64
1　〜　20頭未満　(16)	14.84	11.41	182.12	133.37	48.75	10.64	8.80	1.84
20　〜　30　(17)	10.59	8.92	132.27	102.81	29.46	17.14	14.25	2.89
30　〜　50　(18)	7.19	5.59	106.06	77.73	28.33	19.68	15.65	4.03
50　〜　100　(19)	7.79	5.98	74.65	51.24	23.41	25.73	20.92	4.81
100　〜　200　(20)	4.07	2.71	45.96	29.51	16.45	46.88	30.83	16.05
200頭以上　(21)	6.50	5.28	18.32	16.25	2.07	54.58	26.11	28.47
東　　　　　北　(22)	11.19	9.52	113.92	80.98	32.94	14.28	12.92	1.36
北　　　　　陸　(23)	2.94	1.41	90.87	73.38	17.49	47.34	33.05	14.29
関　東　・　東　山　(24)	7.55	6.14	71.71	55.25	16.46	34.50	24.60	9.90
東　　　　　海　(25)	3.33	1.25	81.16	57.31	23.85	34.89	21.05	13.84
近　　　　　畿　(26)	4.78	4.09	94.82	73.01	21.81	21.01	20.99	0.02
中　　　　　国　(27)	5.14	3.04	93.14	65.09	28.05	26.82	17.36	9.46
四　　　　　国　(28)	16.25	13.63	114.84	82.08	32.76	24.53	10.79	13.74
九　　　　　州　(29)	8.31	6.07	86.99	58.09	28.90	28.31	18.09	10.22

1 牛乳生産費（続き）

(4) 収益性

ア 搾乳牛1頭当たり

区 分	粗 収 益			生 産 費	
	計	生 乳	副産物	生産費総額	生産費総額から家族労働費、自己資本利子、自作地地代を控除した額
	(1)	(2)	(3)	(4)	(5)
全 国 (1)	1,083,744	901,366	182,378	978,845	805,265
1 ～ 20頭未満 (2)	1,021,866	843,922	177,944	1,092,219	754,162
20 ～ 30 (3)	1,075,852	886,333	189,519	1,056,871	793,014
30 ～ 50 (4)	1,063,914	889,052	174,862	988,462	761,356
50 ～ 100 (5)	1,070,908	885,202	185,706	966,761	782,284
100 ～ 200 (6)	1,105,486	928,708	176,778	947,542	828,894
200頭以上 (7)	1,118,606	927,153	191,453	981,834	883,701
北 海 道 (8)	1,029,707	846,556	183,151	933,408	761,852
1 ～ 20頭未満 (9)	901,800	653,927	247,873	1,095,980	676,246
20 ～ 30 (10)	854,630	661,151	193,479	957,122	649,620
30 ～ 50 (11)	938,024	757,782	180,242	940,978	686,030
50 ～ 100 (12)	1,021,552	830,044	191,508	945,098	742,307
100 ～ 200 (13)	1,071,005	897,437	173,568	919,357	794,582
200頭以上 (14)	1,055,215	874,132	181,083	920,649	805,293
都 府 県 (15)	1,150,498	969,074	181,424	1,034,977	858,894
1 ～ 20頭未満 (16)	1,035,534	865,550	169,984	1,091,792	763,034
20 ～ 30 (17)	1,114,056	925,221	188,835	1,074,097	817,779
30 ～ 50 (18)	1,140,514	968,925	171,589	1,017,354	807,185
50 ～ 100 (19)	1,149,168	972,662	176,506	1,001,118	845,678
100 ～ 200 (20)	1,179,937	996,229	183,708	1,008,405	902,992
200頭以上 (21)	1,261,181	1,046,403	214,778	1,119,448	1,060,046
東 北 (22)	1,052,297	887,457	164,840	991,918	779,482
北 陸 (23)	1,081,817	901,493	180,324	1,014,428	847,300
関 東 ・ 東 山 (24)	1,157,406	972,157	185,249	1,047,652	888,475
東 海 (25)	1,338,459	1,110,954	227,505	1,192,532	1,005,014
近 畿 (26)	1,288,687	1,118,346	170,341	1,052,937	845,528
中 国 (27)	1,245,447	1,052,912	192,535	1,066,973	893,003
四 国 (28)	1,190,083	1,032,671	157,412	926,596	731,991
九 州 (29)	1,083,795	915,198	168,597	976,634	813,749

イ　1日当たり

	用				
生産費総額から家族労働費を控除した額	所　得	家族労働報酬	所　得	家族労働報酬	
単位：円			単位：円		
(6)	(7)	(8)	(1)	(2)	
843,061	278,479	240,683	29,020	25,081	(1)
785,851	267,704	236,015	11,605	10,231	(2)
826,614	282,838	249,238	16,914	14,904	(3)
795,676	302,558	268,238	22,229	19,707	(4)
822,738	288,624	248,170	28,708	24,684	(5)
867,367	276,592	238,119	49,502	42,616	(6)
922,099	234,905	196,507	58,019	48,535	(7)
807,315	267,855	222,392	31,305	25,992	(8)
725,330	225,554	176,470	8,765	6,858	(9)
704,616	205,010	150,014	11,511	8,423	(10)
731,161	251,994	206,863	17,757	14,577	(11)
790,504	279,245	231,048	26,573	21,986	(12)
837,608	276,423	233,397	50,122	42,320	(13)
848,870	249,922	206,345	51,730	42,710	(14)
887,219	291,604	263,279	26,799	24,196	(15)
792,742	272,500	242,792	11,970	10,665	(16)
847,683	296,277	266,373	17,920	16,111	(17)
834,927	333,329	305,587	25,143	23,050	(18)
873,858	303,490	275,310	32,524	29,504	(19)
931,631	276,945	248,306	48,206	43,221	(20)
1,086,796	201,135	174,385	87,832	76,151	(21)
811,100	272,815	241,197	19,158	16,938	(22)
866,551	234,517	215,266	20,646	18,952	(23)
917,220	268,931	240,186	30,002	26,795	(24)
1,031,809	333,445	306,650	32,868	30,227	(25)
868,337	443,159	420,350	37,389	35,465	(26)
923,807	352,444	321,640	30,272	27,626	(27)
753,201	458,092	436,882	31,912	30,434	(28)
841,485	270,046	242,310	24,835	22,284	(29)

1 牛乳生産費（続き）

(5) 生産費

ア 搾乳牛1頭当たり

区　　　　分	計	物			種　付　料			飼　　料　　費				
		小　計	購　入	自　給	小　計	流　通　飼　料　費		牧草・放牧・採草費
							自　給	
	(1)	(2)	(3)	(4)	(5)	(6)	(7)	(8)
全　　　　　　　国　(1)	765,981	15,998	15,899	99	411,699	334,348	2,735	77,351
1　〜　20頭未満　(2)	725,099	13,686	13,686	−	440,508	371,234	2,764	69,274
20　〜　30　(3)	756,367	15,341	15,050	291	454,995	386,552	2,384	68,443
30　〜　50　(4)	731,223	16,685	16,685	−	418,980	345,702	2,446	73,278
50　〜　100　(5)	748,500	16,461	16,449	12	402,658	314,911	2,769	87,747
100　〜　200　(6)	781,467	15,660	15,660	−	394,528	323,004	3,443	71,524
200頭以上　(7)	831,794	15,707	15,200	507	425,413	350,205	1,987	75,208
北　　海　　道　(8)	728,629	14,052	14,040	12	357,953	255,531	3,387	102,422
1　〜　20頭未満　(9)	658,122	12,767	12,767	−	318,727	214,979	3,478	103,748
20　〜　30　(10)	628,817	12,719	12,719	−	323,298	219,799	4,035	103,499
30　〜　50　(11)	663,460	13,819	13,819	−	343,830	230,500	2,570	113,330
50　〜　100　(12)	713,069	14,433	14,433	−	359,687	243,408	3,256	116,279
100　〜　200　(13)	753,724	14,243	14,243	−	363,472	273,540	4,156	89,932
200頭以上　(14)	768,589	13,358	13,294	64	359,145	269,407	2,871	89,738
都　　府　　県　(15)	812,120	18,402	18,196	206	478,092	431,712	1,930	46,380
1　〜　20頭未満　(16)	732,725	13,791	13,791	−	454,374	389,025	2,683	65,349
20　〜　30　(17)	778,395	15,795	15,453	342	477,739	415,350	2,099	62,389
30　〜　50　(18)	772,450	18,429	18,429	−	464,704	415,797	2,370	48,907
50　〜　100　(19)	804,689	19,678	19,647	31	470,794	428,288	1,998	42,506
100　〜　200　(20)	841,379	18,718	18,718	−	461,584	429,807	1,904	31,777
200頭以上　(21)	973,949	20,990	19,487	1,503	574,463	531,935	−	42,528
東　　　　　　　北　(22)	752,010	18,602	18,602	−	440,036	369,675	1,961	70,361
北　　　　　　　陸　(23)	782,106	12,533	12,533	−	461,118	453,815	2,289	7,303
関　東　・　東　山　(24)	831,858	18,531	18,095	436	506,134	458,842	2,276	47,292
東　　　　　　　海　(25)	951,549	16,775	16,402	373	517,782	508,372	3,693	9,410
近　　　　　　　畿　(26)	799,546	15,428	15,428	−	500,470	481,785	993	18,685
中　　　　　　　国　(27)	849,344	18,656	18,656	−	506,184	461,552	1,331	44,632
四　　　　　　　国　(28)	696,545	9,415	9,415	−	451,970	410,157	1,212	41,813
九　　　　　　　州　(29)	770,946	21,084	21,042	42	434,785	382,022	812	52,763

単位：円

財 費										
敷 料 費			光 熱 水 料 及 び 動 力 費			そ の 他 の 諸 材 料 費			獣医師料及び医薬品費	賃 借 料 及 び 料 金	
小 計	購 入	自 給	小 計	購 入	自 給	小 計	購 入	自 給			
(9)	(10)	(11)	(12)	(13)	(14)	(15)	(16)	(17)	(18)	(19)	
10,932	9,655	1,277	28,374	28,374	-	1,691	1,691	0	30,027	17,236	(1)
6,339	4,562	1,777	25,872	25,872	-	2,427	2,427	-	30,749	15,541	(2)
7,107	5,582	1,525	29,624	29,624	-	2,445	2,442	3	28,248	15,347	(3)
7,011	6,097	914	28,203	28,203	-	1,847	1,847	-	29,507	16,417	(4)
11,405	9,372	2,033	29,403	29,403	-	1,630	1,630	-	28,504	16,840	(5)
11,519	11,231	288	28,072	28,072	-	1,289	1,289	-	30,792	18,016	(6)
16,137	14,679	1,458	27,164	27,164	-	1,797	1,797	-	33,002	18,916	(7)
9,800	8,161	1,639	26,050	26,050	-	1,522	1,522	-	26,639	16,689	(8)
10,851	4,979	5,872	25,473	25,473	-	1,573	1,573	-	29,069	15,365	(9)
8,313	4,631	3,682	31,443	31,443	-	2,581	2,581	-	26,210	14,588	(10)
7,985	5,736	2,249	24,768	24,768	-	1,618	1,618	-	28,090	14,687	(11)
10,351	7,394	2,957	27,149	27,149	-	1,409	1,409	-	25,383	15,945	(12)
9,453	9,031	422	26,216	26,216	-	1,240	1,240	-	26,529	18,984	(13)
10,519	10,103	416	24,165	24,165	-	2,027	2,027	-	28,160	15,907	(14)
12,331	11,500	831	31,244	31,244	-	1,901	1,901	0	34,213	17,912	(15)
5,824	4,514	1,310	25,917	25,917	-	2,524	2,524	-	30,940	15,561	(16)
6,900	5,747	1,153	29,310	29,310	-	2,421	2,418	3	28,600	15,478	(17)
6,418	6,316	102	30,294	30,294	-	1,986	1,986	-	30,370	17,470	(18)
13,076	12,509	567	32,979	32,979	-	1,981	1,981	-	33,452	18,260	(19)
15,982	15,982	-	32,080	32,080	-	1,396	1,396	-	39,996	15,927	(20)
28,770	24,970	3,800	33,911	33,911	-	1,278	1,278	-	43,890	25,683	(21)
8,365	7,105	1,260	25,533	25,533	-	2,515	2,515	-	30,556	17,605	(22)
3,509	3,192	317	35,292	35,292	-	2,593	2,593	-	36,919	13,473	(23)
12,388	11,049	1,339	31,496	31,496	-	1,213	1,212	1	33,765	16,535	(24)
14,828	14,177	651	34,806	34,806	-	3,337	3,337	-	50,051	27,023	(25)
15,887	15,833	54	34,848	34,848	-	1,923	1,923	-	31,741	16,429	(26)
16,287	15,677	610	37,797	37,797	-	4,036	4,036	-	40,221	23,098	(27)
7,738	7,738	-	31,271	31,271	-	765	765	-	17,767	22,416	(28)
14,350	14,349	1	30,992	30,992	-	1,338	1,338	-	30,919	15,031	(29)

1 牛乳生産費（続き）
（5） 生産費（続き）
ア 搾乳牛1頭当たり（続き）

区　　　　　分	物件税及び公課諸負担	乳牛償却費	建　物　費 小　計	購　入	償　却	自　動　車 小　計	購　入
	(20)	(21)	(22)	(23)	(24)	(25)	(26)
全　　　　　国 (1)	11,276	171,383	21,415	6,538	14,877	5,073	2,474
1 ～ 20頭未満 (2)	14,496	129,244	8,279	3,702	4,577	8,239	4,606
20 ～ 30 (3)	13,255	133,178	16,237	5,243	10,994	5,261	4,346
30 ～ 50 (4)	10,427	146,519	14,396	5,708	8,688	5,975	3,153
50 ～ 100 (5)	11,316	162,848	20,897	7,380	13,517	5,003	2,341
100 ～ 200 (6)	11,572	194,247	24,046	5,702	18,344	4,775	1,970
200頭以上 (7)	10,031	206,705	31,833	8,334	23,499	3,703	1,492
北　　海　　道 (8)	12,633	193,652	22,990	7,781	15,209	4,140	1,866
1 ～ 20頭未満 (9)	14,560	179,782	8,919	4,606	4,313	4,334	2,667
20 ～ 30 (10)	11,734	146,521	12,218	5,752	6,466	3,444	2,719
30 ～ 50 (11)	11,735	163,063	14,127	7,385	6,742	4,226	2,149
50 ～ 100 (12)	12,815	177,525	22,360	8,605	13,755	3,921	1,837
100 ～ 200 (13)	13,797	203,460	24,657	6,748	17,909	4,788	1,984
200頭以上 (14)	11,010	230,897	28,413	8,424	19,989	3,524	1,463
都　　府　　県 (15)	9,599	143,875	19,468	5,002	14,466	6,223	3,225
1 ～ 20頭未満 (16)	14,488	123,491	8,207	3,600	4,607	8,683	4,827
20 ～ 30 (17)	13,517	130,873	16,933	5,155	11,778	5,574	4,627
30 ～ 50 (18)	9,631	136,453	14,560	4,689	9,871	7,038	3,763
50 ～ 100 (19)	8,938	139,575	18,582	5,439	13,143	6,719	3,141
100 ～ 200 (20)	6,765	174,354	22,732	3,443	19,289	4,751	1,941
200頭以上 (21)	7,828	152,294	39,526	8,133	31,393	4,107	1,559
東　　　　　北 (22)	9,706	141,274	16,970	4,450	12,520	5,496	2,950
北　　　　　陸 (23)	7,336	138,751	11,796	3,748	8,048	18,278	8,348
関　東　・　東　山 (24)	8,657	139,384	23,797	5,923	17,874	4,551	2,638
東　　　　　海 (25)	10,314	195,356	21,695	7,744	13,951	10,920	5,867
近　　　　　畿 (26)	8,279	117,402	12,192	4,051	8,141	3,502	2,953
中　　　　　国 (27)	14,041	111,424	19,996	2,850	17,146	10,792	5,578
四　　　　　国 (28)	15,913	96,316	6,641	1,462	5,179	3,855	2,113
九　　　　　州 (29)	9,335	149,876	16,498	3,881	12,617	5,553	2,104

単位：円

	費	（ 続 き ）						労	働	費	
費	農	機 具	費	生 産 管 理 費							
償 却	小 計	購 入	償 却	小 計	購 入	償 却	計	家 族	雇 用	
(27)	(28)	(29)	(30)	(31)	(32)	(33)	(34)	(35)	(36)	
2,599	38,454	19,407	19,047	2,423	2,380	43	167,800	135,784	32,016	(1)
3,633	26,394	17,507	8,887	3,325	3,297	28	326,647	306,368	20,279	(2)
915	32,399	17,678	14,721	2,930	2,736	194	255,895	230,257	25,638	(3)
2,822	32,308	18,171	14,137	2,948	2,893	55	215,550	192,786	22,764	(4)
2,662	39,265	20,525	18,740	2,270	2,221	49	170,640	144,023	26,617	(5)
2,805	44,697	19,793	24,904	2,254	2,233	21	121,174	80,175	40,999	(6)
2,211	39,407	19,041	20,366	1,979	1,974	5	104,747	59,735	45,012	(7)
2,274	40,828	20,965	19,863	1,681	1,667	14	151,778	126,093	25,685	(8)
1,667	33,351	24,026	9,325	3,351	3,351	－	372,036	370,650	1,386	(9)
725	33,288	17,616	15,672	2,460	2,460	－	263,557	252,506	11,051	(10)
2,077	33,350	22,542	10,808	2,162	2,144	18	223,231	209,817	13,414	(11)
2,084	40,351	21,637	18,714	1,740	1,717	23	176,239	154,594	21,645	(12)
2,804	45,288	21,303	23,985	1,597	1,591	6	116,254	81,749	34,505	(13)
2,061	40,190	18,367	21,823	1,274	1,267	7	100,740	71,779	28,961	(14)
2,998	35,519	17,482	18,037	3,341	3,261	80	187,597	147,758	39,839	(15)
3,856	25,603	16,764	8,839	3,322	3,291	31	321,480	299,050	22,430	(16)
947	32,245	17,688	14,557	3,010	2,783	227	254,571	226,414	28,157	(17)
3,275	31,672	15,511	16,161	3,425	3,348	77	210,881	182,427	28,454	(18)
3,578	37,546	18,763	18,783	3,109	3,020	89	161,758	127,260	34,498	(19)
2,810	43,422	16,532	26,890	3,672	3,620	52	131,798	76,774	55,024	(20)
2,548	37,647	20,556	17,091	3,562	3,562	－	113,765	32,652	81,113	(21)
2,546	32,867	16,745	16,122	2,485	2,442	43	199,598	180,818	18,780	(22)
9,930	36,561	22,514	14,047	3,947	3,632	315	207,375	147,877	59,498	(23)
1,913	32,291	15,786	16,505	3,116	3,050	66	180,197	130,432	49,765	(24)
5,053	44,734	27,953	16,781	3,928	3,744	184	211,454	160,723	50,731	(25)
549	39,575	14,712	24,863	1,870	1,870	－	227,187	184,600	42,587	(26)
5,214	41,792	17,729	24,063	5,020	4,945	75	179,002	143,166	35,836	(27)
1,742	30,720	10,792	19,928	1,758	1,758	－	203,230	173,395	29,835	(28)
3,449	37,074	16,720	20,354	4,111	4,027	84	169,659	135,149	34,510	(29)

1 牛乳生産費（続き）
（5） 生産費（続き）
ア 搾乳牛1頭当たり（続き）

区　　　　分	労働費（続き）直接労働費 小計	家族	雇用	間接労働費	自給牧草に係る労働費	費用合計 計	購入	自給	償却
	(37)	(38)	(39)	(40)	(41)	(42)	(43)	(44)	(45)
全　　　　国 (1)	156,559	125,729	30,830	11,241	8,549	933,781	508,586	217,246	207,949
1 ～ 20頭未満 (2)	302,201	282,911	19,290	24,446	18,963	1,051,746	525,194	380,183	146,369
20 ～ 30 (3)	238,085	212,937	25,148	17,810	14,947	1,012,262	549,357	302,903	160,002
30 ～ 50 (4)	202,311	179,984	22,327	13,239	10,087	946,773	505,128	269,424	172,221
50 ～ 100 (5)	158,175	132,488	25,687	12,465	9,473	919,140	484,740	236,584	197,816
100 ～ 200 (6)	115,118	75,256	39,862	6,056	4,081	902,641	506,890	155,430	240,321
200頭以上 (7)	96,226	54,161	42,065	8,521	6,683	936,541	544,860	138,895	252,786
北　海　道 (8)	142,227	117,155	25,072	9,551	7,028	880,407	415,842	233,553	231,012
1 ～ 20頭未満 (9)	347,822	346,436	1,386	24,214	19,715	1,030,158	351,323	483,748	195,087
20 ～ 30 (10)	245,720	234,787	10,933	17,837	14,441	892,374	359,268	363,722	169,384
30 ～ 50 (11)	207,432	194,246	13,186	15,799	11,934	886,691	376,017	327,966	182,708
50 ～ 100 (12)	163,811	142,550	21,261	12,428	9,440	889,308	400,121	277,086	212,101
100 ～ 200 (13)	110,559	77,003	33,556	5,695	3,813	869,978	445,555	176,259	248,164
200頭以上 (14)	95,528	67,372	28,156	5,212	3,520	869,329	429,684	164,868	274,777
都　府　県 (15)	174,266	136,322	37,944	13,331	10,427	999,717	623,156	197,105	179,456
1 ～ 20頭未満 (16)	297,007	275,679	21,328	24,473	18,877	1,054,205	544,989	368,392	140,824
20 ～ 30 (17)	236,766	209,163	27,603	17,805	15,034	1,032,966	582,184	292,400	158,382
30 ～ 50 (18)	199,197	171,308	27,889	11,684	8,964	983,331	583,688	233,806	165,837
50 ～ 100 (19)	149,237	116,534	32,703	12,521	9,525	966,447	618,917	172,362	175,168
100 ～ 200 (20)	124,963	71,484	53,479	6,835	4,659	973,177	639,327	110,455	223,395
200頭以上 (21)	97,798	24,452	73,346	15,967	13,798	1,087,714	803,905	80,483	203,326
東　　　　北 (22)	182,192	165,164	17,028	17,406	14,752	951,608	524,703	254,400	172,505
北　　　　陸 (23)	203,246	144,529	58,717	4,129	1,785	989,481	660,604	157,786	171,091
関　東・東　山 (24)	165,293	118,450	46,843	14,904	12,378	1,012,055	654,537	181,776	175,742
東　　　　海 (25)	205,227	155,779	49,448	6,227	2,348	1,163,003	756,828	174,850	231,325
近　　　　畿 (26)	217,840	175,591	42,249	9,347	7,872	1,026,733	671,446	204,332	150,955
中　　　　国 (27)	171,084	135,392	35,692	7,918	4,685	1,028,346	680,685	189,739	157,922
四　　　　国 (28)	180,092	153,850	26,242	23,138	19,368	899,775	560,190	216,420	123,165
九　　　　州 (29)	157,017	123,703	33,314	12,642	9,180	940,605	565,458	188,767	186,380

単位：円

| 副産物価額 | | | 生産費
（副産物
価額差引） | 支払利子 | 支払地代 | 支払利子・
地代
算入生産費 | 自己
資本利子 | 自作地
地代 | 資本利子・
地代全額
算入生産費
（全算入
生産費） | |
計	子牛	きゅう肥								
(46)	(47)	(48)	(49)	(50)	(51)	(52)	(53)	(54)	(55)	
182,378	164,128	18,250	751,403	2,795	4,473	758,671	24,852	12,944	796,467	(1)
177,944	147,387	30,557	873,802	1,245	7,539	882,586	19,859	11,830	914,275	(2)
189,519	166,204	23,315	822,743	2,272	8,737	833,752	20,904	12,696	867,352	(3)
174,862	158,596	16,266	771,911	2,128	5,241	779,280	21,823	12,497	813,600	(4)
185,706	165,356	20,350	733,434	3,006	4,161	740,601	24,518	15,936	781,055	(5)
176,778	162,948	13,830	725,863	3,223	3,205	732,291	27,482	10,991	770,764	(6)
191,453	173,679	17,774	745,088	3,062	3,833	751,983	27,643	10,755	790,381	(7)
183,151	162,169	20,982	697,256	3,780	3,758	704,794	26,373	19,090	750,257	(8)
247,873	176,720	71,153	782,285	5,022	11,716	799,023	16,150	32,934	848,107	(9)
193,479	159,272	34,207	698,895	5,682	4,070	708,647	18,389	36,607	763,643	(10)
180,242	157,426	22,816	706,449	3,699	5,457	715,605	21,511	23,620	760,736	(11)
191,508	165,750	25,758	697,800	4,014	3,579	705,393	25,288	22,909	753,590	(12)
173,568	157,013	16,555	696,410	3,441	2,912	702,763	28,635	14,391	745,789	(13)
181,083	166,196	14,887	688,246	3,727	4,016	695,989	28,854	14,723	739,566	(14)
181,424	166,549	14,875	818,293	1,579	5,356	825,228	22,974	5,351	853,553	(15)
169,984	144,049	25,935	884,221	815	7,064	892,100	20,281	9,427	921,808	(16)
188,835	167,401	21,434	844,131	1,683	9,544	855,358	21,338	8,566	885,262	(17)
171,589	159,309	12,280	811,742	1,172	5,109	818,023	22,014	5,728	845,765	(18)
176,506	164,730	11,776	789,941	1,407	5,084	796,432	23,297	4,883	824,612	(19)
183,708	175,760	7,948	789,469	2,750	3,839	796,058	24,991	3,648	824,697	(20)
214,778	190,509	24,269	872,936	1,566	3,418	877,920	24,919	1,831	904,670	(21)
164,840	145,865	18,975	786,768	1,494	7,198	795,460	22,772	8,846	827,078	(22)
180,324	169,788	10,536	809,157	3,620	2,076	814,853	12,755	6,496	834,104	(23)
185,249	167,712	17,537	826,806	1,538	5,314	833,658	24,278	4,467	862,403	(24)
227,505	215,188	12,317	935,498	1,804	930	938,232	23,815	2,980	965,027	(25)
170,341	155,703	14,638	856,392	147	3,248	859,787	18,411	4,398	882,596	(26)
192,535	179,294	13,241	835,811	1,314	6,509	843,634	27,032	3,772	874,438	(27)
157,412	152,811	4,601	742,363	298	5,313	747,974	17,240	3,970	769,184	(28)
168,597	158,544	10,053	772,008	1,859	6,434	780,301	22,048	5,688	808,037	(29)

1　牛乳生産費（続き）
（5）　生産費（続き）
イ　乳脂肪分3.5％換算乳量100kg当たり

区　　分	計	種　付　料			飼　　料　　費			
		小　計	購　入	自　給	小　計	流通飼料費	自　給	牧草・放牧・採草費
	(1)	(2)	(3)	(4)	(5)	(6)	(7)	(8)
全　　　　国 (1)	7,920	165	164	1	4,258	3,458	29	800
1 ～ 20頭未満 (2)	8,409	159	159	－	5,108	4,305	32	803
20 ～ 30 (3)	8,553	173	170	3	5,146	4,372	27	774
30 ～ 50 (4)	7,886	180	180	－	4,520	3,729	27	791
50 ～ 100 (5)	7,797	171	171	0	4,197	3,282	29	915
100 ～ 200 (6)	7,594	152	152	－	3,836	3,141	33	695
200頭以上 (7)	8,394	158	153	5	4,294	3,535	20	759
北　海　道 (8)	7,438	143	143	0	3,657	2,611	35	1,046
1 ～ 20頭未満 (9)	8,687	169	169	－	4,207	2,838	46	1,369
20 ～ 30 (10)	8,117	164	164	－	4,173	2,837	52	1,336
30 ～ 50 (11)	7,534	157	157	－	3,905	2,618	29	1,287
50 ～ 100 (12)	7,431	150	150	－	3,749	2,537	34	1,212
100 ～ 200 (13)	7,243	137	137	－	3,494	2,630	40	864
200頭以上 (14)	7,634	133	132	1	3,567	2,676	29	891
都　府　県 (15)	8,533	193	191	2	5,022	4,535	21	487
1 ～ 20頭未満 (16)	8,384	158	158	－	5,198	4,451	31	747
20 ～ 30 (17)	8,621	175	171	4	5,290	4,599	24	691
30 ～ 50 (18)	8,090	193	193	－	4,867	4,355	25	512
50 ～ 100 (19)	8,394	205	205	0	4,909	4,466	21	443
100 ～ 200 (20)	8,393	187	187	－	4,605	4,288	19	317
200頭以上 (21)	10,209	220	204	16	6,021	5,575	－	446
東　　北 (22)	8,065	199	199	－	4,720	3,966	21	754
北　　陸 (23)	9,515	152	152	－	5,609	5,520	28	89
関東・東山 (24)	8,851	198	193	5	5,386	4,883	24	503
東　　海 (25)	9,367	165	161	4	5,094	5,001	36	93
近　　畿 (26)	7,974	154	154	－	4,992	4,806	10	186
中　　国 (27)	8,492	187	187	－	5,062	4,616	14	446
四　　国 (28)	6,984	94	94	－	4,530	4,111	12	419
九　　州 (29)	8,156	223	223	0	4,601	4,042	8	559

単位：円

財 費										
敷 料 費			光 熱 水 料 及 び 動 力 費			そ の 他 の 諸 材 料 費			獣医師料及び医薬品費	賃借料及び料金
小 計	購 入	自 給	小 計	購 入	自 給	小 計	購 入	自 給		
(9)	(10)	(11)	(12)	(13)	(14)	(15)	(16)	(17)	(18)	(19)
113	100	13	293	293	–	17	17	0	311	178	(1)
74	53	21	300	300	–	28	28	–	357	180	(2)
80	63	17	335	335	–	28	28	0	319	174	(3)
76	66	10	304	304	–	20	20	–	318	177	(4)
119	98	21	307	307	–	17	17	–	297	176	(5)
112	109	3	273	273	–	13	13	–	299	175	(6)
163	148	15	274	274	–	18	18	–	333	191	(7)
100	83	17	266	266	–	16	16	–	272	170	(8)
143	66	77	336	336	–	21	21	–	384	203	(9)
108	60	48	406	406	–	33	33	–	338	188	(10)
91	65	26	281	281	–	18	18	–	319	167	(11)
108	77	31	283	283	–	15	15	–	265	166	(12)
91	87	4	252	252	–	12	12	–	255	182	(13)
104	100	4	240	240	–	20	20	–	280	158	(14)
130	121	9	328	328	–	20	20	0	360	188	(15)
67	52	15	296	296	–	29	29	–	354	178	(16)
77	64	13	325	325	–	27	27	0	317	171	(17)
67	66	1	317	317	–	21	21	–	318	183	(18)
136	130	6	344	344	–	21	21	–	349	190	(19)
159	159	–	320	320	–	14	14	–	399	159	(20)
302	262	40	355	355	–	13	13	–	460	269	(21)
90	76	14	274	274	–	27	27	–	328	189	(22)
43	39	4	429	429	–	32	32	–	449	164	(23)
132	118	14	335	335	–	13	13	0	359	176	(24)
146	140	6	343	343	–	33	33	–	493	266	(25)
159	158	1	347	347	–	19	19	–	317	164	(26)
163	157	6	378	378	–	40	40	–	402	231	(27)
78	78	–	314	314	–	8	8	–	178	225	(28)
152	152	0	328	328	–	14	14	–	327	159	(29)

1 牛乳生産費（続き）

(5) 生産費（続き）

イ 乳脂肪分3.5％換算乳量100kg当たり（続き）

区　　　　分	物件税及び公課諸負担	乳牛償却費	物　　　　　　　　　　　　財 建物費 小計	購入	償却	財 自動車 小計	購入
	(20)	(21)	(22)	(23)	(24)	(25)	(26)
全　　　　　　国 (1)	117	1,772	220	68	152	53	26
1 ～ 20頭未満 (2)	168	1,499	96	43	53	95	53
20 ～ 30 (3)	150	1,506	183	59	124	59	49
30 ～ 50 (4)	113	1,581	155	62	93	64	34
50 ～ 100 (5)	117	1,698	215	77	138	51	24
100 ～ 200 (6)	112	1,889	233	55	178	46	19
200頭以上 (7)	101	2,087	320	84	236	38	15
北　海　道 (8)	129	1,977	234	79	155	42	19
1 ～ 20頭未満 (9)	192	2,373	118	61	57	57	35
20 ～ 30 (10)	152	1,892	158	74	84	44	35
30 ～ 50 (11)	134	1,852	160	84	76	48	24
50 ～ 100 (12)	134	1,850	233	90	143	41	19
100 ～ 200 (13)	132	1,956	236	65	171	46	19
200頭以上 (14)	110	2,293	283	84	199	35	15
都　府　県 (15)	101	1,512	206	53	153	66	34
1 ～ 20頭未満 (16)	166	1,413	94	41	53	99	55
20 ～ 30 (17)	150	1,449	187	57	130	61	51
30 ～ 50 (18)	101	1,429	152	49	103	74	39
50 ～ 100 (19)	94	1,455	195	57	138	71	33
100 ～ 200 (20)	67	1,739	226	34	192	47	19
200頭以上 (21)	82	1,596	416	85	331	43	16
東　　　　　北 (22)	104	1,515	182	48	134	59	32
北　　　　　陸 (23)	89	1,688	143	46	97	223	102
関　東　・　東　山 (24)	92	1,483	252	63	189	49	28
東　　　　　海 (25)	102	1,923	214	76	138	108	58
近　　　　　畿 (26)	82	1,171	121	40	81	34	29
中　　　　　国 (27)	141	1,114	199	28	171	108	56
四　　　　　国 (28)	160	966	67	15	52	38	21
九　　　　　州 (29)	98	1,587	174	41	133	58	22

単位：円

費 （ 続 き ）							労　　働　　費			
費	農　機　具　費			生　産　管　理　費						
償　却	小　計	購　入	償　却	小　計	購　入	償　却	計	家　族	雇　用	
(27)	(28)	(29)	(30)	(31)	(32)	(33)	(34)	(35)	(36)	
27	398	201	197	25	25	0	1,735	1,404	331	(1)
42	307	203	104	38	38	0	3,788	3,553	235	(2)
10	367	200	167	33	31	2	2,895	2,605	290	(3)
30	346	196	150	32	31	1	2,326	2,080	246	(4)
27	408	214	194	24	23	1	1,778	1,501	277	(5)
27	432	192	240	22	22	0	1,179	780	399	(6)
23	397	192	205	20	20	0	1,058	603	455	(7)
23	415	214	201	17	17	0	1,550	1,288	262	(8)
22	440	317	123	44	44	–	4,910	4,892	18	(9)
9	429	227	202	32	32	–	3,403	3,260	143	(10)
24	378	256	122	24	24	0	2,537	2,384	153	(11)
22	419	226	193	18	18	0	1,837	1,611	226	(12)
27	435	205	230	15	15	0	1,116	785	331	(13)
20	398	182	216	13	13	0	1,002	714	288	(14)
32	372	184	188	35	34	1	1,971	1,552	419	(15)
44	294	192	102	38	38	0	3,677	3,420	257	(16)
10	358	196	162	34	31	3	2,818	2,507	311	(17)
35	332	162	170	36	35	1	2,208	1,910	298	(18)
38	393	196	197	32	31	1	1,687	1,327	360	(19)
28	434	165	269	37	36	1	1,316	766	550	(20)
27	395	215	180	37	37	–	1,192	342	850	(21)
27	352	180	172	26	26	0	2,140	1,939	201	(22)
121	446	274	172	48	44	4	2,523	1,799	724	(23)
21	343	168	175	33	32	1	1,916	1,387	529	(24)
50	441	275	166	39	37	2	2,082	1,582	500	(25)
5	395	147	248	19	19	–	2,265	1,841	424	(26)
52	417	177	240	50	49	1	1,789	1,431	358	(27)
17	308	108	200	18	18	–	2,037	1,738	299	(28)
36	391	177	214	44	43	1	1,796	1,431	365	(29)

1　牛乳生産費（続き）

(5)　生産費（続き）

イ　乳脂肪分3.5％換算乳量100kg当たり（続き）

区　　分	労　働　費（続き）					費　用　合　計			
	直　接　労　働　費			間　接　労　働　費		計	購　入	自　給	償　却
	小　計	家　族	雇　用		自給牧草に係る労働費				
	(37)	(38)	(39)	(40)	(41)	(42)	(43)	(44)	(45)
全　　　　国 (1)	1,619	1,300	319	116	88	9,655	5,260	2,247	2,148
1 ～ 20頭未満 (2)	3,505	3,281	224	283	220	12,197	6,090	4,409	1,698
20 ～ 30 (3)	2,693	2,409	284	202	169	11,448	6,213	3,426	1,809
30 ～ 50 (4)	2,183	1,942	241	143	109	10,212	5,449	2,908	1,855
50 ～ 100 (5)	1,648	1,381	267	130	98	9,575	5,051	2,466	2,058
100 ～ 200 (6)	1,120	732	388	59	40	8,773	4,928	1,511	2,334
200頭以上 (7)	972	547	425	86	67	9,452	5,499	1,402	2,551
北　海　道 (8)	1,452	1,196	256	98	71	8,988	4,246	2,386	2,356
1 ～ 20頭未満 (9)	4,590	4,572	18	320	260	13,597	4,638	6,384	2,575
20 ～ 30 (10)	3,172	3,031	141	231	187	11,520	4,637	4,696	2,187
30 ～ 50 (11)	2,357	2,207	150	180	136	10,071	4,271	3,726	2,074
50 ～ 100 (12)	1,708	1,486	222	129	99	9,268	4,172	2,888	2,208
100 ～ 200 (13)	1,062	740	322	54	37	8,359	4,282	1,693	2,384
200頭以上 (14)	950	670	280	52	35	8,636	4,269	1,639	2,728
都　府　県 (15)	1,831	1,432	399	140	110	10,504	6,547	2,071	1,886
1 ～ 20頭未満 (16)	3,397	3,153	244	280	217	12,061	6,236	4,213	1,612
20 ～ 30 (17)	2,621	2,316	305	197	167	11,439	6,446	3,239	1,754
30 ～ 50 (18)	2,086	1,794	292	122	93	10,298	6,112	2,448	1,738
50 ～ 100 (19)	1,556	1,215	341	131	99	10,081	6,455	1,797	1,829
100 ～ 200 (20)	1,247	713	534	69	47	9,709	6,378	1,102	2,229
200頭以上 (21)	1,025	256	769	167	145	11,401	8,423	844	2,134
東　　　北 (22)	1,954	1,771	183	186	158	10,205	5,629	2,728	1,848
北　　　陸 (23)	2,472	1,758	714	51	22	12,038	8,036	1,920	2,082
関　東・東　山 (24)	1,758	1,260	498	158	131	10,767	6,965	1,933	1,869
東　　　海 (25)	2,020	1,533	487	62	23	11,449	7,449	1,721	2,279
近　　　畿 (26)	2,172	1,751	421	93	78	10,239	6,696	2,038	1,505
中　　　国 (27)	1,711	1,354	357	78	46	10,281	6,806	1,897	1,578
四　　　国 (28)	1,805	1,542	263	232	194	9,021	5,617	2,169	1,235
九　　　州 (29)	1,662	1,310	352	134	97	9,952	5,983	1,998	1,971

単位：円

副 産 物 価 額			生 産 費（副産物価額差引）	支払利子	支払地代	支払利子・地代算入生産費	自 己資本利子	自 作 地地 代	資本利子・地代全額算入生産費（全算入生産費）	
計	子 牛	きゅう肥								
(46)	(47)	(48)	(49)	(50)	(51)	(52)	(53)	(54)	(55)	
1,886	1,697	189	7,769	29	46	7,844	257	135	8,236	(1)
2,063	1,709	354	10,134	14	88	10,236	230	137	10,603	(2)
2,143	1,880	263	9,305	26	99	9,430	236	144	9,810	(3)
1,887	1,711	176	8,325	23	56	8,404	235	134	8,773	(4)
1,935	1,723	212	7,640	31	43	7,714	256	167	8,137	(5)
1,720	1,585	135	7,053	31	31	7,115	267	108	7,490	(6)
1,932	1,753	179	7,520	31	39	7,590	279	108	7,977	(7)
1,870	1,655	215	7,118	39	38	7,195	269	195	7,659	(8)
3,271	2,332	939	10,326	66	154	10,546	213	435	11,194	(9)
2,498	2,056	442	9,022	73	53	9,148	237	472	9,857	(10)
2,046	1,787	259	8,025	42	61	8,128	244	267	8,639	(11)
1,996	1,728	268	7,272	42	37	7,351	264	238	7,853	(12)
1,668	1,509	159	6,691	33	28	6,752	275	139	7,166	(13)
1,798	1,650	148	6,838	37	40	6,915	287	147	7,349	(14)
1,906	1,750	156	8,598	17	57	8,672	241	56	8,969	(15)
1,944	1,647	297	10,117	9	81	10,207	232	108	10,547	(16)
2,091	1,854	237	9,348	19	105	9,472	236	95	9,803	(17)
1,797	1,668	129	8,501	12	53	8,566	231	60	8,857	(18)
1,840	1,717	123	8,241	15	53	8,309	243	52	8,604	(19)
1,832	1,753	79	7,877	27	38	7,942	249	36	8,227	(20)
2,250	1,996	254	9,151	16	36	9,203	261	19	9,483	(21)
1,766	1,563	203	8,439	16	77	8,532	244	94	8,870	(22)
2,193	2,065	128	9,845	44	25	9,914	155	80	10,149	(23)
1,971	1,785	186	8,796	16	56	8,868	258	48	9,174	(24)
2,239	2,118	121	9,210	18	9	9,237	234	29	9,500	(25)
1,698	1,553	145	8,541	1	32	8,574	184	44	8,802	(26)
1,924	1,792	132	8,357	13	65	8,435	270	38	8,743	(27)
1,578	1,532	46	7,443	3	53	7,499	173	40	7,712	(28)
1,784	1,678	106	8,168	20	68	8,256	233	60	8,549	(29)

1 牛乳生産費（続き）

(5) 生産費（続き）

ウ 実搾乳量100kg当たり

区　　　　分	物							
	計	種　付　料			飼　　料　　費			
		小　計	購　入	自　給	小　計	流通飼料費		牧草・放牧・採草費
							自　給	
	(1)	(2)	(3)	(4)	(5)	(6)	(7)	(8)
全　　　　　　国　(1)	8,900	186	185	1	4,783	3,884	32	899
1 ～ 20頭未満 (2)	9,420	178	178	-	5,722	4,822	36	900
20 ～ 30 (3)	9,469	192	188	4	5,697	4,840	30	857
30 ～ 50 (4)	8,820	201	201	-	5,053	4,169	30	884
50 ～ 100 (5)	8,754	192	192	0	4,709	3,683	32	1,026
100 ～ 200 (6)	8,628	173	173	-	4,358	3,568	38	790
200頭以上 (7)	9,389	178	172	6	4,803	3,954	22	849
北　　海　　道　(8)	8,448	163	163	0	4,149	2,962	39	1,187
1 ～ 20頭未満 (9)	9,676	188	188	-	4,686	3,161	51	1,525
20 ～ 30 (10)	9,313	188	188	-	4,789	3,256	60	1,533
30 ～ 50 (11)	8,511	177	177	-	4,411	2,957	33	1,454
50 ～ 100 (12)	8,379	170	170	-	4,228	2,861	38	1,367
100 ～ 200 (13)	8,261	156	156	-	3,984	2,998	46	986
200頭以上 (14)	8,728	152	151	1	4,079	3,060	33	1,019
都　　府　　県　(15)	9,458	214	212	2	5,568	5,028	23	540
1 ～ 20頭未満 (16)	9,399	177	177	-	5,827	4,989	34	838
20 ～ 30 (17)	9,496	192	188	4	5,830	5,069	26	761
30 ～ 50 (18)	8,984	214	214	-	5,407	4,838	27	569
50 ～ 100 (19)	9,334	228	228	0	5,460	4,967	23	493
100 ～ 200 (20)	9,432	210	210	-	5,173	4,817	21	356
200頭以上 (21)	10,853	234	217	17	6,401	5,927	-	474
東　　　　　　北 (22)	9,022	223	223	-	5,281	4,436	23	845
北　　　　　　陸 (23)	10,253	164	164	-	6,046	5,950	30	96
関　東　・　東　山 (24)	9,736	217	212	5	5,923	5,370	27	553
東　　　　　　海 (25)	10,079	178	174	4	5,484	5,384	39	100
近　　　　　　畿 (26)	8,650	167	167	-	5,415	5,213	11	202
中　　　　　　国 (27)	9,325	205	205	-	5,558	5,068	15	490
四　　　　　　国 (28)	7,886	107	107	-	5,118	4,645	14	473
九　　　　　　州 (29)	9,303	255	254	1	5,247	4,610	10	637

単位：円

敷　料　費			光 熱 水 料 及 び 動 力 費			そ の 他 の 諸 材 料 費			獣医師料及び医薬品費	賃借料及び料金	
小　計	購　入	自　給	小　計	購　入	自　給	小　計	購　入	自　給			
(9)	(10)	(11)	(12)	(13)	(14)	(15)	(16)	(17)	(18)	(19)	
127	112	15	330	330	–	20	20	0	349	200	(1)
82	59	23	336	336	–	32	32	–	400	202	(2)
89	70	19	371	371	–	31	31	0	354	192	(3)
85	74	11	340	340	–	22	22	–	356	198	(4)
134	110	24	344	344	–	19	19	–	333	197	(5)
127	124	3	310	310	–	14	14	–	340	199	(6)
182	166	16	307	307	–	20	20	–	372	213	(7)
114	95	19	302	302	–	18	18	–	309	193	(8)
159	73	86	375	375	–	23	23	–	427	226	(9)
124	69	55	466	466	–	38	38	–	388	216	(10)
103	74	29	318	318	–	21	21	–	360	188	(11)
122	87	35	319	319	–	17	17	–	298	187	(12)
104	99	5	287	287	–	14	14	–	291	208	(13)
120	115	5	274	274	–	23	23	–	320	181	(14)
144	134	10	364	364	–	22	22	0	398	209	(15)
75	58	17	332	332	–	32	32	–	397	200	(16)
84	70	14	358	358	–	29	29	0	349	189	(17)
74	73	1	352	352	–	23	23	–	353	203	(18)
152	145	7	382	382	–	23	23	–	388	212	(19)
179	179	–	360	360	–	16	16	–	448	179	(20)
320	278	42	378	378	–	14	14	–	489	286	(21)
100	85	15	307	307	–	30	30	–	367	211	(22)
46	42	4	463	463	–	34	34	–	484	177	(23)
145	129	16	369	369	–	14	14	0	395	193	(24)
157	150	7	369	369	–	35	35	–	530	286	(25)
172	171	1	377	377	–	21	21	–	343	178	(26)
179	172	7	415	415	–	44	44	–	441	254	(27)
88	88	–	354	354	–	9	9	–	201	254	(28)
173	173	0	374	374	–	16	16	–	373	181	(29)

1 牛乳生産費（続き）
(5) 生産費（続き）

ウ 実搾乳量100kg当たり（続き）

区 分	物件税及び公課諸負担	乳牛償却費	建 物 費			自 動 車	
			小 計	購 入	償 却	小 計	購 入
	(20)	(21)	(22)	(23)	(24)	(25)	(26)
全 国 (1)	131	1,991	248	76	172	59	29
1 ～ 20頭未満 (2)	189	1,679	107	48	59	107	60
20 ～ 30 (3)	166	1,668	202	66	136	66	54
30 ～ 50 (4)	126	1,767	174	69	105	72	38
50 ～ 100 (5)	133	1,905	243	86	157	59	27
100 ～ 200 (6)	128	2,145	265	63	202	53	22
200頭以上 (7)	113	2,333	359	94	265	42	17
北 海 道 (8)	146	2,245	267	90	177	49	22
1 ～ 20頭未満 (9)	214	2,643	132	68	64	64	39
20 ～ 30 (10)	174	2,170	181	85	96	51	40
30 ～ 50 (11)	151	2,092	181	95	86	55	28
50 ～ 100 (12)	151	2,087	262	101	161	46	22
100 ～ 200 (13)	152	2,231	268	74	194	52	22
200頭以上 (14)	125	2,621	324	96	228	40	17
都 府 県 (15)	111	1,676	227	58	169	73	38
1 ～ 20頭未満 (16)	186	1,584	106	46	60	112	62
20 ～ 30 (17)	165	1,596	206	63	143	67	56
30 ～ 50 (18)	112	1,588	169	55	114	82	44
50 ～ 100 (19)	104	1,619	215	63	152	78	36
100 ～ 200 (20)	76	1,954	256	39	217	54	22
200頭以上 (21)	88	1,697	441	91	350	45	17
東 北 (22)	116	1,696	202	53	149	66	35
北 陸 (23)	96	1,819	155	49	106	239	109
関 東 ・ 東 山 (24)	101	1,631	279	69	210	53	31
東 海 (25)	109	2,070	229	82	147	116	62
近 畿 (26)	90	1,270	133	44	89	38	32
中 国 (27)	154	1,223	220	31	189	118	61
四 国 (28)	180	1,090	75	17	58	43	24
九 州 (29)	112	1,808	199	47	152	67	25

単位：円

費（続き）							労　働　費			
費	農　機　具　費			生　産　管　理　費						
償　却	小　計	購　入	償　却	小　計	購　入	償　却	計	家　族	雇　用	
(27)	(28)	(29)	(30)	(31)	(32)	(33)	(34)	(35)	(36)	
30	447	225	222	29	28	1	1,947	1,576	371	(1)
47	343	227	116	43	43	0	4,246	3,982	264	(2)
12	405	221	184	36	34	2	3,205	2,884	321	(3)
34	390	219	171	36	35	1	2,599	2,325	274	(4)
32	459	240	219	27	26	1	1,996	1,684	312	(5)
31	491	219	272	25	25	0	1,337	885	452	(6)
25	445	215	230	22	22	0	1,184	675	509	(7)
27	474	243	231	19	19	0	1,759	1,461	298	(8)
25	490	353	137	49	49	−	5,470	5,450	20	(9)
11	492	261	231	36	36	−	3,905	3,741	164	(10)
27	427	289	138	27	27	0	2,863	2,691	172	(11)
24	472	254	218	20	20	0	2,071	1,817	254	(12)
30	497	234	263	17	17	0	1,274	896	378	(13)
23	455	208	247	14	14	0	1,144	815	329	(14)
35	413	204	209	39	38	1	2,186	1,722	464	(15)
50	329	215	114	42	42	0	4,122	3,835	287	(16)
11	394	216	178	37	34	3	3,104	2,761	343	(17)
38	367	180	187	40	39	1	2,452	2,122	330	(18)
42	437	218	219	36	35	1	1,876	1,475	401	(19)
32	485	185	300	42	41	1	1,478	860	618	(20)
28	420	229	191	40	40	−	1,267	363	904	(21)
31	393	201	192	30	29	1	2,395	2,170	225	(22)
130	478	295	183	52	48	4	2,718	1,939	779	(23)
22	379	185	194	37	36	1	2,109	1,527	582	(24)
54	474	296	178	42	40	2	2,241	1,703	538	(25)
6	426	159	267	20	20	−	2,457	1,996	461	(26)
57	459	195	264	55	54	1	1,965	1,571	394	(27)
19	347	122	225	20	20	−	2,301	1,963	338	(28)
42	448	202	246	50	49	1	2,048	1,632	416	(29)

1　牛乳生産費（続き）

（5）　生産費（続き）

ウ　実搾乳量100kg当たり（続き）

区　　　　　分	労　働　費　（　続　き　）					費　用　合　計			
	直　接　労　働　費			間　接　労　働　費					
	小　計	家　族	雇　用		自給牧草に係る労働費	計	購　入	自　給	償　却
	(37)	(38)	(39)	(40)	(41)	(42)	(43)	(44)	(45)
全　　　　　　　国　(1)	1,818	1,460	358	129	99	10,847	5,908	2,523	2,416
1　～　20頭未満　(2)	3,928	3,677	251	318	246	13,666	6,824	4,941	1,901
20　～　30　(3)	2,982	2,667	315	223	187	12,674	6,878	3,794	2,002
30　～　50　(4)	2,440	2,171	269	159	122	11,419	6,091	3,250	2,078
50　～　100　(5)	1,850	1,549	301	146	110	10,750	5,670	2,766	2,314
100　～　200　(6)	1,271	831	440	66	45	9,965	5,599	1,716	2,650
200頭以上　(7)	1,087	612	475	97	75	10,573	6,152	1,568	2,853
北　　海　　道　(8)	1,649	1,358	291	110	82	10,207	4,821	2,706	2,680
1　～　20頭未満　(9)	5,114	5,094	20	356	290	15,146	5,165	7,112	2,869
20　～　30　(10)	3,640	3,478	162	265	214	13,218	5,321	5,389	2,508
30　～　50　(11)	2,661	2,492	169	202	153	11,374	4,824	4,207	2,343
50　～　100　(12)	1,926	1,676	250	145	110	10,450	4,703	3,257	2,490
100　～　200　(13)	1,212	844	368	62	42	9,535	4,884	1,933	2,718
200頭以上　(14)	1,085	765	320	59	40	9,872	4,880	1,873	3,119
都　　府　　県　(15)	2,030	1,588	442	156	123	11,644	7,257	2,297	2,090
1　～　20頭未満　(16)	3,808	3,535	273	314	242	13,521	6,989	4,724	1,808
20　～　30　(17)	2,887	2,551	336	217	183	12,600	7,103	3,566	1,931
30　～　50　(18)	2,317	1,993	324	135	104	11,436	6,789	2,719	1,928
50　～　100　(19)	1,731	1,351	380	145	110	11,210	7,179	1,998	2,033
100　～　200　(20)	1,401	801	600	77	52	10,910	7,169	1,237	2,504
200頭以上　(21)	1,089	272	817	178	154	12,120	8,958	896	2,266
東　　　　　北　(22)	2,187	1,983	204	208	177	11,417	6,295	3,053	2,069
北　　　　　陸　(23)	2,664	1,895	769	54	23	12,971	8,660	2,069	2,242
関　東　・　東　山　(24)	1,934	1,386	548	175	144	11,845	7,659	2,128	2,058
東　　　　　海　(25)	2,175	1,651	524	66	25	12,320	8,016	1,853	2,451
近　　　　　畿　(26)	2,356	1,899	457	101	85	11,107	7,265	2,210	1,632
中　　　　　国　(27)	1,878	1,486	392	87	52	11,290	7,473	2,083	1,734
四　　　　　国　(28)	2,039	1,742	297	262	219	10,187	6,345	2,450	1,392
九　　　　　州　(29)	1,895	1,493	402	153	110	11,351	6,822	2,280	2,249

単位：円

副産物価額 計	子牛	きゅう肥	生産費（副産物価額差引）	支払利子	支払地代	支払利子・地代算入生産費	自己資本利子	自作地地代	資本利子・地代全額算入生産費（全算入生産費）	
(46)	(47)	(48)	(49)	(50)	(51)	(52)	(53)	(54)	(55)	
2,118	1,906	212	8,729	32	51	8,812	289	151	9,252	(1)
2,312	1,915	397	11,354	16	98	11,468	258	154	11,880	(2)
2,373	2,081	292	10,301	28	109	10,438	262	159	10,859	(3)
2,108	1,912	196	9,311	26	63	9,400	263	151	9,814	(4)
2,172	1,934	238	8,578	35	48	8,661	287	186	9,134	(5)
1,952	1,799	153	8,013	36	35	8,084	303	122	8,509	(6)
2,160	1,960	200	8,413	35	43	8,491	312	121	8,924	(7)
2,123	1,880	243	8,084	44	44	8,172	306	222	8,700	(8)
3,644	2,598	1,046	11,502	74	173	11,749	237	484	12,470	(9)
2,866	2,359	507	10,352	84	60	10,496	272	542	11,310	(10)
2,312	2,020	292	9,062	47	70	9,179	276	303	9,758	(11)
2,252	1,949	303	8,198	47	42	8,287	297	269	8,853	(12)
1,904	1,722	182	7,631	38	32	7,701	314	157	8,172	(13)
2,056	1,887	169	7,816	42	46	7,904	328	167	8,399	(14)
2,113	1,940	173	9,531	18	62	9,611	268	62	9,941	(15)
2,181	1,848	333	11,340	10	91	11,441	260	120	11,821	(16)
2,304	2,042	262	10,296	21	117	10,434	260	105	10,799	(17)
1,996	1,853	143	9,440	14	60	9,514	256	67	9,837	(18)
2,047	1,911	136	9,163	16	59	9,238	270	57	9,565	(19)
2,059	1,970	89	8,851	31	43	8,925	280	41	9,246	(20)
2,393	2,123	270	9,727	17	38	9,782	278	20	10,080	(21)
1,980	1,752	228	9,437	18	86	9,541	273	106	9,920	(22)
2,365	2,227	138	10,606	47	28	10,681	167	85	10,933	(23)
2,167	1,962	205	9,678	18	63	9,759	284	53	10,096	(24)
2,410	2,280	130	9,910	19	10	9,939	252	31	10,222	(25)
1,842	1,684	158	9,265	2	35	9,302	199	47	9,548	(26)
2,114	1,968	146	9,176	14	71	9,261	297	41	9,599	(27)
1,782	1,730	52	8,405	3	60	8,468	195	46	8,709	(28)
2,034	1,913	121	9,317	22	77	9,416	266	69	9,751	(29)

1 牛乳生産費（続き）
(6) 流通飼料の使用数量と価額（搾乳牛1頭当たり）

ア　全国

区　　　　　　　　　　分		平　　　均		20 頭 未 満		20 〜 30	
		数　量	価　額	数　量	価　額	数　量	価　額
		(1)	(2)	(3)	(4)	(5)	(6)
		kg	円	kg	円	kg	円
流　通　飼　料　費　合　計	(1)	…	334,348	…	371,234	…	386,552
購　入　飼　料　費　計	(2)	…	331,613	…	368,470	…	384,168
穀　　　　　　　　　　類							
小　　　　　　　　　計	(3)	…	9,863	…	4,567	…	6,325
大　　　　　　　麦	(4)	15.7	855	30.7	1,803	59.2	3,248
そ　の　他　の　麦	(5)	3.5	217	−	−	−	−
と　う　も　ろ　こ　し	(6)	149.8	6,702	43.0	2,027	64.5	2,791
大　　　　　　　豆	(7)	16.1	1,257	3.3	419	3.2	286
飼　　料　　用　　米	(8)	0.9	18	−	−	−	−
そ　　　の　　　他	(9)	…	814	…	318	…	−
ぬ　か　・　ふ　す　ま　類							
小　　　　　　　　計	(10)	…	665	…	1,505	…	625
ふ　　　す　　　ま	(11)	15.2	663	33.5	1,505	16.1	596
米　・　麦　ぬ　か	(12)	0.2	2	−	−	0.4	29
そ　　　の　　　他	(13)	…	−	−	−	−	−
植　物　性　か　す　類							
小　　　　　　　　計	(14)	…	22,848	…	23,744	…	19,262
大　豆　油　か　す	(15)	39.7	3,024	22.3	2,004	24.5	1,947
ビ　ー　ト　パ　ル　プ	(16)	307.5	15,369	333.1	19,337	259.6	15,192
そ　　　の　　　他	(17)	…	4,455	…	2,403	…	2,123
配　　　合　　　飼　　　料	(18)	2,459.5	150,418	2,707.7	172,487	3,104.9	197,049
T　　　　M　　　　R	(19)	1,636.1	49,380	740.7	37,870	442.0	12,580
牛　乳　・　脱　脂　乳	(20)	32.7	7,947	13.0	4,936	20.2	9,349
い　も　類　及　び　野　菜　類	(21)	1.5	36	−	−	−	−
わ　　　　　ら　　　　　類							
小　　　　　　　　計	(22)	…	249	…	756	…	109
稲　　　　　わ　　　　ら	(23)	9.2	231	33.7	756	12.0	109
そ　　　の　　　他	(24)	…	18	−	−	…	−
生　　　　牧　　　　草	(25)	0.3	5	−	−	−	−
乾　　　　牧　　　　草							
小　　　　　　　　計	(26)	…	58,041	…	86,559	…	99,793
ヘ　イ　キ　ュ　ー　ブ	(27)	84.1	5,094	211.0	15,311	315.5	20,318
そ　　　の　　　他	(28)	…	52,947	…	71,248	…	79,475
サ　　イ　　レ　　ー　　ジ							
小　　　　　　　　計	(29)	…	7,420	…	16,493	…	4,579
い　　　　　ね　　　　科	(30)	214.1	3,641	684.5	14,563	185.0	3,743
う　ち　稲　発　酵　粗　飼　料	(31)	96.6	1,209	277.1	3,454	49.2	551
そ　　　の　　　他	(32)	…	3,779	…	1,930	…	836
そ　　　　　の　　　　　他	(33)	…	24,741	…	19,553	…	34,497
自　給　飼　料　費　計	(34)	…	2,735	…	2,764	…	2,384
牛　乳　・　脱　脂　乳	(35)	26.4	2,671	21.8	2,328	21.6	2,333
稲　　　　　わ　　　　　ら	(36)	2.7	64	23.0	436	3.0	51
そ　　　　　の　　　　　他	(37)	…	−	−	−	…	−

30 〜 50		50 〜 100		100 〜 200		200 頭 以 上		
数 量	価 額	数 量	価 額	数 量	価 額	数 量	価 額	
(7)	(8)	(9)	(10)	(11)	(12)	(13)	(14)	
kg	円	kg	円	kg	円	kg	円	
…	345,702	…	314,911	…	323,004	…	350,205	(1)
…	343,256	…	312,142	…	319,561	…	348,218	(2)
…	6,827	…	9,083	…	12,938	…	12,816	(3)
24.8	1,337	10.1	576	13.8	692	−	−	(4)
3.6	252	8.8	539	−	−	−	−	(5)
104.8	4,383	138.1	6,519	185.6	8,860	229.4	9,023	(6)
7.3	579	13.3	811	31.8	2,426	14.9	1,683	(7)
−	−	2.9	56	−	−	−	−	(8)
…	276	…	582	…	960	…	2,110	(9)
…	682	…	358	…	1,328	…	−	(10)
15.4	682	8.2	358	30.3	1,327	−	−	(11)
−	−	−	−	0.6	1	−	−	(12)
…	−	…	−	…	−	…	−	(13)
…	14,978	…	19,610	…	21,843	…	41,044	(14)
13.8	1,064	29.4	2,422	47.0	3,763	89.1	5,985	(15)
230.7	12,275	283.2	13,703	216.1	10,721	599.6	28,604	(16)
…	1,639	…	3,485	…	7,359	…	6,455	(17)
2,524.3	157,082	2,570.5	159,651	2,303.1	137,098	2,097.4	121,559	(18)
1,472.3	49,796	1,300.7	39,564	2,819.8	73,035	1,329.0	48,479	(19)
25.6	7,958	19.7	6,997	20.6	6,600	96.9	12,381	(20)
−	−	4.8	110	−	−	−	−	(21)
…	966	…	87	…	16	…	58	(22)
31.6	966	4.6	72	−	−	−	−	(23)
…	−	…	15	…	16	…	58	(24)
−	−	0.9	16	−	−	−	−	(25)
…	76,705	…	47,775	…	32,380	…	75,654	(26)
64.6	4,061	49.6	3,180	48.5	2,056	112.7	6,546	(27)
…	72,644	…	44,595	…	30,324	…	69,108	(28)
…	5,059	…	4,640	…	11,206	…	8,268	(29)
220.7	4,259	204.6	3,130	220.8	3,383	91.8	1,259	(30)
187.1	3,184	93.0	1,003	76.6	591	−	−	(31)
…	800	…	1,510	…	7,823	…	7,009	(32)
…	23,203	…	24,251	…	23,117	…	27,959	(33)
…	2,446	…	2,769	…	3,443	…	1,987	(34)
22.7	2,385	26.6	2,672	34.6	3,443	20.2	1,987	(35)
3.3	61	3.0	97	−	−	−	−	(36)
…	−	…	−	…	−	…	−	(37)

1　牛乳生産費（続き）
(6)　流通飼料の使用数量と価額（搾乳牛1頭当たり）（続き）
イ　北海道

区分		平　均		20 頭 未 満		20　～　30	
		数 量	価 額	数 量	価 額	数 量	価 額
		(1)	(2)	(3)	(4)	(5)	(6)
		kg	円	kg	円	kg	円
流 通 飼 料 費 合 計	(1)	…	255,531	…	214,979	…	219,799
購 入 飼 料 費 計	(2)	…	252,144	…	211,501	…	215,764
穀 類 小 計	(3)	…	10,257	…	2,356	…	2,810
大　麦	(4)	4.1	228	–	–	–	–
そ の 他 の 麦	(5)	0.0	1	–	–	–	–
と う も ろ こ し	(6)	158.1	7,634	47.4	2,356	15.4	869
大　豆	(7)	19.4	1,540	–	–	21.5	1,941
飼 料 用 米	(8)	–	–	–	–	–	–
そ の 他	(9)	…	854	…	–	…	–
ぬ か ・ ふ す ま 類 小 計	(10)	…	778	…		…	200
ふ す ま	(11)	17.7	775	–	–	–	–
米 ・ 麦 ぬ か	(12)	0.3	3	–	–	3.0	200
そ の 他	(13)	…	–	…		…	–
植 物 性 か す 類 小 計	(14)	…	22,285	…	25,948	…	21,068
大 豆 油 か す	(15)	36.5	2,990	43.7	4,608	14.4	1,147
ビ ー ト パ ル プ	(16)	303.7	14,171	434.6	19,742	384.5	19,275
そ の 他	(17)	…	5,124	…	1,598	…	646
配 合 飼 料	(18)	2,101.2	126,216	2,408.4	151,746	1,496.4	92,893
T M R	(19)	2,329.5	59,132	–	–	2,991.0	82,744
牛 乳 ・ 脱 脂 乳	(20)	11.4	5,566	6.9	2,973	8.7	4,103
い も 類 及 び 野 菜 類	(21)	2.8	64	–	–	–	–
わ ら 類 小 計	(22)	…	12	…		…	
稲 わ ら	(23)	0.2	2	–	–	–	–
そ の 他	(24)	…	10	…		…	
生 牧 草	(25)	–	–	–	–	–	–
乾 牧 草 小 計	(26)	…	4,752	…	6,301	…	1,917
ヘ イ キ ュ ー ブ	(27)	18.8	1,213	36.0	2,795	–	–
そ の 他	(28)	…	3,539	…	3,506	…	1,917
サ イ レ ー ジ 小 計	(29)	…	3,921	…	3,680	…	2,024
い ね 科	(30)	116.1	2,119	–	–	–	–
う ち 稲 発 酵 粗 飼 料	(31)	–	–	–	–	–	–
そ の 他	(32)	…	1,802	…	3,680	…	2,024
そ の 他	(33)	…	19,161	…	18,497	…	8,005
自 給 飼 料 費 計	(34)	…	3,387	…	3,478	…	4,035
牛 乳 ・ 脱 脂 乳	(35)	34.7	3,387	36.2	3,478	40.4	4,035
稲 わ ら	(36)	–	–	–	–	–	–
そ の 他	(37)	…	–	…		…	

30 ～ 50		50 ～ 100		100 ～ 200		200 頭 以 上		
数 量	価 額	数 量	価 額	数 量	価 額	数 量	価 額	
(7)	(8)	(9)	(10)	(11)	(12)	(13)	(14)	
kg	円	kg	円	kg	円	kg	円	
…	230,500	…	243,408	…	273,540	…	269,407	(1)
…	227,930	…	240,152	…	269,384	…	266,536	(2)
…	2,829	…	8,322	…	14,698	…	12,318	(3)
5.4	275	4.9	281	5.5	312	−	−	(4)
−	−	0.0	2	−	−	−	−	(5)
50.7	2,296	145.1	7,095	231.5	11,340	148.3	6,839	(6)
4.4	258	9.5	717	36.0	2,458	21.5	2,431	(7)
−	−	−	−	−	−	−	−	(8)
…	−	…	227	…	588	…	3,048	(9)
…	138	…	480	…	1,924	…	−	(10)
3.3	138	10.8	480	43.9	1,923	−	−	(11)
−	−	−	−	0.8	1	−	−	(12)
…	−	…	−	…	−	…	−	(13)
…	19,275	…	16,283	…	26,830	…	27,963	(14)
13.8	1,086	27.4	2,072	49.9	4,411	47.3	3,691	(15)
350.8	17,403	266.4	12,004	259.3	12,464	401.0	18,209	(16)
…	786	…	2,207	…	9,955	…	6,063	(17)
2,094.8	125,262	2,385.5	145,484	1,893.0	111,654	1,944.2	115,794	(18)
2,265.4	53,308	1,542.4	37,909	3,567.0	79,718	1,919.9	70,033	(19)
9.7	4,380	10.7	5,042	10.1	5,213	15.9	8,029	(20)
−	−	7.8	180	−	−	−	−	(21)
…	−	…	30	…	−	…	5	(22)
−	−	0.5	6	−	−	−	−	(23)
…	−	…	24	…	−	…	5	(24)
−	−	−	−	−	−	−	−	(25)
…	6,155	…	4,928	…	4,009	…	4,888	(26)
14.0	1,012	10.9	832	4.0	189	60.2	3,670	(27)
…	5,143	…	4,096	…	3,820	…	1,218	(28)
…	2,694	…	4,166	…	4,247	…	3,873	(29)
28.0	599	124.4	2,343	139.4	2,806	132.6	1,819	(30)
−	−	−	−	−	−	−	−	(31)
…	2,095	…	1,823	…	1,441	…	2,054	(32)
…	13,889	…	17,328	…	21,091	…	23,633	(33)
…	2,570	…	3,256	…	4,156	…	2,871	(34)
26.4	2,570	33.5	3,256	42.6	4,156	29.2	2,871	(35)
−	−	−	−	−	−	−	−	(36)
…	…	…	…	…	−	…	−	(37)

1 牛乳生産費（続き）
(6) 流通飼料の使用数量と価額（搾乳牛1頭当たり）（続き）

ウ　都府県

区分		平　均		20　頭　未　満		20　～　30	
		数量	価額	数量	価額	数量	価額
		(1)	(2)	(3)	(4)	(5)	(6)
		kg	円	kg	円	kg	円
流　通　飼　料　費　合　計	(1)	…	431,712	…	389,025	…	415,350
購　入　飼　料　費　計	(2)	…	429,782	…	386,342	…	413,251
穀　　　　　類 小　計	(3)	…	9,378	…	4,820	…	6,932
大　　　　　麦	(4)	30.1	1,628	34.2	2,009	69.4	3,809
そ　の　他　の　麦	(5)	7.7	485	－	－	－	－
と　う　も　ろ　こ　し	(6)	139.5	5,550	42.5	1,989	73.0	3,123
大　　　　　豆	(7)	11.9	908	3.6	467	－	－
飼　料　用　米	(8)	2.1	41	－	－	－	－
そ　の　他	(9)	…	766	…	355	…	－
ぬ　か　・　ふ　す　ま　類 小　計	(10)	…	524	…	1,676	…	699
ふ　　す　　ま	(11)	12.2	524	37.4	1,676	18.8	699
米　・　麦　ぬ　か	(12)	－	－	－	－	…	－
そ　の　他	(13)	…	－	…	－	…	－
植　物　性　か　す　類 小　計	(14)	…	23,544	…	23,494	…	18,950
大　豆　油　か　す	(15)	43.6	3,067	19.9	1,708	26.3	2,085
ビ　ー　ト　パ　ル　プ	(16)	312.2	16,848	321.5	19,291	238.0	14,487
そ　の　他	(17)	…	3,629	…	2,495	…	2,378
配　　　合　　　飼　　　料	(18)	2,902.1	180,315	2,741.8	174,848	3,382.7	215,036
T　　　M　　　R	(19)	779.6	37,333	825.0	42,181	1.7	463
牛　乳　・　脱　脂　乳	(20)	59.1	10,888	13.7	5,160	22.2	10,256
い　も　類　及　び　野　菜　類	(21)	－	－	－	－	－	－
わ　　　ら　　　類 小　計	(22)	…	543	…	842	…	128
稲　　　わ　　　ら	(23)	20.2	515	37.6	842	14.0	128
そ　の　他	(24)	…	28	…	－	…	－
生　　　　牧　　　　草	(25)	0.6	11	－	－	－	－
乾　　　牧　　　草 小　計	(26)	…	123,872	…	95,696	…	116,695
ヘ　イ　キ　ュ　ー　ブ	(27)	164.8	9,889	231.0	16,736	369.9	23,827
そ　の　他	(28)	…	113,983	…	78,960	…	92,868
サ　イ　レ　ー　ジ 小　計	(29)	…	11,740	…	17,951	…	5,020
い　　　　ね　　　　科	(30)	335.0	5,520	762.4	16,221	217.0	4,389
う　ち　稲　発　酵　粗　飼　料	(31)	215.9	2,702	308.7	3,847	57.7	646
そ　の　他	(32)	…	6,220	…	1,730	…	631
そ　の　他	(33)	…	31,634	…	19,674	…	39,072
自　給　飼　料　費　計	(34)	…	1,930	…	2,683	…	2,099
牛　乳　・　脱　脂　乳	(35)	16.2	1,787	20.1	2,197	18.4	2,039
稲　　　わ　　　ら	(36)	6.1	143	25.6	486	3.5	60
そ　の　他	(37)	…	－	…	－	…	－

30 ～ 50 数量	価額	50 ～ 100 数量	価額	100 ～ 200 数量	価額	200 頭 以 上 数量	価額	
(7)	(8)	(9)	(10)	(11)	(12)	(13)	(14)	
kg	円	kg	円	kg	円	kg	円	
…	415,797	…	428,288	…	429,807	…	531,935	(1)
…	413,427	…	426,290	…	427,903	…	531,935	(2)
…	9,259	…	10,292	…	9,139	…	13,934	(3)
36.6	1,983	18.4	1,045	31.6	1,512	－	－	(4)
5.8	405	22.7	1,390	－	－	－	－	(5)
137.6	5,653	126.9	5,606	86.3	3,506	411.7	13,934	(6)
9.2	774	19.3	960	22.8	2,357	－	－	(7)
－	－	7.6	146	－	－	－	－	(8)
…	444	…	1,145	…	1,764	…	－	(9)
…	1,013	…	165	…	42	…	－	(10)
22.8	1,013	4.1	165	1.1	42	－	－	(11)
－	－	－	－	－	－	－	－	(12)
…	－	…	－	…	－	…	－	(13)
…	12,363	…	24,884	…	11,078	…	70,468	(14)
13.8	1,050	32.4	2,976	40.6	2,365	182.9	11,146	(15)
157.6	9,154	309.9	16,397	122.6	6,958	1,046.3	51,983	(16)
…	2,159	…	5,511	…	1,755	…	7,339	(17)
2,785.6	176,443	2,864.0	182,115	3,188.8	192,034	2,442.0	134,525	(18)
989.8	47,660	917.5	42,188	1,206.7	58,606	－	－	(19)
35.2	10,135	34.1	10,096	43.3	9,594	279.2	22,171	(20)
－	－	－	－	－	－	－	－	(21)
…	1,554	…	176	…	51	…	179	(22)
50.7	1,554	11.1	176	－	－	－	－	(23)
…	－	…	－	…	51	…	179	(24)
－	－	2.3	40	－	－	－	－	(25)
…	119,632	…	115,713	…	93,637	…	234,815	(26)
95.4	5,916	111.1	6,903	144.7	6,087	230.8	13,014	(27)
…	113,716	…	108,810	…	87,550	…	221,801	(28)
…	6,498	…	5,392	…	26,232	…	18,153	(29)
337.8	6,486	331.7	4,379	396.8	4,631	－	－	(30)
300.9	5,122	240.4	2,594	242.1	1,868	－	－	(31)
…	12	…	1,013	…	21,601	…	18,153	(32)
…	28,870	…	35,229	…	27,490	…	37,690	(33)
…	2,370	…	1,998	…	1,904	…	－	(34)
20.5	2,272	15.8	1,747	17.3	1,904	－	－	(35)
5.3	98	7.7	251	－	－	－	－	(36)
…	－	…	－	…	－	…	－	(37)

1　牛乳生産費（続き）

（6）　流通飼料の使用数量と価額（搾乳牛1頭当たり）（続き）

エ　全国農業地域別

区分		東北 数量	東北 価額	北陸 数量	北陸 価額	関東・東山 数量	関東・東山 価額
		(1) kg	(2) 円	(3) kg	(4) 円	(5) kg	(6) 円
流通飼料費合計	(1)	…	369,675	…	453,815	…	458,842
購入飼料費計	(2)	…	367,714	…	451,526	…	456,566
穀類　小計	(3)	…	7,366	…	9,694	…	10,544
大麦	(4)	62.1	3,605	-	-	12.8	652
そ の 他 の 麦	(5)	31.3	1,914	54.8	3,826	-	-
とうもろこし	(6)	28.6	1,392	115.6	5,868	215.2	8,239
大豆	(7)	2.1	258	-	-	15.6	810
飼料用米	(8)	-	-	-	-	-	-
その他	(9)	…	197	…	-	…	843
ぬか・ふすま類　小計	(10)	…	832	…	591	…	491
ふすま	(11)	15.9	832	14.8	591	11.6	491
米・麦ぬか	(12)	-	-	-	-	-	-
その他	(13)	…	-	…	-	…	-
植物性かす類　小計	(14)	…	18,442	…	36,218	…	30,361
大豆油かす	(15)	5.4	445	-	-	67.2	4,749
ビートパルプ	(16)	254.4	15,720	575.2	35,697	443.9	22,105
その他	(17)	…	2,277	…	521	…	3,507
配合飼料	(18)	2,906.7	197,004	1,938.2	141,315	2,643.6	159,666
TMR	(19)	1,011.8	40,563	5.5	1,227	675.5	36,658
牛乳・脱脂乳	(20)	18.8	7,118	4.0	1,914	100.4	13,865
いも類及び野菜類	(21)	-	-	-	-	-	-
わら類　小計	(22)	…	615	…	-	…	1,031
稲わら	(23)	44.4	615	-	-	29.9	1,007
その他	(24)	…	-	…	-	…	24
生牧草	(25)						
乾牧草　小計	(26)	…	54,390	…	233,985	…	148,289
ヘイキューブ	(27)	101.9	7,702	682.7	44,905	141.7	8,225
その他	(28)	…	46,688	…	189,080	…	140,064
サイレージ　小計	(29)	…	9,851	…	5,146	…	21,859
いね科	(30)	489.6	8,727	514.6	5,146	384.2	5,696
うち稲発酵粗飼料	(31)	182.9	2,407	514.6	5,146	235.4	2,284
その他	(32)	…	1,124	…	-	…	16,163
その他	(33)		31,533		21,436		33,802
自給飼料費計	(34)	…	1,961	…	2,289	…	2,276
牛乳・脱脂乳	(35)	17.6	1,840	21.8	2,289	17.7	2,016
稲わら	(36)	7.9	121	-	-	8.5	260
その他	(37)	…	-	…	-	…	-

東海 数量 (7)	東海 価額 (8)	近畿 数量 (9)	近畿 価額 (10)	中国 数量 (11)	中国 価額 (12)	四国 数量 (13)	四国 価額 (14)	九州 数量 (15)	九州 価額 (16)	
kg	円	kg	円	kg	円	kg	円	kg	円	
…	508,372	…	481,785	…	461,552	…	410,157	…	382,022	(1)
…	504,679	…	480,792	…	460,221	…	408,945	…	381,210	(2)
…	4,344	…	9,292	…	17,216	…	5,553	…	9,663	(3)
18.7	1,259	0.5	32	109.9	5,369	62.0	3,264	21.0	1,060	(4)
–	–	9.5	610	–	–	–	–	1.7	102	(5)
47.2	2,178	125.4	7,414	106.2	4,541	56.6	2,289	170.3	6,284	(6)
–	–	0.5	56	26.2	2,905	–	–	20.5	1,898	(7)
21.2	407	–	–	–	–	–	–	–	–	(8)
…	500	…	1,180	…	4,401	…		…	319	(9)
…	34	…	1,103	…	–	…		…	651	(10)
0.7	34	27.5	1,103	–	–	–	–	17.6	651	(11)
–	–	–	–	–	–	–	–	–	–	(12)
…	–	…	–	…	–	…		…	–	(13)
…	10,797	…	17,745	…	19,831	…	15,709	…	23,425	(14)
4.8	443	5.6	388	95.9	5,271	104.2	8,319	43.6	3,209	(15)
54.7	3,063	242.9	11,791	133.9	7,734	101.3	6,075	307.8	17,568	(16)
…	7,291	…	5,566	…	6,826	…	1,315	…	2,648	(17)
4,071.6	227,328	2,352.1	154,137	3,057.5	188,794	3,477.0	209,688	2,903.2	183,762	(18)
1,783.3	77,019	1,707.2	90,194	806.9	37,477	–	–	290.3	15,763	(19)
28.0	9,077	22.4	8,229	79.5	6,714	69.8	8,063	41.5	12,862	(20)
–	–	–	–	–	–	–	–	–	–	(21)
…	193	…	–	…	–	…	942	…	46	(22)
–	–	–	–	–	–	40.3	942	1.2	46	(23)
…	193	…	–	…	–	…		…	–	(24)
–	–	–	–	–	–	–	–	3.1	55	(25)
…	150,359	…	183,611	…	132,208	…	132,279	…	99,638	(26)
218.1	13,716	468.0	29,090	301.7	10,262	171.0	10,306	74.5	4,857	(27)
…	136,643	…	154,521	…	121,946	…	121,973	…	94,781	(28)
…	1,120	…	1,268	…	12,642	…	1,659	…	4,073	(29)
88.4	1,114	51.2	1,268	469.4	11,651	160.5	1,659	243.1	4,073	(30)
88.4	1,114	51.2	1,268	427.9	9,091	160.5	1,659	210.0	2,730	(31)
…	6	…	–	…	991	…		…	–	(32)
…	24,408	…	15,213	…	45,339	…	35,052	…	31,272	(33)
…	3,693	…	993	…	1,331	…	1,212	…	812	(34)
32.9	3,693	8.4	993	12.1	1,265	10.3	1,212	6.7	706	(35)
–	–	–	–	4.4	66	–	–	6.4	106	(36)
…		…		…		…		…	–	(37)

1 牛乳生産費（続き）

(7) 牧草の使用数量（搾乳牛1頭当たり）

ア 全国

区　分		単位	平　均	20頭未満	20～30
			(1)	(2)	(3)
牧　草　の　使　用　数　量					
い　ね　科　牧　草					
デ　ン　ト　コ　ー　ン					
生　　　牧　　　草	(1)	kg	－	－	－
乾　　　牧　　　草	(2)	〃	－	－	－
サ　イ　レ　ー　ジ	(3)	〃	1,854.4	1,446.1	1,737.9
イ　タ　リ　ア　ン　ラ　イ　グ　ラ　ス					
生　　　牧　　　草	(4)	〃	13.9	129.7	30.8
乾　　　牧　　　草	(5)	〃	16.2	46.3	－
サ　イ　レ　ー　ジ	(6)	〃	207.0	499.0	607.7
ソ　ル　ゴ　ー					
生　　　牧　　　草	(7)	〃	1.1	25.6	－
乾　　　牧　　　草	(8)	〃	2.1	－	－
サ　イ　レ　ー　ジ	(9)	〃	28.5	66.6	98.6
稲　発　酵　粗　飼　料	(10)	〃	23.5	198.2	69.5
そ　　　の　　　他					
生　　　牧　　　草	(11)	〃	10.0	－	－
乾　　　牧　　　草	(12)	〃	37.4	184.5	－
サ　イ　レ　ー　ジ	(13)	〃	273.7	284.3	421.2
ま　　ぜ　　ま　　き					
い　ね　科　を　主　と　す　る　も　の					
生　　　牧　　　草	(14)	〃	－	－	－
乾　　　牧　　　草	(15)	〃	217.9	258.9	433.8
サ　イ　レ　ー　ジ	(16)	〃	3,941.0	639.6	1,503.9
そ　　　の　　　他					
生　　　牧　　　草	(17)	〃	－	－	－
乾　　　牧　　　草	(18)	〃	9.0	74.5	30.6
サ　イ　レ　ー　ジ	(19)	〃			
そ　　　の　　　他					
生　　　牧　　　草	(20)	〃	－	－	－
乾　　　牧　　　草	(21)	〃	－	－	－
サ　イ　レ　ー　ジ	(22)	〃	－	－	－
穀　　　　　類	(23)	〃	0.0	－	－
い　も　類　及　び　野　菜　類	(24)	〃	－	－	－
野　　　生　　　草	(25)	〃	－	－	－
野　　　乾　　　草	(26)	〃	1.1	－	－
放　　牧　　時　　間	(27)	時間	319.4	104.2	206.2

30～50	50～100	100～200	200頭以上	
(4)	(5)	(6)	(7)	
－	－	－	－	(1)
－	－	－	－	(2)
1,641.9	2,009.3	2,028.3	1,654.8	(3)
14.0	－	16.0	－	(4)
17.0	25.2	12.4	－	(5)
292.3	149.0	101.8	168.1	(6)
－	－	－	－	(7)
－	6.4	－	－	(8)
21.6	50.2	－	－	(9)
23.5	17.1	4.7	－	(10)
0.2	4.2	34.8	－	(11)
24.7	47.1	39.6	－	(12)
193.9	343.7	375.0	－	(13)
－	－	－	－	(14)
201.7	296.1	144.2	99.9	(15)
2,214.0	4,135.2	5,030.9	5,582.1	(16)
－	－	－	－	(17)
22.9	－	－	－	(18)
－	－	－	－	(19)
－	－	－	－	(20)
－	－	－	－	(21)
－	－	－	－	(22)
－	0.1	－	－	(23)
－	－	－	－	(24)
－	－	－	－	(25)
6.3	－	－	－	(26)
486.0	422.7	180.4	241.9	(27)

1 牛乳生産費（続き）

(7) 牧草の使用数量（搾乳牛1頭当たり）（続き）

イ 北海道

区　　　　　分	単位	平　　均	20頭未満	20～30
		(1)	(2)	(3)
牧　草　の　使　用　数　量				
い　ね　科　牧　草				
デ　ン　ト　コ　ー　ン				
生　　　牧　　　草 (1)	kg	－	－	－
乾　　　牧　　　草 (2)	〃	－	－	－
サ　イ　レ　ー　ジ (3)	〃	1,978.7	1,817.2	2,287.6
イ　タ　リ　ア　ン　ラ　イ　グ　ラ　ス				
生　　　牧　　　草 (4)	〃	－	－	－
乾　　　牧　　　草 (5)	〃	－	－	－
サ　イ　レ　ー　ジ (6)	〃	－	－	－
ソ　　　ル　　　ゴ　　　ー				
生　　　牧　　　草 (7)	〃	－	－	－
乾　　　牧　　　草 (8)	〃	－	－	－
サ　イ　レ　ー　ジ (9)	〃	7.9	－	－
稲　発　酵　粗　飼　料 (10)	〃	－	－	－
そ　　　の　　　他				
生　　　牧　　　草 (11)	〃	－	－	－
乾　　　牧　　　草 (12)	〃	31.2	－	－
サ　イ　レ　ー　ジ (13)	〃	293.1	－	－
ま　　ぜ　　ま　　き				
い　ね　科　を　主　と　す　る　も　の				
生　　　牧　　　草 (14)	〃	－	－	－
乾　　　牧　　　草 (15)	〃	313.8	703.2	1,039.8
サ　イ　レ　ー　ジ (16)	〃	6,874.4	3,807.1	5,239.3
そ　　　の　　　他				
生　　　牧　　　草 (17)	〃	－	－	－
乾　　　牧　　　草 (18)	〃	－	－	－
サ　イ　レ　ー　ジ (19)	〃	－	－	－
そ　　　の　　　他				
生　　　牧　　　草 (20)	〃	－	－	－
乾　　　牧　　　草 (21)	〃	－	－	－
サ　イ　レ　ー　ジ (22)	〃	－	－	－
穀　　　　　　　　　類 (23)	〃	－	－	－
い　も　類　及　び　野　菜　類 (24)	〃	－	－	－
野　　　　　生　　　　　草 (25)	〃	－	－	－
野　　　　　乾　　　　　草 (26)	〃	－	－	－
放　　　牧　　　時　　　間 (27)	時間	577.5	966.3	1,400.3

30～50	50～100	100～200	200頭以上	
(4)	(5)	(6)	(7)	
－	－	－	－	(1)
－	－	－	－	(2)
1,771.2	2,095.4	1,825.2	2,114.9	(3)
－	－	－	－	(4)
－	－	－	－	(5)
－	－	－	－	(6)
－	－	－	－	(7)
－	－	－	－	(8)
－	22.2	－	－	(9)
－	－	－	－	(10)
－	－	－	－	(11)
31.5	54.4	26.4	－	(12)
143.3	414.2	419.3	－	(13)
－	－	－	－	(14)
533.1	407.5	179.8	144.3	(15)
4,922.0	6,620.1	7,340.8	8,064.1	(16)
－	－	－	－	(17)
－	－	－	－	(18)
－	－	－	－	(19)
－	－	－	－	(20)
－	－	－	－	(21)
－	－	－	－	(22)
－	－	－	－	(23)
－	－	－	－	(24)
－	－	－	－	(25)
－	－	－	－	(26)
1,284.8	689.3	264.0	349.5	(27)

1　牛乳生産費（続き）

(7)　牧草の使用数量（搾乳牛1頭当たり）（続き）

ウ　都府県

区　　　　　　　　　分	単位	平　　均	20頭未満	20〜30
		(1)	(2)	(3)
牧　草　の　使　用　数　量				
い　ね　科　牧　草				
デ　ン　ト　コ　ー　ン				
生　　　牧　　　草　(1)	kg	–	–	–
乾　　　牧　　　草　(2)	〃	–	–	–
サ　イ　レ　ー　ジ　(3)	〃	1,700.8	1,403.8	1,642.9
イ　タ　リ　ア　ン　ラ　イ　グ　ラ　ス				
生　　　牧　　　草　(4)	〃	31.0	144.4	36.1
乾　　　牧　　　草　(5)	〃	36.2	51.6	–
サ　イ　レ　ー　ジ　(6)	〃	462.7	555.8	712.7
ソ　ル　ゴ　ー				
生　　　牧　　　草　(7)	〃	2.5	28.5	–
乾　　　牧　　　草　(8)	〃	4.6	–	–
サ　イ　レ　ー　ジ　(9)	〃	54.0	74.2	115.7
稲　発　酵　粗　飼　料　(10)	〃	52.5	220.7	81.6
そ　　　の　　　他				
生　　　牧　　　草　(11)	〃	22.3	–	–
乾　　　牧　　　草　(12)	〃	45.1	205.5	–
サ　イ　レ　ー　ジ　(13)	〃	249.7	316.6	493.9
ま　　　ぜ　　　ま　　　き				
い　ね　科　を　主　と　す　る　も　の				
生　　　牧　　　草　(14)	〃	–	–	–
乾　　　牧　　　草　(15)	〃	99.3	208.3	329.2
サ　イ　レ　ー　ジ　(16)	〃	317.4	279.0	858.8
そ　　　の　　　他				
生　　　牧　　　草　(17)	〃	–	–	–
乾　　　牧　　　草　(18)	〃	20.2	83.0	35.8
サ　イ　レ　ー　ジ　(19)	〃	–	–	–
そ　　　の　　　他				
生　　　牧　　　草　(20)	〃	–	–	–
乾　　　牧　　　草　(21)	〃	–	–	–
サ　イ　レ　ー　ジ　(22)	〃	–	–	–
穀　　　　　　　　　類　(23)	〃	0.1	–	–
い　も　類　及　び　野　菜　類　(24)	〃	–	–	–
野　　　　　生　　　　　草　(25)	〃	–	–	–
野　　　　　乾　　　　　草　(26)	〃	2.5	–	–
放　　　牧　　　時　　　間　(27)	時間	0.5	6.0	–

30〜50	50〜100	100〜200	200頭以上	
(4)	(5)	(6)	(7)	
−	−	−	−	(1)
−	−	−	−	(2)
1,563.2	1,872.7	2,466.9	620.2	(3)
22.5	−	50.4	−	(4)
27.4	65.2	39.1	−	(5)
470.1	385.3	321.7	546.2	(6)
−	−	−	−	(7)
−	16.5	−	−	(8)
34.8	94.7	−	−	(9)
37.7	44.2	14.8	−	(10)
0.3	10.8	110.0	−	(11)
20.6	35.6	68.1	−	(12)
224.7	232.0	279.2	−	(13)
−	−	−	−	(14)
−	119.5	67.4	−	(15)
566.2	195.2	43.5	−	(16)
−	−	−	−	(17)
36.8	−	−	−	(18)
−	−	−	−	(19)
−	−	−	−	(20)
−	−	−	−	(21)
−	−	−	−	(22)
−	0.2	−	−	(23)
−	−	−	−	(24)
−	−	−	−	(25)
10.2	−	−	−	(26)
−	−	−	−	(27)

1　牛乳生産費（続き）

(7)　牧草の使用数量（搾乳牛1頭当たり）（続き）

エ　全国農業地域別

区　　分		単位	東　　北	北　　陸	関東・東山
			(1)	(2)	(3)
牧　草　の　使　用　数　量					
い　ね　科　牧　草					
デ　ン　ト　コ　ー　ン					
生　　牧　　草	(1)	kg	–	–	–
乾　　牧　　草	(2)	〃	–	–	–
サ　イ　レ　ー　ジ	(3)	〃	1,746.5	–	1,906.1
イ　タ　リ　ア　ン　ラ　イ　グ　ラ　ス					
生　　牧　　草	(4)	〃	–	–	–
乾　　牧　　草	(5)	〃	21.6	–	18.0
サ　イ　レ　ー　ジ	(6)	〃	51.8	36.3	598.9
ソ　ル　ゴ　ー					
生　　牧　　草	(7)	〃	–	–	–
乾　　牧　　草	(8)	〃	–	–	–
サ　イ　レ　ー　ジ	(9)	〃	17.3	–	19.1
稲　発　酵　粗　飼　料	(10)	〃	126.5	–	3.4
そ　の　他					
生　　牧　　草	(11)	〃	–	–	–
乾　　牧　　草	(12)	〃	222.4	–	10.7
サ　イ　レ　ー　ジ	(13)	〃	135.5	230.4	385.0
ま　ぜ　ま　き					
い　ね　科　を　主　と　す　る　も　の					
生　　牧　　草	(14)	〃	–	–	–
乾　　牧　　草	(15)	〃	468.3	–	4.5
サ　イ　レ　ー　ジ	(16)	〃	805.1	379.7	215.8
そ　の　他					
生　　牧　　草	(17)	〃	–	–	–
乾　　牧　　草	(18)	〃	112.7	–	–
サ　イ　レ　ー　ジ	(19)	〃	–	–	–
そ　の　他					
生　　牧　　草	(20)	〃	–	–	–
乾　　牧　　草	(21)	〃	–	–	–
サ　イ　レ　ー　ジ	(22)	〃	–	–	–
穀　　類	(23)	〃	–	–	–
い　も　類　及　び　野　菜　類	(24)	〃	–	–	–
野　　生　　草	(25)	〃	–	–	–
野　　乾　　草	(26)	〃	–	–	–
放　牧　時　間	(27)	時間	–	–	–

東　　　海	近　　　畿	中　　　国	四　　　国	九　　　州	
(4)	(5)	(6)	(7)	(8)	
－	－	－	－	－	(1)
－	－	－	－	－	(2)
110. 5	－	1, 624. 9	1, 166. 0	2, 675. 4	(3)
－	7. 2	－	716. 4	63. 0	(4)
－	107. 7	12. 2	－	101. 9	(5)
34. 3	67. 1	98. 5	454. 5	1, 016. 3	(6)
－	41. 8	16. 3	－	－	(7)
－	121. 9	－	－	－	(8)
－	81. 4	380. 9	424. 7	37. 6	(9)
－	－	133. 9	220. 5	74. 3	(10)
－	－	－	123. 2	93. 6	(11)
－	－	21. 5	－	－	(12)
－	9. 2	316. 3	155. 7	266. 1	(13)
－	－	－	－	－	(14)
69. 3	－	－	－	33. 6	(15)
302. 5	322. 4	30. 0	－	193. 6	(16)
－	－	－	－	－	(17)
－	－	－	－	－	(18)
－	－	－	－	－	(19)
－	－	－	－	－	(20)
－	－	－	－	－	(21)
－	－	－	－	－	(22)
－	－	－	2. 2	－	(23)
－	－	－	－	－	(24)
－	－	－	－	－	(25)
－	－	－	－	12. 0	(26)
5. 4	－	－	－	－	(27)

2 子 牛 生 産 費

2 子牛生産費
(1) 経営の概況（1経営体当たり）

区　　　　　　　分	集　　計経営体数	世　　帯　　員			農　業　就　業　者		
		計	男	女	計	男	女
	(1)	(2)	(3)	(4)	(5)	(6)	(7)
	経営体	人	人	人	人	人	人
全　　　　　　国　(1)	184	3.2	1.5	1.7	1.9	1.2	0.7
繁　殖　雌　牛飼　養　頭　数　規　模　別							
2　〜　5頭未満　(2)	29	3.1	1.4	1.7	1.8	1.1	0.7
5　〜　10　(3)	33	3.0	1.3	1.7	1.2	0.9	0.3
10　〜　20　(4)	47	2.9	1.5	1.4	2.3	1.3	1.0
20　〜　50　(5)	46	4.4	2.1	2.3	2.3	1.5	0.8
50　〜　100　(6)	22	3.7	1.7	2.0	2.2	1.3	0.9
100頭以上　(7)	7	4.3	2.2	2.1	3.7	2.0	1.7
全　国　農　業　地　域　別							
北　　海　　道　(8)	15	4.0	1.9	2.1	2.5	1.5	1.0
東　　　　北　(9)	43	3.9	2.0	1.9	1.8	1.1	0.7
関　東　・　東　山　(10)	9	4.7	2.4	2.3	2.6	1.6	1.0
東　　　　海　(11)	3	5.3	2.3	3.0	2.7	1.0	1.7
近　　　　畿　(12)	5	4.4	1.8	2.6	2.6	1.6	1.0
中　　　　国　(13)	8	4.1	2.1	2.0	1.6	1.1	0.5
四　　　　国　(14)	1	x	x	x	x	x	x
九　　　　州　(15)	91	3.1	1.5	1.6	2.2	1.3	0.9
沖　　　　縄　(16)	9	2.5	1.3	1.2	1.4	1.0	0.4

区　　　　　　　分	畜舎の面積及び自動車・農機具の使用台数（10経営体当たり）				繁殖雌牛飼養月平均頭数	繁　殖　雌　牛　の　概　要（1　頭　当　た　り）	
	畜舎面積〔1経営体当たり〕	カッター	貨物自動車	トラクター〔耕うん機を含む。〕		月　齢	評価額
	(17)	(18)	(19)	(20)	(21)	(22)	(23)
	m²	台	台	台	頭	月	円
全　　　　　　国　(1)	361.5	4.2	18.4	19.1	16.6	76.8	593,512
繁　殖　雌　牛飼　養　頭　数　規　模　別							
2　〜　5頭未満　(2)	116.4	6.1	11.9	13.6	3.5	83.4	642,535
5　〜　10　(3)	255.6	3.3	12.1	14.0	7.4	80.8	646,299
10　〜　20　(4)	349.6	2.1	21.6	16.8	14.6	77.2	609,020
20　〜　50　(5)	531.8	4.2	27.9	30.2	32.6	80.9	577,771
50　〜　100　(6)	1,011.3	7.1	34.7	39.5	63.7	71.1	545,294
100頭以上　(7)	2,616.9	15.6	48.0	56.9	113.3	64.4	612,856
全　国　農　業　地　域　別							
北　　海　　道　(8)	694.4	−	25.3	46.0	44.0	83.2	509,020
東　　　　北　(9)	291.9	2.6	17.2	18.1	15.3	80.8	621,049
関　東　・　東　山　(10)	367.6	2.2	20.0	23.3	21.3	86.0	624,194
東　　　　海　(11)	321.7	−	26.7	3.3	33.3	69.1	564,082
近　　　　畿　(12)	344.6	2.0	18.0	12.0	20.7	82.3	583,071
中　　　　国　(13)	315.5	8.8	25.0	13.8	13.4	71.9	500,340
四　　　　国　(14)	x	x	x	x	x	x	x
九　　　　州　(15)	593.1	6.9	26.4	27.7	29.0	75.6	619,857
沖　　　　縄　(16)	356.3	3.3	22.2	10.0	17.4	74.9	520,390

経	営				土		地		
計	耕	地			畜 産 用 地				
	小 計	田	畑	牧草地	小 計	畜舎等	放牧地	採草地	
(8)	(9)	(10)	(11)	(12)	(13)	(14)	(15)	(16)	
a	a	a	a	a	a	a	a	a	
609	504	239	58	207	105	22	78	5	(1)
236	230	168	35	27	6	5	0	1	(2)
259	240	128	16	96	19	14	5	–	(3)
826	603	308	102	193	223	16	207	0	(4)
1,125	1,024	424	53	547	101	56	45	0	(5)
1,641	1,058	286	226	546	583	52	437	94	(6)
1,314	1,255	451	165	639	59	48	11	–	(7)
4,025	3,250	805	374	2,071	775	91	684	–	(8)
709	684	491	31	162	25	19	6	–	(9)
837	751	614	137	–	86	86	–	–	(10)
195	135	42	18	75	60	39	–	21	(11)
475	462	300	8	154	13	13	–	–	(12)
1,071	643	310	19	314	428	23	405	–	(13)
x	x	x	x	x	x	x	x	x	(14)
567	509	189	138	182	58	20	34	4	(15)
362	327	–	9	318	35	33	2	0	(16)

計算期間	生	産		物			
	主 産 物 （子牛）				副産物 （きゅう肥）（繁殖雌牛1頭当たり）		
	販売頭数（1経営体当たり）	子 牛 1 頭 当 た り			数 量		価 額（利用分）
		生体重	価 格	ほ育・育成期間		利用量	
(24)	(25)	(26)	(27)	(28)	(29)	(30)	(31)
年	頭	kg	円	月	kg	kg	円
1.2	12.7	291.9	735,646	9.2	18,043	10,858	23,551	(1)
1.2	2.9	312.3	751,355	9.1	16,671	11,234	46,369	(2)
1.4	5.7	299.5	669,275	9.1	19,607	5,166	19,353	(3)
1.2	10.5	293.9	739,396	9.3	18,364	12,675	26,085	(4)
1.2	24.8	285.9	752,699	9.2	17,780	13,349	27,912	(5)
1.2	50.8	292.2	724,467	9.5	17,108	9,379	18,761	(6)
1.3	87.0	285.5	781,954	9.0	18,749	10,065	6,880	(7)
1.3	32.4	310.9	674,541	10.2	17,603	16,350	56,296	(8)
1.4	10.8	291.9	699,581	9.7	19,793	11,531	36,412	(9)
1.5	10.1	310.2	736,952	9.6	23,269	13,310	23,215	(10)
1.3	27.0	268.2	809,220	8.9	18,675	15,627	9,912	(11)
1.3	14.8	234.5	906,524	8.7	18,086	5,822	15,487	(12)
1.2	10.7	288.6	706,975	9.0	17,874	15,370	37,065	(13)
x	x	x	x	x	x	x	x	(14)
1.3	22.7	290.2	753,496	9.1	18,124	10,462	21,506	(15)
1.4	11.6	274.8	711,465	9.6	20,726	8,097	28,449	(16)

2 子牛生産費（続き）

(2) 作業別労働時間（子牛1頭当たり）

区　　　　　分	計	男	女	家族・雇用別 家族 小　計	男	女	雇 小　計
	(1)	(2)	(3)	(4)	(5)	(6)	(7)
全　　　　　国　(1)	124.20	91.18	33.02	118.42	86.86	31.56	5.78
繁　殖　雌　牛飼養頭数規模別							
2　〜　5頭未満　(2)	222.63	179.39	43.24	221.31	178.07	43.24	1.32
5　〜　10　(3)	201.85	151.47	50.38	201.11	150.75	50.36	0.74
10　〜　20　(4)	142.50	96.26	46.24	140.10	95.55	44.55	2.40
20　〜　50　(5)	103.21	77.71	25.50	99.36	75.24	24.12	3.85
50　〜　100　(6)	76.61	58.47	18.14	65.62	47.93	17.69	10.99
100頭以上　(7)	90.61	57.82	32.79	72.73	46.20	26.53	17.88
全　国　農　業　地　域　別							
北　　海　　道　(8)	89.21	69.74	19.47	82.35	66.05	16.30	6.86
東　　　　北　(9)	127.63	103.15	24.48	116.82	94.09	22.73	10.81
関　東　・　東　山　(10)	102.56	81.04	21.52	100.58	79.06	21.52	1.98
東　　　　海　(11)	160.10	96.59	63.51	160.10	96.59	63.51	−
近　　　　畿　(12)	104.48	86.02	18.46	103.38	84.92	18.46	1.10
中　　　　国　(13)	164.07	128.44	35.63	164.03	128.40	35.63	0.04
四　　　　国　(14)	x	x	x	x	x	x	x
九　　　　州　(15)	124.45	81.54	42.91	115.94	76.41	39.53	8.51
沖　　　　縄　(16)	218.31	153.43	64.88	218.31	153.43	64.88	−

(3) 収益性

ア 繁殖雌牛1頭当たり

区　　　　　分	粗収益 計	主産物	副産物	生産費用 生産費総額	生産費総額から家族労働費、自己資本利子、自作地地代を控除した額	生産費総額から家族労働費を控除した額	所得
	(1)	(2)	(3)	(4)	(5)	(6)	(7)
全　　　　　国　(1)	764,005	740,454	23,551	683,117	436,100	506,691	327,905
繁　殖　雌　牛飼養頭数規模別							
2　〜　5頭未満　(2)	797,724	751,355	46,369	696,601	356,957	411,835	440,767
5　〜　10　(3)	689,294	669,941	19,353	789,338	420,973	505,022	268,321
10　〜　20　(4)	782,207	756,122	26,085	768,298	474,852	555,613	307,355
20　〜　50　(5)	776,432	748,520	27,912	649,157	428,353	491,237	348,079
50　〜　100　(6)	751,626	732,865	18,761	593,203	419,607	491,371	332,019
100頭以上　(7)	803,482	796,602	6,880	659,609	490,174	554,391	313,308
全　国　農　業　地　域　別							
北　　海　　道　(8)	747,914	691,618	56,296	779,550	536,184	623,800	211,730
東　　　　北　(9)	738,996	702,584	36,412	826,675	553,701	649,523	185,295
関　東　・　東　山　(10)	776,728	753,513	23,215	783,239	451,274	598,293	325,454
東　　　　海　(11)	819,132	809,220	9,912	882,970	516,316	602,643	302,816
近　　　　畿　(12)	886,692	871,205	15,487	584,083	328,373	386,878	558,319
中　　　　国　(13)	744,040	706,975	37,065	762,575	470,388	514,329	273,652
四　　　　国　(14)	x	x	x	x	x	x	x
九　　　　州　(15)	779,757	758,251	21,506	733,983	484,018	564,971	295,739
沖　　　　縄　(16)	739,914	711,465	28,449	846,064	508,431	597,421	231,483

単位：時間

内　　　訳		直　接　労　働　時　間				間　接　労　働　時　間		
用			飼　育　労　働　時　間				自給牧草に係る労働時間	
男	女	小　計	飼料の調理・給与・給水	敷料の搬入・きゅう肥の搬出	その他			
(8)	(9)	(10)	(11)	(12)	(13)	(14)	(15)	
4.32	1.46	104.07	60.83	22.26	20.98	20.13	16.33	(1)
1.32	–	184.59	95.63	46.14	42.82	38.04	30.32	(2)
0.72	0.02	167.94	93.72	39.81	34.41	33.91	27.02	(3)
0.71	1.69	119.48	69.50	27.92	22.06	23.02	19.12	(4)
2.47	1.38	87.32	48.66	20.83	17.83	15.89	12.38	(5)
10.54	0.45	62.59	37.41	9.75	15.43	14.02	12.04	(6)
11.62	6.26	79.11	66.45	3.30	9.36	11.50	9.75	(7)
3.69	3.17	79.20	43.43	18.91	16.86	10.01	7.63	(8)
9.06	1.75	110.00	60.51	33.85	15.64	17.63	14.64	(9)
1.98	–	87.50	53.01	16.16	18.33	15.06	12.95	(10)
–	–	152.14	122.68	10.77	18.69	7.96	2.73	(11)
1.10	–	99.26	54.33	24.07	20.86	5.22	3.69	(12)
0.04	–	145.94	78.42	38.66	28.86	18.13	10.47	(13)
x	x	x	x	x	x	x	x	(14)
5.13	3.38	101.96	63.27	18.00	20.69	22.49	19.21	(15)
–	–	196.88	117.73	60.69	18.46	21.43	17.44	(16)

イ　1日当たり

単位：円		単位：円	
家族労働報酬	所得	家族労働報酬	
(8)	(1)	(2)	
257,314	22,011	17,272	(1)
385,889	15,933	13,949	(2)
184,272	10,662	7,323	(3)
226,594	17,167	12,656	(4)
285,195	28,182	23,090	(5)
260,255	40,014	31,365	(6)
249,091	33,825	26,892	(7)
124,114	20,062	11,760	(8)
89,473	12,634	6,101	(9)
178,435	25,322	13,883	(10)
216,489	15,131	10,818	(11)
499,814	44,958	40,247	(12)
229,711	13,346	11,203	(13)
x	x	x	(14)
214,786	20,279	14,728	(15)
142,493	8,483	5,222	(16)

2 子牛生産費（続き）

(4) 生産費（子牛1頭当たり）

区分		物								
		計	種付料	飼 料 費				敷 料 費		光熱水料及び動力費
				小計	流 通 飼 料 費		牧草・放牧・採草費		購 入	購 入
						購 入				
		(1)	(2)	(3)	(4)	(5)	(6)	(7)	(8)	(9) (10)
全 国	(1)	415,680	21,467	235,611	158,536	156,670	77,075	8,608	7,389	11,528 11,528
繁 殖 雌 牛 飼 養 頭 数 規 模 別										
2 ～ 5頭未満	(2)	344,406	29,629	238,029	146,630	137,554	91,399	8,753	3,357	11,532 11,532
5 ～ 10	(3)	410,926	24,494	214,408	142,979	141,778	71,429	4,599	3,313	10,156 10,156
10 ～ 20	(4)	452,918	22,340	256,409	169,579	166,609	86,830	6,637	6,108	12,182 12,182
20 ～ 50	(5)	414,469	19,803	230,200	155,891	154,441	74,309	10,120	8,672	11,248 11,248
50 ～ 100	(6)	392,361	18,708	233,713	164,346	163,931	69,367	10,988	10,140	11,944 11,944
100頭以上	(7)	443,518	22,168	247,184	163,366	162,275	83,818	8,118	7,998	12,338 12,338
全 国 農 業 地 域 別										
北 海 道	(8)	500,546	21,113	268,956	144,779	144,653	124,177	26,799	12,177	12,045 12,045
東 北	(9)	522,963	24,776	288,562	199,720	195,456	88,842	8,544	4,466	9,413 9,413
関 東 ・ 東 山	(10)	417,678	17,223	249,595	172,930	168,365	76,665	6,337	3,339	8,707 8,707
東 海	(11)	512,890	5,991	306,414	297,991	297,991	8,423	17,587	17,587	17,050 17,050
近 畿	(12)	334,123	17,327	191,209	176,365	174,659	14,844	9,257	8,086	12,340 12,340
中 国	(13)	463,168	20,765	243,359	220,024	218,499	23,335	6,681	5,466	11,627 11,627
四 国	(14)	x	x	x	x	x	x	x	x	x x
九 州	(15)	459,420	25,121	265,019	176,773	174,903	88,246	10,206	10,048	12,536 12,536
沖 縄	(16)	494,849	20,891	291,272	161,034	161,034	130,238	1,168	1,168	18,736 18,736

区分		物 財 費 （ 続 き ）		生 産 管 理 費		労 働 費			間 接 労 働 費		費
		農機具費（続き）				計	家 族	直 接 労働費		自給牧草に係る労働費	計
		購 入	償 却		償 却						
		(23)	(24)	(25)	(26)	(27)	(28)	(29)	(30)	(31)	(32)
全 国	(1)	6,439	9,137	1,875	361	183,010	175,279	153,718	29,292	23,783	598,690
繁 殖 雌 牛 飼 養 頭 数 規 模 別											
2 ～ 5頭未満	(2)	10,168	5,899	1,786	－	286,050	284,766	237,832	48,218	38,219	630,456
5 ～ 10	(3)	4,565	2,968	823	24	285,129	284,035	236,887	48,242	38,553	696,055
10 ～ 20	(4)	6,056	9,677	1,983	156	209,911	207,982	176,093	33,818	27,910	662,829
20 ～ 50	(5)	5,698	10,615	1,408	113	163,280	158,802	138,426	24,854	19,648	577,749
50 ～ 100	(6)	7,282	9,892	2,959	1,449	115,390	100,666	95,703	19,687	16,842	507,751
100頭以上	(7)	8,586	12,344	2,566	24	131,942	103,283	114,599	17,343	14,623	575,460
全 国 農 業 地 域 別											
北 海 道	(8)	12,484	17,675	2,025	－	160,585	151,904	142,150	18,435	13,941	661,131
東 北	(9)	8,075	13,720	2,205	463	191,009	176,395	164,460	26,549	21,953	713,972
関 東 ・ 東 山	(10)	3,949	1,250	2,250	－	184,350	180,882	157,185	27,165	23,262	602,028
東 海	(11)	10,762	7,638	1,794	－	280,327	280,327	265,497	14,830	5,141	793,217
近 畿	(12)	2,255	14,518	1,923	－	207,560	205,200	197,149	10,411	7,380	541,683
中 国	(13)	5,473	11,069	820	－	248,311	248,246	221,928	26,383	15,489	711,479
四 国	(14)	x	x	x	x	x	x	x	x	x	x
九 州	(15)	7,721	9,606	2,420	276	179,255	167,952	146,973	32,282	27,563	638,675
沖 縄	(16)	4,352	4,270	4,152	－	248,643	248,643	224,873	23,770	19,081	743,492

単位：円

その他の諸材料費	獣医師料及び医薬品費	賃借料及び料金	物件税及び公課諸負担	繁殖雌牛償却費	建 物 費			自 動 車 費			農機具費	
					小 計	購 入	償 却	小 計	購 入	償 却	小 計	
(11)	(12)	(13)	(14)	(15)	(16)	(17)	(18)	(19)	(20)	(21)	(22)	
872	23,616	14,380	9,075	48,909	15,339	4,090	11,249	8,824	3,843	4,981	15,576	(1)
1,325	31,853	15,902	12,647	△ 44,799	13,916	3,029	10,887	7,766	2,167	5,599	16,067	(2)
447	20,987	7,766	11,476	93,212	11,654	3,086	8,568	3,371	2,557	814	7,533	(3)
1,699	21,911	10,122	9,971	63,038	10,602	4,537	6,065	20,291	7,075	13,216	15,733	(4)
612	25,406	20,506	9,251	43,647	19,282	3,551	15,731	6,673	3,253	3,420	16,313	(5)
780	23,386	13,085	6,969	34,500	13,051	2,797	10,254	5,104	2,441	2,663	17,174	(6)
710	20,583	13,396	5,633	57,598	22,091	9,788	12,303	10,203	5,315	4,888	20,930	(7)
522	21,374	16,283	10,646	60,442	21,557	8,263	13,294	8,625	3,320	5,305	30,159	(8)
1,083	36,960	20,839	11,711	61,906	29,839	9,593	20,246	5,330	3,018	2,312	21,795	(9)
1,698	13,296	19,656	6,613	45,236	35,844	2,577	33,267	6,024	3,562	2,462	5,199	(10)
4,080	17,729	25,026	10,838	36,593	32,386	1,920	30,466	19,002	6,612	12,390	18,400	(11)
242	25,298	9,319	7,451	29,950	10,678	941	9,737	2,356	2,356	-	16,773	(12)
2,285	25,864	37,144	8,465	54,463	15,586	6,492	9,094	19,567	6,948	12,619	16,542	(13)
x	x	x	x	x	x	x	x	x	x	x	x	(14)
1,031	23,433	11,840	8,667	54,655	18,011	5,853	12,158	9,154	3,779	5,375	17,327	(15)
1,193	31,108	10,606	12,593	50,988	20,663	1,770	18,893	22,857	5,330	17,527	8,622	(16)

用 合 計			副産物価額	生産費（副産物価額差引）	支払利子	支払地代	支払利子・地代算入生産費	自己資本利子	自作地地代	資本利子・地代全額算入生産費（全算入生産費）	
購 入	自 給	償 却									
(33)	(34)	(35)	(36)	(37)	(38)	(39)	(40)	(41)	(42)	(43)	
268,610	255,443	74,637	23,397	575,293	1,430	8,743	585,466	59,680	10,454	655,600	(1)
262,233	390,637	△ 22,414	46,369	584,087	1,059	10,208	595,354	41,492	13,386	650,232	(2)
232,512	357,957	105,586	19,334	676,721	844	7,782	685,347	71,395	12,570	769,312	(3)
272,366	298,311	92,152	25,508	637,321	1,379	9,522	648,222	65,082	13,893	727,197	(4)
268,214	236,009	73,526	28,067	549,682	1,813	9,741	561,236	52,915	10,319	624,470	(5)
277,683	171,310	58,758	18,546	489,205	1,037	7,072	497,314	64,333	6,608	568,255	(6)
299,991	188,312	87,157	6,753	568,707	2,112	7,929	578,748	55,496	7,541	641,785	(7)
273,353	291,062	96,716	54,906	606,225	1,544	13,667	621,436	57,577	27,875	706,888	(8)
341,746	273,579	98,647	36,256	677,716	1,387	12,638	691,741	86,935	8,476	787,152	(9)
254,703	265,110	82,215	22,705	579,323	414	20,791	600,528	119,525	24,263	744,316	(10)
417,380	288,750	87,087	9,912	783,305	651	2,775	786,731	84,049	2,278	873,058	(11)
264,557	222,921	54,205	16,114	525,569	1,113	2,877	529,559	56,837	4,039	590,435	(12)
349,913	274,321	87,245	37,065	674,414	3,113	4,042	681,569	41,113	2,828	725,510	(13)
x	x	x	x	x	x	x	x	x	x	x	(14)
298,373	258,232	82,070	21,371	617,304	1,624	8,980	627,908	73,333	7,113	708,354	(15)
272,933	378,881	91,678	28,449	715,043	3,864	9,718	728,625	77,956	11,034	817,615	(16)

2　子牛生産費（続き）
（5）　流通飼料の使用数量と価額（子牛１頭当たり）

区　　　　　　　　　　　　分	平　　　　均		2 ～ 5 頭 未 満		5 ～ 10	
	数　量	価　額	数　量	価　額	数　量	価　額
	(1)	(2)	(3)	(4)	(5)	(6)
	kg	円	kg	円	kg	円
流 通 飼 料 費 合 計 (1)	…	158,536	…	146,630	…	142,979
購 入 飼 料 費 計 (2)	…	156,670	…	137,554	…	141,778
穀　　　　　　　類 小　　　　　　　計 (3)	…	1,798	…	2,246	…	679
大　　　　　　麦 (4)	6.2	343	4.8	306	1.4	84
そ　の　他　の　麦 (5)	10.0	613	－	－	－	－
と　う　も　ろ　こ　し (6)	13.1	645	21.0	1,167	11.5	550
大　　　　　　豆 (7)	1.8	191	7.2	773	0.5	45
飼　料　用　米 (8)	0.1	6	－	－	－	－
そ　　の　　他 (9)	…	－	…	－	…	－
ぬ か ・ ふ す ま 類 小　　　　　　　計 (10)	…	4,076	…	7,487	…	3,102
ふ　　す　　ま (11)	96.7	3,803	144.6	6,434	75.5	2,994
米　・　麦　ぬ　か (12)	7.0	273	28.7	1,053	2.7	108
そ　　の　　他 (13)	…	0	…	－	…	－
植 物 性 か す 類 小　　　　　　　計 (14)	…	2,042	…	4,588	…	1,974
大　豆　油　か　す (15)	10.3	834	45.4	3,480	4.5	368
ビ ー ト パ ル プ (16)	11.1	669	9.2	843	13.5	737
そ　　の　　他 (17)	…	539	…	265	…	869
配　　合　　飼　　料 (18)	1,425.0	96,025	1,223.8	92,359	1,273.8	87,284
T　　　M　　　R (19)	20.9	1,699	66.7	5,166	7.1	519
牛 乳 ・ 脱 脂 乳 (20)	28.3	8,178	1.9	769	30.8	3,596
い も 類 及 び 野 菜 類 (21)	0.1	5	－	－	－	－
わ　　　　ら　　　　類 小　　　　　　　計 (22)	…	4,268	…	2,613	…	937
稲　　わ　　ら (23)	235.3	4,263	123.0	2,531	51.3	937
そ　　の　　他 (24)	…	5	…	82	…	－
生　　　牧　　　草 (25)	4.0	75	－	－	－	－
乾　　　牧　　　草 小　　　　　　　計 (26)	…	26,381	…	16,330	…	36,539
ヘ イ キ ュ ー ブ (27)	21.6	2,462	24.7	2,182	2.0	120
そ　　の　　他 (28)	…	23,919	…	14,148	…	36,419
サ　イ　レ　ー　ジ 小　　　　　　　計 (29)	…	5,308	…	2,056	…	2,381
い　　　ね　　　科 (30)	294.5	5,004	135.1	2,056	162.2	2,328
う ち 稲 発 酵 粗 飼 料 (31)	228.7	4,024	135.1	2,056	162.2	2,328
そ　　の　　他 (32)	…	304	…	－	…	53
そ　　　の　　　他 (33)	…	6,815	…	3,940	…	4,767
自 給 飼 料 費 計 (34)	…	1,866	…	9,076	…	1,201
稲　　わ　　ら (35)	111.0	1,862	463.4	9,076	94.1	1,201
そ　　の　　他 (36)	…	4	…	－	…	－

10 ～ 20		20 ～ 50		50 ～ 100		100 頭 以 上		
数 量	価 額	数 量	価 額	数 量	価 額	数 量	価 額	
(7)	(8)	(9)	(10)	(11)	(12)	(13)	(14)	
kg	円	kg	円	kg	円	kg	円	
···	169,579	···	155,891	···	164,346	···	163,366	(1)
···	166,609	···	154,441	···	163,931	···	162,275	(2)
···	1,673	···	1,102	···	4,244	···	686	(3)
8.9	498	5.2	244	11.8	719	－	－	(4)
－	－	－	－	49.9	3,069	－	－	(5)
21.6	1,037	15.7	765	5.7	291	1.3	66	(6)
1.4	138	0.8	93	1.3	136	5.7	620	(7)
－	－	－	－	0.6	29	－	－	(8)
···	－	···	－	···	－	···	－	(9)
···	5,989	···	3,902	···	2,891	···	2,948	(10)
153.1	5,945	94.7	3,875	51.5	1,967	92.8	2,948	(11)
1.1	43	0.8	27	23.2	924	－	－	(12)
···	1	···	－	···	－	···	－	(13)
···	1,081	···	2,501	···	1,463	···	2,233	(14)
11.2	966	2.3	200	9.9	763	25.3	2,073	(15)
1.0	67	20.7	1,338	8.8	370	－	－	(16)
···	48	···	963	···	330	···	160	(17)
1,544.7	102,580	1,448.2	98,099	1,430.0	94,918	1,436.9	93,435	(18)
0.4	39	19.6	1,573	48.2	4,050	3.0	235	(19)
13.1	5,732	40.8	12,272	25.5	9,533	32.0	7,069	(20)
0.6	29	－	－	－	－	－	－	(21)
···	2,664	···	4,866	···	6,375	···	6,752	(22)
126.4	2,664	284.7	4,866	399.3	6,371	268.7	6,752	(23)
···	－	···	－	···	4	···	－	(24)
2.8	47	9.9	149	1.2	88	－	－	(25)
···	37,765	···	19,185	···	18,370	···	36,136	(26)
18.8	1,467	20.9	1,762	39.8	6,756	18.7	1,403	(27)
···	36,298	···	17,423	···	11,614	···	34,733	(28)
···	2,956	···	4,354	···	12,629	···	3,942	(29)
194.9	2,413	273.9	3,858	648.3	12,456	103.3	3,942	(30)
183.5	2,124	252.3	3,454	364.7	8,476	103.3	3,942	(31)
···	543	···	496	···	173	···	－	(32)
···	6,054	···	6,438	···	9,370	···	8,839	(33)
···	2,970	···	1,450	···	415	···	1,091	(34)
197.4	2,970	81.8	1,439	23.1	415	53.0	1,091	(35)
···	－	···	11	···	－	···	－	(36)

2　子牛生産費（続き）
(6)　牧草の使用数量（子牛1頭当たり）

区　　　　　分	単位	平均	2〜5頭未満	5〜10	10〜20
		(1)	(2)	(3)	(4)
牧　草　の　使　用　数　量					
い　ね　科　牧　草					
デ　ン　ト　コ　ー　ン					
生　　　牧　　　草 (1)	kg	28.0	352.7	4.0	44.7
乾　　　牧　　　草 (2)	〃	0.1	－	1.0	－
サ　イ　レ　ー　ジ (3)	〃	301.7	103.2	175.9	282.0
イ　タ　リ　ア　ン　ラ　イ　グ　ラ　ス					
生　　　牧　　　草 (4)	〃	201.4	192.4	1,195.9	118.6
乾　　　牧　　　草 (5)	〃	165.6	659.7	240.7	329.7
サ　イ　レ　ー　ジ (6)	〃	943.0	335.0	1,931.8	1,010.4
ソ　ル　ゴ　ー					
生　　　牧　　　草 (7)	〃	74.1	1,172.8	21.4	37.0
乾　　　牧　　　草 (8)	〃	4.7	17.7	3.4	17.9
サ　イ　レ　ー　ジ (9)	〃	119.9	－	31.6	12.6
稲　発　酵　粗　飼　料 (10)	〃	246.3	235.1	46.3	548.9
そ　　　の　　　他					
生　　　牧　　　草 (11)	〃	115.8	476.2	133.9	167.1
乾　　　牧　　　草 (12)	〃	278.4	503.6	835.9	169.1
サ　イ　レ　ー　ジ (13)	〃	384.9	15.7	27.0	734.9
ま　ぜ　ま　き					
い　ね　科　を　主　と　す　る　も　の					
生　　　牧　　　草 (14)	〃	2.6	11.7	－	10.8
乾　　　牧　　　草 (15)	〃	251.0	79.5	259.5	49.1
サ　イ　レ　ー　ジ (16)	〃	461.9	394.8	66.7	215.5
そ　　　の　　　他					
生　　　牧　　　草 (17)	〃	－	－	－	－
乾　　　牧　　　草 (18)	〃	5.5	－	38.4	0.6
サ　イ　レ　ー　ジ (19)	〃	68.0	－	－	366.1
そ　　　の　　　他					
生　　　牧　　　草 (20)	〃	0.5	－	3.8	－
乾　　　牧　　　草 (21)	〃	3.5	63.6	－	0.3
サ　イ　レ　ー　ジ (22)	〃	60.1	－	－	－
穀　　　　　　　類 (23)	〃	1.3	－	6.0	－
い　も　類　及　び　野　菜　類 (24)	〃	0.1	1.0	－	－
野　　　生　　　草 (25)	〃	19.1	19.6	104.1	11.9
野　　　乾　　　草 (26)	〃	84.7	－	9.6	－
放　　牧　　時　　間 (27)	時間	99.8	5.7	109.9	44.8

20〜50	50〜100	100頭以上	
(5)	(6)	(7)	
0.7	−	−	(1)
−	−	−	(2)
225.1	141.0	1,225.9	(3)
4.6	−	−	(4)
55.1	5.6	169.6	(5)
710.8	927.1	528.5	(6)
−	−	13.7	(7)
−	−	−	(8)
206.4	231.2	−	(9)
140.0	182.6	450.0	(10)
4.4	195.7	−	(11)
255.6	89.1	21.7	(12)
239.8	527.2	630.1	(13)
−	−	−	(14)
503.0	188.7	3.2	(15)
908.2	145.4	701.2	(16)
−	−	−	(17)
−	−	−	(18)
−	−	−	(19)
−	−	−	(20)
−	−	−	(21)
185.2	−	−	(22)
−	2.1	−	(23)
−	−	−	(24)
3.7	−	−	(25)
0.2	417.2	−	(26)
118.4	176.0	22.6	(27)

3　乳用雄育成牛生産費

3 乳用雄育成牛生産費
(1) 経営の概況（1経営体当たり）

区　　　　　　分	集　計経営体数	世　　帯　　員			農　業　就　業　者		
		計	男	女	計	男	女
	(1)	(2)	(3)	(4)	(5)	(6)	(7)
	経営体	人	人	人	人	人	人
全　　　　　　　　　国 (1)	29	4.4	2.4	2.0	2.6	1.8	0.8
飼 養 頭 数 規 模 別							
5 ～ 20頭未満 (2)	3	4.7	2.7	2.0	2.7	1.7	1.0
20 ～ 50 (3)	5	4.6	2.6	2.0	3.6	2.4	1.2
50 ～ 100 (4)	6	3.7	1.9	1.8	2.9	1.8	1.1
100 ～ 200 (5)	9	4.5	2.4	2.1	3.0	1.9	1.1
200頭以上 (6)	6	4.5	2.5	2.0	2.4	1.8	0.6
全 国 農 業 地 域 別							
北　　海　　道 (7)	14	4.6	2.2	2.4	2.9	1.8	1.1
東　　　　　北 (8)	2	x	x	x	x	x	x
関　東・東　山 (9)	3	5.4	3.7	1.7	3.3	2.3	1.0
東　　　　　海 (10)	3	4.3	2.0	2.3	3.3	2.0	1.3
中　　　　　国 (11)	1	x	x	x	x	x	x
四　　　　　国 (12)	2	x	x	x	x	x	x
九　　　　　州 (13)	4	5.3	3.3	2.0	4.1	2.8	1.3

区　　　　　　分	畜舎の面積及び自動車・農機具の使用台数（10経営体当たり）				飼 養 月平　　均頭　　数	もと牛の概要（もと牛1頭当たり）	
	畜舎面積1経営体当たり	カッター	貨　物自動車	トラクター（耕うん機を含む。）		月　齢	評価額
	(17)	(18)	(19)	(20)	(21)	(22)	(23)
	㎡	台	台	台	頭	月	円
全　　　　　　　　　国 (1)	2,854.4	3.8	24.0	16.9	253.5	0.5	136,949
飼 養 頭 数 規 模 別							
5 ～ 20頭未満 (2)	1,386.0	－	30.0	6.7	12.2	0.5	95,287
20 ～ 50 (3)	1,804.6	10.0	42.0	18.0	36.1	1.6	137,029
50 ～ 100 (4)	1,690.1	4.2	24.2	7.5	71.2	1.3	135,698
100 ～ 200 (5)	2,178.8	1.1	36.7	25.6	153.2	1.0	125,244
200頭以上 (6)	3,729.0	2.9	19.2	21.3	402.3	0.4	137,339
全 国 農 業 地 域 別							
北　　海　　道 (7)	2,148.6	2.1	26.4	25.7	248.4	0.5	134,438
東　　　　　北 (8)	x	x	x	x	x	x	x
関　東・東　山 (9)	2,824.3	10.0	36.7	16.7	99.2	1.4	134,959
東　　　　　海 (10)	1,301.3	－	23.3	－	29.9	1.0	64,830
中　　　　　国 (11)	x	x	x	x	x	x	x
四　　　　　国 (12)	x	x	x	x	x	x	x
九　　　　　州 (13)	3,730.0	2.5	25.0	7.5	56.4	1.8	161,026

	経　　営　　土　　地							
計	耕　　地				畜　産　用　地			
	小　計	田	畑	牧草地	小　計	畜舎等	放牧地	採草地
(8)	(9)	(10)	(11)	(12)	(13)	(14)	(15)	(16)
a	a	a	a	a	a	a	a	a
1,522	1,363	306	292	765	159	132	6	21	(1)
202	144	56	88	–	58	58	–	–	(2)
1,684	1,456	242	994	220	228	48	–	180	(3)
358	304	135	96	73	54	54	–	–	(4)
1,925	1,486	252	84	1,150	439	92	347	–	(5)
2,096	1,905	418	257	1,230	191	191	–	–	(6)
2,359	1,995	303	488	1,204	364	141	223	–	(7)
x	x	x	x	x	x	x	x	x	(8)
136	60	12	48	–	76	76	–	–	(9)
179	131	11	120	–	48	48	–	–	(10)
x	x	x	x	x	x	x	x	x	(11)
x	x	x	x	x	x	x	x	x	(12)
1,062	793	276	98	419	269	44	–	225	(13)

生　　産　　物　（1 頭 当 た り）								
主　　産　　物					副　　産　　物			
販売頭数〔1経営体当たり〕	月　齢	生体重	価　格	育成期間	き　ゅ　う　肥		価　額（利用分）	その他
					数　量	利用量		
(24)	(25)	(26)	(27)	(28)	(29)	(30)	(31)	(32)
頭	月	kg	円	月	kg	kg	円	円
446.8	7.1	301.7	254,808	6.5	2,103	1,883	3,596	342	(1)
24.3	7.3	303.6	221,921	6.8	2,109	1,399	2,826	–	(2)
78.8	7.0	291.0	261,264	5.4	1,661	1,263	2,438	–	(3)
151.8	6.8	280.0	256,720	5.5	1,718	429	752	–	(4)
256.1	7.4	314.8	257,272	6.4	2,335	2,092	4,874	490	(5)
695.3	7.1	303.7	254,575	6.7	2,146	2,028	3,867	381	(6)
440.6	7.0	307.2	257,373	6.5	2,058	1,994	5,034	223	(7)
x	x	x	x	x	x	x	x	x	(8)
146.7	8.2	315.5	241,960	6.8	3,762	2,849	2,422	254	(9)
57.3	7.1	290.9	252,818	6.1	1,890	896	970	–	(10)
x	x	x	x	x	x	x	x	x	(11)
x	x	x	x	x	x	x	x	x	(12)
133.8	6.9	273.5	273,205	5.1	1,579	266	758	–	(13)

3 乳用雄育成牛生産費（続き）

(2) 作業別労働時間（乳用雄育成牛1頭当たり）

区　　　　分	計	男	女	家　族　・　雇　用　別			雇
				家	族		
				小　計	男	女	小　計
	(1)	(2)	(3)	(4)	(5)	(6)	(7)
全　　　　　　国 (1)	5.93	4.68	1.25	5.07	4.06	1.01	0.86
飼養頭数規模別							
5 ～ 20頭未満 (2)	22.43	16.63	5.80	20.60	14.80	5.80	1.83
20 ～ 50 (3)	8.29	4.60	3.69	7.44	4.33	3.11	0.85
50 ～ 100 (4)	7.68	4.97	2.71	7.44	4.73	2.71	0.24
100 ～ 200 (5)	8.84	7.12	1.72	8.76	7.04	1.72	0.08
200頭以上 (6)	5.63	4.58	1.05	4.71	3.92	0.79	0.92
全国農業地域別							
北　　海　　道 (7)	6.80	5.33	1.47	6.24	4.89	1.35	0.56
東　　　　北 (8)	x	x	x	x	x	x	x
関　東・東　山 (9)	8.99	7.37	1.62	7.80	6.70	1.10	1.19
東　　　　海 (10)	12.06	9.20	2.86	11.28	8.42	2.86	0.78
中　　　　国 (11)	x	x	x	x	x	x	x
四　　　　国 (12)	x	x	x	x	x	x	x
九　　　　州 (13)	7.62	4.74	2.88	6.83	3.95	2.88	0.79

(3) 収益性

ア 乳用雄育成牛1頭当たり

区　　　　分	粗　収　益			生　産　費　用			所　得
	計	主産物	副産物	生産費総額	生産費総額から家族労働費、自己資本利子、自作地地代を控除した額	生産費総額から家族労働費を控除した額	
	(1)	(2)	(3)	(4)	(5)	(6)	(7)
全　　　　　　国 (1)	258,746	254,808	3,938	249,307	238,568	239,912	20,178
飼養頭数規模別							
5 ～ 20頭未満 (2)	224,747	221,921	2,826	240,621	206,616	207,772	18,131
20 ～ 50 (3)	263,702	261,264	2,438	255,242	239,909	242,686	23,793
50 ～ 100 (4)	257,472	256,720	752	236,159	222,467	223,568	35,005
100 ～ 200 (5)	262,636	257,272	5,364	246,770	227,935	230,783	34,701
200頭以上 (6)	258,823	254,575	4,248	250,424	240,244	241,559	18,579
全国農業地域別							
北　　海　　道 (7)	262,630	257,373	5,257	252,969	239,802	241,446	22,828
東　　　　北 (8)	x	x	x	x	x	x	x
関　東・東　山 (9)	244,636	241,960	2,676	267,093	249,585	252,252	△ 4,949
東　　　　海 (10)	253,788	252,818	970	175,604	152,293	153,466	101,495
中　　　　国 (11)	x	x	x	x	x	x	x
四　　　　国 (12)	x	x	x	x	x	x	x
九　　　　州 (13)	273,963	273,205	758	253,788	242,966	243,606	30,997

単位：時間

内　　　　訳		直　接　労　働　時　間				間　接　労　働　時　間		
用			飼　育　労　働　時　間				自給牧草に係る労働時間	
男	女	小　計	飼料の調理・給与・給水	敷料の搬入・きゅう肥の搬出	その他			
(8)	(9)	(10)	(11)	(12)	(13)	(14)	(15)	
0.62	0.24	5.61	3.38	0.99	1.24	0.32	0.10	(1)
1.83	－	21.50	17.05	1.75	2.70	0.93	0.35	(2)
0.27	0.58	7.68	5.35	0.73	1.60	0.61	0.16	(3)
0.24	－	7.34	4.51	1.30	1.53	0.34	0.13	(4)
0.08	－	8.37	5.77	1.35	1.25	0.47	0.23	(5)
0.66	0.26	5.32	3.15	0.95	1.22	0.31	0.09	(6)
0.44	0.12	6.44	4.07	1.01	1.36	0.36	0.14	(7)
x	x	x	x	x	x	x	x	(8)
0.67	0.52	8.86	4.86	1.95	2.05	0.13	－	(9)
0.78	－	11.46	9.49	0.77	1.20	0.60	－	(10)
x	x	x	x	x	x	x	x	(11)
x	x	x	x	x	x	x	x	(12)
0.79	－	7.34	4.65	0.99	1.70	0.28	0.08	(13)

イ　1日当たり

単位：円		単位：円		
家族労働報酬	所　得	家族労働報酬		
(8)	(1)	(2)		
18,834	31,839	29,718	(1)
16,975	7,041	6,592	(2)
21,016	25,584	22,598	(3)
33,904	37,640	36,456	(4)
31,853	31,690	29,089	(5)
17,264	31,557	29,323	(6)
21,184	29,267	27,159	(7)
x	x	x	(8)
△ 7,616	nc	nc	(9)
100,322	71,982	71,150	(10)
x	x	x	(11)
x	x	x	(12)
30,357	36,307	35,557	(13)

3　乳用雄育成牛生産費（続き）
（4）　生産費（乳用雄育成牛1頭当たり）

区分	物									
	計	もと畜費	飼料費				敷料費		光熱水料及び動力費	
			小計	流通飼料費		牧草・放牧・採草費		購入		購入
					購入					
	(1)	(2)	(3)	(4)	(5)	(6)	(7)	(8)	(9)	(10)
全　　国 (1)	236,575	147,756	64,443	61,674	61,655	2,769	9,479	9,473	2,849	2,849
飼養頭数規模別										
5 〜 20頭未満 (2)	203,223	96,593	74,466	73,434	73,434	1,032	5,389	5,389	4,746	4,746
20 〜 50 (3)	238,679	140,507	82,391	75,646	75,644	6,745	2,563	2,563	2,936	2,936
50 〜 100 (4)	221,255	142,177	60,283	59,302	59,070	981	2,401	2,371	2,396	2,396
100 〜 200 (5)	227,161	130,841	73,587	69,506	69,506	4,081	5,798	5,450	2,916	2,916
200頭以上 (6)	238,153	148,826	64,251	61,424	61,424	2,827	10,341	10,341	2,879	2,879
全国農業地域別										
北　海　道 (7)	238,249	142,698	72,065	68,722	68,722	3,343	8,173	8,043	3,039	3,039
東　　北 (8)	x	x	x	x	x	x	x	x	x	x
関東・東山 (9)	248,089	140,173	84,778	84,778	84,778	−	3,528	3,528	4,873	4,873
東　　海 (10)	151,302	65,960	67,888	67,888	67,888	−	2,035	2,035	2,403	2,403
中　　国 (11)	x	x	x	x	x	x	x	x	x	x
四　　国 (12)	x	x	x	x	x	x	x	x	x	x
九　　州 (13)	239,867	163,133	59,916	56,704	56,704	3,212	2,416	2,416	3,094	3,094

区分	物財費（続き）				労働費					費
	農機具費（続き）		生産管理費		計	家族	直接労働費	間接労働費		計
	購入	償却		償却					自給牧草に係る労働費	
	(22)	(23)	(24)	(25)	(26)	(27)	(28)	(29)	(30)	(31)
全　　国 (1)	867	1,124	197	7	10,647	9,395	10,077	570	157	247,222
飼養頭数規模別										
5 〜 20頭未満 (2)	2,756	1,335	401	−	34,858	32,849	33,394	1,464	430	238,081
20 〜 50 (3)	842	1,205	286	−	13,313	12,556	12,334	979	248	251,992
50 〜 100 (4)	1,183	1,168	310	24	12,986	12,591	12,432	554	208	234,241
100 〜 200 (5)	1,703	848	201	−	16,096	15,987	15,237	859	427	243,257
200頭以上 (6)	822	1,122	183	5	10,217	8,865	9,662	555	145	248,370
全国農業地域別										
北　海　道 (7)	1,299	711	198	3	12,348	11,523	11,699	649	242	250,597
東　　北 (8)	x	x	x	x	x	x	x	x	x	x
関東・東山 (9)	1,220	2,168	290	−	16,088	14,841	15,887	201	−	264,177
東　　海 (10)	578	1,376	432	−	22,991	22,138	21,843	1,148	−	174,293
中　　国 (11)	x	x	x	x	x	x	x	x	x	x
四　　国 (12)	x	x	x	x	x	x	x	x	x	x
九　　州 (13)	1,129	822	403	−	11,525	10,182	11,100	425	117	251,392

単位：円

その他の諸材料費	獣医師料及び医薬品費	賃借料及び料金	物件税及び公課諸負担	建物費 小計	購入	償却	自動車費 小計	購入	償却	農機具費 小計	
(11)	(12)	(13)	(14)	(15)	(16)	(17)	(18)	(19)	(20)	(21)	
17	6,303	829	927	1,278	692	586	506	412	94	1,991	(1)
497	7,762	544	2,453	3,091	1,867	1,224	3,190	3,084	106	4,091	(2)
24	3,273	281	1,056	1,877	780	1,097	1,438	1,098	340	2,047	(3)
72	4,359	1,667	776	3,578	3,296	282	885	621	264	2,351	(4)
66	5,276	677	1,128	3,224	1,766	1,458	896	666	230	2,551	(5)
10	6,557	770	930	1,027	438	589	435	364	71	1,944	(6)
29	6,456	923	1,010	1,212	556	656	436	350	86	2,010	(7)
x	x	x	x	x	x	x	x	x	x	x	(8)
27	4,125	962	973	3,046	775	2,271	1,926	1,325	601	3,388	(9)
38	6,053	1,017	637	2,040	1,457	583	845	845	−	1,954	(10)
x	x	x	x	x	x	x	x	x	x	x	(11)
x	x	x	x	x	x	x	x	x	x	x	(12)
3	3,266	376	768	3,715	2,985	730	826	442	384	1,951	(13)

費用合計 購入	自給	償却	副産物価額	生産費（副産物価額差引）	支払利子	支払地代	支払利子・地代算入生産費	自己資本利子	自作地地代	資本利子・地代全額算入生産費（全算入生産費）	
(32)	(33)	(34)	(35)	(36)	(37)	(38)	(39)	(40)	(41)	(42)	
233,222	12,189	1,811	3,938	243,284	575	166	244,025	1,015	329	245,369	(1)
201,535	33,881	2,665	2,826	235,255	1,229	155	236,639	889	267	237,795	(2)
230,047	19,303	2,642	2,438	249,554	373	100	250,027	2,035	742	252,804	(3)
218,669	13,834	1,738	752	233,489	776	41	234,306	593	508	235,407	(4)
220,305	20,416	2,536	5,364	237,893	473	192	238,558	1,501	1,347	241,406	(5)
234,891	11,692	1,787	4,248	244,122	560	179	244,861	1,024	291	246,176	(6)
234,145	14,996	1,456	5,257	245,340	569	159	246,068	953	691	247,712	(7)
x	x	x	x	x	x	x	x	x	x	x	(8)
244,296	14,841	5,040	2,676	261,501	249	−	261,750	2,353	314	264,417	(9)
150,196	22,138	1,959	970	173,323	138	−	173,461	741	432	174,634	(10)
x	x	x	x	x	x	x	x	x	x	x	(11)
x	x	x	x	x	x	x	x	x	x	x	(12)
236,062	13,394	1,936	758	250,634	1,689	67	252,390	403	237	253,030	(13)

3　乳用雄育成牛生産費（続き）
(5)　流通飼料の使用数量と価額（乳用雄育成牛1頭当たり）

区分	平均 数量	平均 価額	5～20頭未満 数量	5～20頭未満 価額	20～50 数量	20～50 価額
	(1)	(2)	(3)	(4)	(5)	(6)
	kg	円	kg	円	kg	円
流 通 飼 料 費 合 計 (1)	…	61,674	…	73,434	…	75,646
購 入 飼 料 費 計 (2)	…	61,655	…	73,434	…	75,644
穀　類						
小 計 (3)	…	16	…	－	…	770
大 麦 (4)	－	－	－	－	－	－
そ の 他 の 麦 (5)	－	－	－	－	－	－
と う も ろ こ し (6)	0.4	16	－	－	19.4	770
大 豆 (7)	－	－	－	－	－	－
飼 料 用 米 (8)	－	－	－	－	－	－
そ の 他 (9)	…	－	…	－	…	－
ぬ か ・ ふ す ま 類						
小 計 (10)	…	69	…	－	…	284
ふ す ま (11)	0.2	6	－	－	6.7	246
米 ・ 麦 ぬ か (12)	0.7	63	－	－	1.3	38
そ の 他 (13)	…	－	…	－	…	－
植 物 性 か す 類						
小 計 (14)	…	150	…	131	…	130
大 豆 油 か す (15)	0.1	4	－	－	2.4	128
ビ ー ト パ ル プ (16)	－	－	－	－	－	－
そ の 他 (17)	…	146	…	131	…	2
配 合 飼 料 (18)	842.7	47,548	849.9	51,800	1,071.6	62,142
T M R (19)	0.0	7	7.8	2,144	－	－
牛 乳 ・ 脱 脂 乳 (20)	19.5	7,994	11.9	4,565	47.1	6,450
い も 類 及 び 野 菜 類 (21)	－	－	－	－	－	－
わ ら 類						
小 計 (22)	…	39	…	697	…	30
稲 わ ら (23)	1.4	37	17.5	283	1.6	30
そ の 他 (24)	…	2	…	414	…	－
生 牧 草 (25)	0.0	0	0.1	10	－	－
乾 牧 草						
小 計 (26)	…	2,134	…	12,058	…	5,573
ヘ イ キ ュ ー ブ (27)	0.0	0	－	－	－	－
そ の 他 (28)	…	2,134	…	12,058	…	5,573
サ イ レ ー ジ						
小 計 (29)	…	46	…	－	…	－
い ね 科 (30)	2.9	44	－	－	－	－
うち 稲発酵粗飼料 (31)	0.0	1	－	－	－	－
そ の 他 (32)	…	2	…	－	…	－
そ の 他 (33)	…	3,652	…	2,029	…	265
自 給 飼 料 費 計 (34)	…	19	…	－	…	2
稲 わ ら (35)	1.9	19	－	－	0.2	2
そ の 他 (36)	…	－	…	－	…	－

50 ～ 100		100 ～ 200		200 頭 以 上		
数 量	価 額	数 量	価 額	数 量	価 額	
(7)	(8)	(9)	(10)	(11)	(12)	
kg	円	kg	円	kg	円	
…	59,302	…	69,506	…	61,424	(1)
…	59,070	…	69,506	…	61,424	(2)
…	－	…	－	…	－	(3)
－	－	－	－	－	－	(4)
－	－	－	－	－	－	(5)
－	－	－	－	－	－	(6)
－	－	－	－	－	－	(7)
－	－	－	－	－	－	(8)
…	－	…	－	…	－	(9)
…	－	…	136	…	70	(10)
－	－	3.1	104	－	－	(11)
－	－	1.9	32	0.7	70	(12)
…	－	…	－	…	－	(13)
…	－	…	317	…	162	(14)
－	－	4.8	138	－	－	(15)
－	－	－	－	－	－	(16)
…	－	…	179	…	162	(17)
854.1	50,576	998.1	60,595	834.4	46,756	(18)
－	－	－	－	－	－	(19)
7.7	2,853	15.1	6,067	19.9	8,531	(20)
－	－	－	－	－	－	(21)
…	440	…	52	…	－	(22)
17.0	440	－	－	－	－	(23)
…	－	…	52	…	－	(24)
－	－	－	－	－	－	(25)
…	3,914	…	950	…	1,872	(26)
－	－	0.4	23	－	－	(27)
…	3,914	…	927	…	1,872	(28)
…	－	…	451	…	48	(29)
－	－	7.2	451	3.2	45	(30)
－	－	2.2	120	－	－	(31)
…	－	…	－	…	3	(32)
…	1,287	…	938	…	3,985	(33)
…	232	…	－	…	－	(34)
23.2	232	－	－	－	－	(35)
…	－	…	－	…	－	(36)

4 交雑種育成牛生産費

4 交雑種育成牛生産費
(1) 経営の概況（1経営体当たり）

区　　　　　　　分	集　計 経営体数	世　　帯　　員			農　業　就　業　者		
		計	男	女	計	男	女
	(1) 経営体	(2) 人	(3) 人	(4) 人	(5) 人	(6) 人	(7) 人
全　　　　　　　　国　(1)	47	4.0	1.9	2.1	2.4	1.4	1.0
飼　養　頭　数　規　模　別							
5　〜　　20頭未満　(2)	10	4.3	1.9	2.4	2.6	1.3	1.3
20　〜　　50　(3)	14	3.1	1.8	1.3	2.0	1.4	0.6
50　〜　100　(4)	9	3.8	1.9	1.9	1.8	1.4	0.4
100　〜　200　(5)	9	4.4	2.3	2.1	2.6	1.7	0.9
200頭以上　(6)	5	4.1	1.8	2.3	2.5	1.4	1.1
全　国　農　業　地　域　別							
北　　海　　道　(7)	9	4.2	2.1	2.1	2.4	1.7	0.7
東　　　　北　(8)	7	3.9	2.0	1.9	2.2	1.3	0.9
関　東　・　東　山　(9)	12	4.1	1.8	2.3	2.4	1.3	1.1
東　　　　海　(10)	3	2.6	1.3	1.3	2.3	1.3	1.0
四　　　　国　(11)	2	x	x	x	x	x	x
九　　　　州　(12)	14	4.0	2.2	1.8	2.0	1.4	0.6

区　　　　　　　分	畜舎の面積及び自動車・農機具の使用台数（10経営体当たり）				飼　養　月 平　　均 頭　　数	もと牛の概要（もと牛1頭当たり）	
	畜舎面積 （1経営体 当たり）	カッター	貨　物 自動車	トラクター （耕うん機 を含む。）		月　　齢	評価額
	(17) ㎡	(18) 台	(19) 台	(20) 台	(21) 頭	(22) 月	(23) 円
全　　　　　　　　国　(1)	2,023.4	1.7	35.1	16.2	146.8	1.2	257,005
飼　養　頭　数　規　模　別							
5　〜　　20頭未満　(2)	642.3	2.0	28.0	13.0	13.2	1.9	274,453
20　〜　　50　(3)	1,265.9	4.3	27.9	6.4	34.9	1.7	289,719
50　〜　100　(4)	1,536.0	3.3	34.4	16.7	71.9	1.5	274,049
100　〜　200　(5)	1,934.7	2.2	40.0	21.1	147.5	1.5	274,501
200頭以上　(6)	3,137.1	－	40.0	20.0	272.6	1.1	250,453
全　国　農　業　地　域　別							
北　　海　　道　(7)	2,239.3	2.2	30.0	32.2	147.2	1.0	238,000
東　　　　北　(8)	1,090.6	－	34.3	11.4	71.3	1.1	196,556
関　東　・　東　山　(9)	1,491.8	3.3	31.7	10.8	73.3	1.9	299,771
東　　　　海　(10)	485.7	－	30.0	6.7	27.5	2.0	246,091
四　　　　国　(11)	x	x	x	x	x	x	x
九　　　　州　(12)	1,618.9	5.0	32.1	10.0	65.2	1.6	306,962

	経		営	土		地			
計	耕		地		畜 産 用 地				
	小 計	田	畑	牧草地	小 計	畜舎等	放牧地	採草地	
(8)	(9)	(10)	(11)	(12)	(13)	(14)	(15)	(16)	
a	a	a	a	a	a	a	a	a	
1,767	1,663	144	850	669	104	82	–	22	(1)
1,276	1,119	103	263	753	157	45	–	112	(2)
372	310	155	98	57	62	62	–	–	(3)
241	209	49	122	38	32	32	–	–	(4)
1,034	941	121	103	717	93	93	–	–	(5)
3,125	3,010	187	1,834	989	115	115	–	–	(6)
3,713	3,439	152	1,326	1,961	274	150	–	124	(7)
512	427	185	69	173	85	85	–	–	(8)
224	168	22	61	85	56	56	–	–	(9)
76	62	15	47	–	14	14	–	–	(10)
x	x	x	x	x	x	x	x	x	(11)
271	246	83	143	20	25	25	–	–	(12)

生	産		物	（1 頭 当 た り）				
主	産	物			副 産 物			
販売頭数（1経営体当たり）	月 齢	生体重	価 格	育成期間	きゅう肥		価 額（利用分）	その他
					数 量	利用量		
(24)	(25)	(26)	(27)	(28)	(29)	(30)	(31)	(32)
頭	月	kg	円	月	kg	kg	円	円
253.1	8.0	289.2	411,349	6.8	1,821	1,325	4,509	109	(1)
24.6	8.0	298.5	400,414	6.1	1,892	1,299	5,470	–	(2)
66.7	7.6	283.3	415,070	6.0	2,007	1,067	2,117	104	(3)
137.9	7.7	268.9	401,743	6.2	1,932	836	1,640	–	(4)
250.2	8.4	314.5	423,740	6.8	2,176	1,613	4,874	677	(5)
464.8	8.0	286.2	409,882	6.9	1,741	1,322	4,739	20	(6)
227.0	8.5	316.7	409,422	7.5	2,414	2,090	8,389	817	(7)
112.1	8.1	286.2	378,013	7.0	2,210	584	1,153	0	(8)
153.5	7.5	269.1	402,588	5.7	1,326	777	2,229	–	(9)
47.0	8.2	292.4	415,101	6.2	1,905	1,572	2,077	–	(10)
x	x	x	x	x	x	x	x	x	(11)
122.6	7.7	287.3	433,751	6.1	1,891	1,062	1,944	–	(12)

4 交雑種育成牛生産費（続き）
(2) 作業別労働時間（交雑種育成牛1頭当たり）

区　　　　　　分	計	男	女	家　族			雇
				小　計	男	女	小　計
	(1)	(2)	(3)	(4)	(5)	(6)	(7)
全　　　　　国 (1)	9.06	6.47	2.59	7.02	4.62	2.40	2.04
飼養頭数規模別							
5　〜　20頭未満 (2)	23.45	16.16	7.29	22.69	15.42	7.27	0.76
20　〜　50 (3)	13.63	10.64	2.99	12.88	9.96	2.92	0.75
50　〜　100 (4)	12.94	10.67	2.27	9.80	8.58	1.22	3.14
100　〜　200 (5)	10.69	8.53	2.16	9.15	6.99	2.16	1.54
200頭以上 (6)	7.91	5.38	2.53	5.72	3.37	2.35	2.19
全国農業地域別							
北　海　道 (7)	9.11	7.74	1.37	7.48	6.14	1.34	1.63
東　　　北 (8)	15.68	9.33	6.35	14.75	8.40	6.35	0.93
関東・東山 (9)	9.56	7.23	2.33	8.57	6.24	2.33	0.99
東　　　海 (10)	17.73	15.10	2.63	15.67	13.04	2.63	2.06
四　　　国 (11)	x	x	x	x	x	x	x
九　　　州 (12)	11.90	8.74	3.16	10.51	8.11	2.40	1.39

(3) 収益性
ア 交雑種育成牛1頭当たり

区　　　　　　分	粗　　収　　益			生　　産　　費　　用			所　得
	計	主産物	副産物	生産費総額	生産費総額から家族労働費、自己資本利子、自作地地代を控除した額	生産費総額から家族労働費を控除した額	
	(1)	(2)	(3)	(4)	(5)	(6)	(7)
全　　　　　国 (1)	415,967	411,349	4,618	382,624	367,236	370,279	48,731
飼養頭数規模別							
5　〜　20頭未満 (2)	405,884	400,414	5,470	441,937	401,102	404,621	4,782
20　〜　50 (3)	417,291	415,070	2,221	416,641	392,333	396,431	24,958
50　〜　100 (4)	403,383	401,743	1,640	398,617	380,580	382,719	22,803
100　〜　200 (5)	429,291	423,740	5,551	407,129	388,054	391,077	41,237
200頭以上 (6)	414,641	409,882	4,759	373,871	360,461	363,493	54,180
全国農業地域別							
北　海　道 (7)	418,628	409,422	9,206	385,418	367,695	371,586	50,933
東　　　北 (8)	379,166	378,013	1,153	346,442	317,434	323,944	61,732
関東・東山 (9)	404,817	402,588	2,229	400,894	383,672	385,266	21,145
東　　　海 (10)	417,178	415,101	2,077	380,075	348,145	351,108	69,033
四　　　国 (11)	x	x	x	x	x	x	x
九　　　州 (12)	435,695	433,751	1,944	430,185	411,649	413,914	24,046

単位：時間

内　　　訳		直　接　労　働　時　間				間　接　労　働　時　間		
用			飼　育　労　働　時　間					
男	女	小　計	飼料の調理・給与・給水	敷料の搬入・きゅう肥の搬出	その他		自給牧草に係る労働時間	
(8)	(9)	(10)	(11)	(12)	(13)	(14)	(15)	
1.85	0.19	8.76	5.93	1.46	1.37	0.30	0.09	(1)
0.74	0.02	21.49	15.11	3.90	2.48	1.96	0.72	(2)
0.68	0.07	12.93	9.72	1.37	1.84	0.70	0.16	(3)
2.09	1.05	12.32	8.26	1.68	2.38	0.62	0.24	(4)
1.54	−	10.21	5.76	2.50	1.95	0.48	0.21	(5)
2.01	0.18	7.73	5.37	1.21	1.15	0.18	0.04	(6)
1.60	0.03	8.61	5.34	2.08	1.19	0.50	0.25	(7)
0.93	−	15.15	10.74	2.56	1.85	0.53	0.22	(8)
0.99	0.00	9.30	5.65	1.63	2.02	0.26	0.06	(9)
2.06	−	17.12	12.43	1.86	2.83	0.61	−	(10)
x	x	x	x	x	x	x	x	(11)
0.63	0.76	11.26	7.67	1.53	2.06	0.64	0.22	(12)

イ　1日当たり

単位：円		単位：円	
家　族　労　働　報　酬	所　　得	家　族　労　働　報　酬	
(8)	(1)	(2)	
45,688	55,534	52,066	(1)
1,263	1,686	445	(2)
20,860	15,502	12,957	(3)
20,664	18,615	16,869	(4)
38,214	36,054	33,411	(5)
51,148	75,776	71,536	(6)
47,042	54,474	50,312	(7)
55,222	33,482	29,951	(8)
19,551	19,739	18,251	(9)
66,070	35,243	33,731	(10)
x	x	x	(11)
21,781	18,303	16,579	(12)

4 交雑種育成牛生産費（続き）
(4) 生産費（交雑種育成牛1頭当たり）

区分	物 計 (1)	もと畜費 (2)	飼料費 小計 (3)	流通飼料費 (4)	購入 (5)	牧草・放牧・採草費 (6)	敷料費 (7)	購入 (8)	光熱水料及び動力費 (9)	購入 (10)
全　　　　国 (1)	363,829	262,548	77,021	75,240	75,125	1,781	5,564	5,401	3,611	3,611
飼養頭数規模別										
5　～　20頭未満 (2)	398,832	285,610	88,338	82,167	82,167	6,171	2,417	2,060	4,730	4,730
20　～　50 (3)	389,948	297,164	72,214	71,448	71,443	766	3,399	3,258	3,049	3,049
50　～　100 (4)	375,536	282,882	74,266	72,583	72,558	1,683	3,476	3,442	3,128	3,128
100　～　200 (5)	384,505	286,081	72,625	67,774	67,761	4,851	4,709	4,687	3,428	3,428
200頭以上 (6)	357,096	254,602	77,935	76,740	76,593	1,195	6,050	5,858	3,676	3,676
全国農業地域別										
北　海　道 (7)	364,249	250,465	82,386	75,904	75,904	6,482	7,489	7,203	3,870	3,870
東　　北 (8)	315,437	207,322	88,593	87,745	87,745	848	1,595	1,563	2,736	2,736
関東・東山 (9)	382,348	304,003	62,506	61,750	61,731	756	2,877	2,860	2,772	2,772
東　　海 (10)	344,300	246,091	71,698	71,698	71,698	－	4,572	4,572	2,666	2,666
四　　国 (11)	x	x	x	x	x	x	x	x	x	x
九　　州 (12)	407,390	313,044	73,802	72,215	72,198	1,587	3,115	3,115	3,344	3,344

区分	物財費（続き）農機具費（続き） 購入 (22)	償却 (23)	生産管理費 (24)	償却 (25)	労働費 計 (26)	家族 (27)	直接労働費 (28)	間接労働費 (29)	自給牧草に係る労働費 (30)	費 計 (31)
全　　　　国 (1)	1,262	1,059	217	7	14,929	12,345	14,426	503	154	378,758
飼養頭数規模別										
5　～　20頭未満 (2)	1,444	1,232	653	61	38,620	37,316	35,479	3,141	1,170	437,452
20　～　50 (3)	839	1,632	252	－	21,351	20,210	20,265	1,086	187	411,299
50　～　100 (4)	993	595	250	－	19,522	15,898	18,561	961	325	395,058
100　～　200 (5)	1,757	774	342	42	18,282	16,052	17,466	816	380	402,787
200頭以上 (6)	1,212	1,102	179	－	13,072	10,378	12,753	319	75	370,168
全国農業地域別										
北　海　道 (7)	2,844	1,220	122	－	16,096	13,832	15,192	904	480	380,345
東　　北 (8)	556	1,366	210	－	24,094	22,498	23,332	762	266	339,531
関東・東山 (9)	702	208	433	－	16,697	15,628	16,240	457	90	399,045
東　　海 (10)	2,294	1,858	907	－	31,789	28,967	30,717	1,072	－	376,089
四　　国 (11)	x	x	x	x	x	x	x	x	x	x
九　　州 (12)	647	1,295	231	63	18,003	16,271	17,023	980	314	425,393

単位：円

その他の諸材料費	獣医師料及び医薬品費	賃借料及び料金	物件税及び公課諸負担	建物費 小計	建物費 購入	建物費 償却	自動車費 小計	自動車費 購入	自動車費 償却	農機具費 小計	
(11)	(12)	(13)	(14)	(15)	(16)	(17)	(18)	(19)	(20)	(21)	
229	6,086	758	1,437	2,938	877	2,061	1,099	660	439	2,321	(1)
48	5,192	1,972	2,114	2,484	1,443	1,041	2,598	1,632	966	2,676	(2)
141	4,030	342	1,192	3,027	689	2,338	2,667	764	1,903	2,471	(3)
64	4,379	584	1,073	2,489	990	1,499	1,357	647	710	1,588	(4)
79	7,007	598	1,555	4,125	1,972	2,153	1,425	747	678	2,531	(5)
276	6,174	788	1,436	2,768	676	2,092	898	614	284	2,314	(6)
83	6,952	1,095	1,793	5,137	2,400	2,737	793	489	304	4,064	(7)
488	4,192	844	751	3,074	327	2,747	3,710	768	2,942	1,922	(8)
168	4,163	606	1,093	1,680	631	1,049	1,137	449	688	910	(9)
48	4,751	455	1,914	6,098	995	5,103	948	966	△ 18	4,152	(10)
x	x	x	x	x	x	x	x	x	x	x	(11)
58	6,090	265	1,102	2,565	912	1,653	1,832	995	837	1,942	(12)

用合計 購入	用合計 自給	用合計 償却	副産物価額	生産費（副産物価額差引）	支払利子	支払地代	支払利子・地代算入生産費	自己資本利子	自作地地代	資本利子・地代全額算入生産費（全算入生産費）	
(32)	(33)	(34)	(35)	(36)	(37)	(38)	(39)	(40)	(41)	(42)	
358,472	16,720	3,566	4,618	374,140	709	114	374,963	2,438	605	378,006	(1)
273,469	160,683	3,300	5,470	431,982	410	556	432,948	2,485	1,034	436,467	(2)
384,304	21,122	5,873	2,221	409,078	1,141	103	410,322	2,435	1,663	414,420	(3)
374,614	17,640	2,804	1,640	393,418	1,388	32	394,838	1,484	655	396,977	(4)
378,202	20,938	3,647	5,551	397,236	1,098	221	398,555	2,347	676	401,578	(5)
354,778	11,912	3,478	4,759	365,409	581	90	366,080	2,514	518	369,112	(6)
351,294	24,790	4,261	9,206	371,139	969	213	372,321	2,750	1,141	376,212	(7)
309,098	23,378	7,055	1,153	338,378	371	30	338,779	4,536	1,974	345,289	(8)
376,570	20,530	1,945	2,229	396,816	225	30	397,071	1,328	266	398,665	(9)
267,262	101,884	6,943	2,077	374,012	1,023	−	375,035	2,539	424	377,998	(10)
x	x	x	x	x	x	x	x	x	x	x	(11)
402,311	19,234	3,848	1,944	423,449	2,255	272	425,976	1,718	547	428,241	(12)

4 交雑種育成牛生産費（続き）
（5） 流通飼料の使用数量と価額（交雑種育成牛1頭当たり）

区 分	平 均 数 量	平 均 価 額	5 ～ 20 頭 未 満 数 量	5 ～ 20 頭 未 満 価 額	20 ～ 50 数 量	20 ～ 50 価 額
	(1) kg	(2) 円	(3) kg	(4) 円	(5) kg	(6) 円
流 通 飼 料 費 合 計 (1)	…	75,240	…	82,167	…	71,448
購 入 飼 料 費 計 (2)	…	75,125	…	82,167	…	71,443
穀 類						
小 計 (3)	…	184	…	－	…	4,316
大 麦 (4)	3.0	183	－	－	70.9	4,301
そ の 他 の 麦 (5)	－	－	－	－	－	－
と う も ろ こ し (6)	－	－	－	－	－	－
大 豆 (7)	0.0	1	－	－	0.2	15
飼 料 用 米 (8)	－	－	－	－	－	－
そ の 他 (9)	…	－	…	－	…	－
ぬ か ・ ふ す ま 類						
小 計 (10)	…	－	…	－	…	－
ふ す ま (11)	－	－	－	－	－	－
米 ・ 麦 ぬ か (12)	－	－	－	－	－	－
そ の 他 (13)	…	－	…	－	…	－
植 物 性 か す 類						
小 計 (14)	…	261	…	1,121	…	828
大 豆 油 か す (15)	3.2	182	－	－	－	－
ビ ー ト パ ル プ (16)	0.8	48	23.2	1,121	3.5	243
そ の 他 (17)	…	31	…	－	…	585
配 合 飼 料 (18)	973.0	53,679	998.1	59,506	793.9	47,911
T M R (19)	0.2	10	－	－	0.1	43
牛 乳 ・ 脱 脂 乳 (20)	26.1	10,011	8.8	3,789	22.8	5,499
い も 類 及 び 野 菜 類 (21)	－	－	－	－	－	－
わ ら 類						
小 計 (22)	…	601	…	5,390	…	1,456
稲 わ ら (23)	13.4	496	9.3	104	53.7	1,456
そ の 他 (24)	…	105	…	5,286	…	－
生 牧 草 (25)	－	－	－	－	－	－
乾 牧 草						
小 計 (26)	…	4,962	…	10,269	…	9,972
ヘ イ キ ュ ー ブ (27)	1.6	146	17.1	1,490	3.9	301
そ の 他 (28)	…	4,816	…	8,779	…	9,671
サ イ レ ー ジ						
小 計 (29)	…	2,151	…	689	…	309
い ね 科 (30)	12.3	309	18.4	689	23.5	309
う ち 稲発酵粗飼料 (31)	5.8	87	18.4	689	23.5	309
そ の 他 (32)	…	1,842	…	－	…	－
そ の 他 (33)	…	3,266	…	1,403	…	1,109
自 給 飼 料 費 計 (34)	…	115	…	－	…	5
稲 わ ら (35)	11.3	115	－	－	0.3	5
そ の 他 (36)	…	－	…	－	…	－

50 ～ 100		100 ～ 200		200 頭 以 上		
数 量	価 額	数 量	価 額	数 量	価 額	
(7)	(8)	(9)	(10)	(11)	(12)	
kg	円	kg	円	kg	円	
…	72,583	…	67,774	…	76,740	(1)
…	72,558	…	67,761	…	76,593	(2)
…	–	…	–	…	–	(3)
–	–	–	–	–	–	(4)
–	–	–	–	–	–	(5)
–	–	–	–	–	–	(6)
–	–	–	–	–	–	(7)
–	–	–	–	–	–	(8)
…	–	…	–	…	–	(9)
…	–	…	–	…	–	(10)
–	–	–	–	–	–	(11)
–	–	–	–	–	–	(12)
…	–	…	–	…	–	(13)
…	555	…	136	…	211	(14)
2.0	217	0.9	92	4.0	211	(15)
4.5	327	–	–	–	–	(16)
…	11	…	44	…	–	(17)
889.5	53,174	963.2	48,926	989.4	54,711	(18)
0.4	26	1.2	54	–	–	(19)
15.8	6,657	25.6	8,926	27.4	10,830	(20)
–	–	–	–	–	–	(21)
…	248	…	40	…	547	(22)
9.2	248	0.9	40	13.7	547	(23)
…	–	…	–	…	–	(24)
–	–	–	–	–	–	(25)
…	8,196	…	7,368	…	3,915	(26)
2.5	144	7.3	730	–	–	(27)
…	8,052	…	6,638	…	3,915	(28)
…	1,170	…	500	…	2,643	(29)
77.8	1,011	10.5	500	7.7	221	(30)
77.8	1,011	5.4	87	–	–	(31)
…	159	…	–	…	2,422	(32)
…	2,532	…	1,811	…	3,736	(33)
…	25	…	13	…	147	(34)
1.4	25	0.6	13	14.7	147	(35)
…	–	…	–	…	–	(36)

5 去勢若齢肥育牛生産費

5 去勢若齢肥育牛生産費
(1) 経営の概況（1経営体当たり）

区　　　　　　　分	集　計 経営体数	世　　帯　　員			農　業　就　業　者		
		計	男	女	計	男	女
	(1)	(2)	(3)	(4)	(5)	(6)	(7)
	経営体	人	人	人	人	人	人
全　　　　　　国 (1)	287	3.7	1.9	1.8	2.1	1.3	0.8
飼 養 頭 数 規 模 別							
1 ～ 10頭未満 (2)	49	3.3	1.6	1.7	1.7	1.1	0.6
10 ～ 20 (3)	49	3.5	1.7	1.8	1.7	1.1	0.6
20 ～ 30 (4)	36	3.8	1.9	1.9	1.9	1.2	0.7
30 ～ 50 (5)	38	4.1	2.1	2.0	1.8	1.2	0.6
50 ～ 100 (6)	50	4.0	2.0	2.0	2.3	1.5	0.8
100 ～ 200 (7)	43	4.5	2.4	2.1	2.7	1.6	1.1
200 ～ 500 (8)	21	3.6	2.0	1.6	2.4	1.5	0.9
500頭以上 (9)	1	x	x	x	x	x	x
全 国 農 業 地 域 別							
北　　海　　道 (10)	15	4.4	2.3	2.1	3.0	1.7	1.3
東　　　　北 (11)	81	4.5	2.3	2.2	2.0	1.3	0.7
北　　　　陸 (12)	5	4.2	2.2	2.0	1.6	1.2	0.4
関 東 ・ 東 山 (13)	42	3.9	2.0	1.9	2.1	1.4	0.7
東　　　　海 (14)	18	3.3	1.9	1.4	2.0	1.4	0.6
近　　　　畿 (15)	12	3.3	1.8	1.5	2.0	1.3	0.7
中　　　　国 (16)	10	3.0	1.5	1.5	2.0	1.2	0.8
四　　　　国 (17)	8	3.1	1.5	1.6	1.4	0.9	0.5
九　　　　州 (18)	96	3.7	1.8	1.9	2.1	1.2	0.9

区　　　　　　　分	畜舎の面積及び自動車・農機具の使用台数(10経営体当たり)				飼 養 月 平　　均 頭　　数	もと牛の概要（もと牛1頭当たり）	
	畜舎面積 〔1経営体 当たり〕	カッター	貨物 自動車	トラクター 〔耕うん機 を含む。〕		月　齢	評価額
	(17)	(18)	(19)	(20)	(21)	(22)	(23)
	㎡	台	台	台	頭	月	円
全　　　　　　国 (1)	1,135.2	4.0	26.2	10.6	72.0	9.2	824,223
飼 養 頭 数 規 模 別							
1 ～ 10頭未満 (2)	438.3	3.7	20.2	8.0	5.3	9.3	784,511
10 ～ 20 (3)	802.9	1.2	21.8	13.3	14.0	9.5	755,528
20 ～ 30 (4)	756.6	1.7	25.1	8.0	24.3	9.4	800,046
30 ～ 50 (5)	617.4	4.5	25.5	13.9	38.9	9.2	818,492
50 ～ 100 (6)	1,335.7	3.0	27.3	11.0	69.2	9.2	848,142
100 ～ 200 (7)	1,610.5	6.9	36.4	12.0	132.5	9.1	835,506
200 ～ 500 (8)	2,469.2	6.1	32.6	10.6	257.9	9.2	817,156
500頭以上 (9)	x	x	x	x	x	x	x
全 国 農 業 地 域 別							
北　　海　　道 (10)	957.7	3.3	27.3	35.3	36.5	10.0	751,027
東　　　　北 (11)	972.9	2.1	24.6	13.5	44.4	9.5	864,516
北　　　　陸 (12)	656.0	－	20.0	6.0	38.0	9.3	815,265
関 東 ・ 東 山 (13)	807.4	2.1	29.3	11.4	71.9	9.5	784,965
東　　　　海 (14)	1,458.1	1.7	22.8	2.2	76.3	9.3	803,182
近　　　　畿 (15)	1,223.1	0.8	25.0	11.7	74.6	8.7	894,803
中　　　　国 (16)	781.1	4.0	30.0	8.0	34.2	8.6	722,667
四　　　　国 (17)	1,481.9	7.5	32.5	6.3	52.6	8.8	777,466
九　　　　州 (18)	1,631.6	6.5	28.5	9.1	88.7	9.0	860,482

	経		営		土		地		
計		耕		地	畜	産	用	地	
	小 計	田	畑	牧草地	小 計	畜舎等	放牧地	採草地	
(8)	(9)	(10)	(11)	(12)	(13)	(14)	(15)	(16)	
a	a	a	a	a	a	a	a	a	
555	486	309	75	102	69	44	25	–	(1)
536	502	335	56	111	34	23	11	–	(2)
691	554	315	51	188	137	52	85	–	(3)
543	496	265	141	90	47	25	22	–	(4)
620	539	375	107	57	81	29	52	–	(5)
676	626	347	68	211	50	50	–	–	(6)
427	379	263	105	11	48	48	–	–	(7)
433	292	203	56	33	141	95	46	–	(8)
x	x	x	x	x	x	x	x	x	(9)
4,014	3,288	735	757	1,796	726	75	651	–	(10)
610	559	468	63	28	51	51	–	–	(11)
843	824	802	12	10	19	19	–	–	(12)
511	460	290	129	41	51	30	21	–	(13)
124	91	64	27	–	33	33	–	–	(14)
343	299	275	24	–	44	44	–	–	(15)
266	218	166	45	7	48	48	–	–	(16)
223	158	86	72	–	65	65	–	–	(17)
298	261	162	49	50	37	37	–	–	(18)

	生	産		物	（1 頭 当 た り）			
販売頭数 [1経営体 当たり]	主	産	物		副	産	物	
	月 齢	生体重	価 格	肥育期間	き ゅ う	肥	価 額 (利用分)	その他
					数 量	利用量		
(24)	(25)	(26)	(27)	(28)	(29)	(30)	(31)	(32)
頭	月	kg	円	月	kg	kg	円	円
42.4	29.4	794.0	1,331,679	20.2	16,340	5,708	8,355	2,008	(1)
3.4	29.6	770.8	1,192,892	20.3	16,242	8,312	20,957	3,799	(2)
9.2	28.6	786.8	1,224,904	19.1	15,114	9,606	17,721	547	(3)
14.9	29.5	789.6	1,226,813	20.1	15,941	8,469	22,337	–	(4)
22.2	29.7	788.4	1,300,080	20.4	15,866	7,364	12,582	4,934	(5)
40.1	29.5	801.2	1,311,213	20.3	15,368	8,517	17,364	2,935	(6)
81.4	29.1	793.7	1,306,663	20.0	20,047	9,385	8,735	962	(7)
151.5	29.3	793.8	1,372,732	20.1	14,688	2,241	3,222	2,022	(8)
x	x	x	x	x	x	x	x	x	(9)
23.4	28.0	780.7	1,177,155	18.0	11,891	11,728	35,037	–	(10)
25.3	30.3	832.0	1,293,877	20.8	15,842	8,888	15,627	2,091	(11)
20.0	30.4	808.1	1,349,943	21.1	16,474	2,242	3,608	–	(12)
41.8	30.0	819.2	1,277,813	20.4	24,409	13,965	10,307	104	(13)
44.4	29.1	766.2	1,412,657	19.8	15,781	3,386	1,821	1,065	(14)
43.7	29.9	711.3	1,430,427	21.2	16,625	11,951	22,257	763	(15)
24.5	28.1	764.6	1,222,114	19.6	15,285	12,034	16,417	–	(16)
31.8	28.8	775.9	1,392,636	19.9	16,206	3,900	4,549	8,213	(17)
52.5	29.3	800.0	1,346,882	20.3	15,858	4,332	7,750	2,549	(18)

5　去勢若齢肥育牛生産費（続き）
(2)　作業別労働時間（去勢若齢肥育牛1頭当たり）

区　　分	計	男	女	家　族　・　雇　用			
				家　　族			雇
				小　計	男	女	小　計
	(1)	(2)	(3)	(4)	(5)	(6)	(7)
全　　　　国 (1)	50.00	37.83	12.17	43.18	32.55	10.63	6.82
飼養頭数規模別							
1 〜 10頭未満 (2)	112.38	80.60	31.78	104.49	76.62	27.87	7.89
10 〜 20 (3)	78.69	67.38	11.31	75.11	63.97	11.14	3.58
20 〜 30 (4)	78.71	62.67	16.04	74.60	59.05	15.55	4.11
30 〜 50 (5)	72.96	58.56	14.40	67.21	53.06	14.15	5.75
50 〜 100 (6)	57.54	45.48	12.06	53.89	43.18	10.71	3.65
100 〜 200 (7)	48.87	37.53	11.34	42.35	33.18	9.17	6.52
200 〜 500 (8)	39.82	28.48	11.34	31.35	21.46	9.89	8.47
500頭以上 (9)	x	x	x	x	x	x	x
全国農業地域別							
北　海　道 (10)	49.17	36.93	12.24	46.22	34.32	11.90	2.95
東　　北 (11)	57.05	45.30	11.75	53.33	41.65	11.68	3.72
北　　陸 (12)	121.25	101.00	20.25	118.61	98.36	20.25	2.64
関東・東山 (13)	50.19	37.36	12.83	46.39	34.68	11.71	3.80
東　　海 (14)	46.83	41.86	4.97	37.08	35.15	1.93	9.75
近　　畿 (15)	44.73	36.36	8.37	34.72	28.69	6.03	10.01
中　　国 (16)	79.34	60.95	18.39	76.15	58.13	18.02	3.19
四　　国 (17)	44.65	35.74	8.91	36.41	27.50	8.91	8.24
九　　州 (18)	57.14	42.65	14.49	47.52	35.50	12.02	9.62

(3)　収益性
ア　去勢若齢肥育牛1頭当たり

区　　分	粗　収　益			生　産　費　用			所　得
	計	主産物	副産物	生産費総額	生産費総額から家族労働費、自己資本利子、自作地地代を控除した額	生産費総額から家族労働費を控除した額	
	(1)	(2)	(3)	(4)	(5)	(6)	(7)
全　　　　国 (1)	1,342,042	1,331,679	10,363	1,347,353	1,271,113	1,279,166	70,929
飼養頭数規模別							
1 〜 10頭未満 (2)	1,217,648	1,192,892	24,756	1,461,748	1,275,871	1,309,810	△ 58,223
10 〜 20 (3)	1,243,172	1,224,904	18,268	1,355,336	1,218,811	1,239,008	24,361
20 〜 30 (4)	1,249,150	1,226,813	22,337	1,412,460	1,278,398	1,293,987	△ 29,248
30 〜 50 (5)	1,317,596	1,300,080	17,516	1,421,114	1,297,185	1,315,585	20,411
50 〜 100 (6)	1,331,512	1,311,213	20,299	1,409,558	1,312,614	1,323,245	18,898
100 〜 200 (7)	1,316,360	1,306,663	9,697	1,349,171	1,275,245	1,281,335	41,115
200 〜 500 (8)	1,377,976	1,372,732	5,244	1,307,657	1,253,922	1,258,172	124,054
500頭以上 (9)	x	x	x	x	x	x	x
全国農業地域別							
北　海　道 (10)	1,212,192	1,177,155	35,037	1,337,371	1,236,065	1,252,757	△ 23,873
東　　北 (11)	1,311,595	1,293,877	17,718	1,440,051	1,337,816	1,354,516	△ 26,221
北　　陸 (12)	1,353,551	1,349,943	3,608	1,536,310	1,339,358	1,347,990	14,193
関東・東山 (13)	1,288,224	1,277,813	10,411	1,295,611	1,201,581	1,213,168	86,643
東　　海 (14)	1,415,543	1,412,657	2,886	1,374,694	1,303,095	1,307,988	112,448
近　　畿 (15)	1,453,447	1,430,427	23,020	1,386,782	1,313,745	1,319,736	139,702
中　　国 (16)	1,238,531	1,222,114	16,417	1,327,500	1,204,929	1,214,801	33,602
四　　国 (17)	1,405,398	1,392,636	12,762	1,315,241	1,250,704	1,258,943	154,694
九　　州 (18)	1,357,181	1,346,882	10,299	1,395,528	1,318,474	1,326,118	38,707

単位：時間

別　内　訳		直　接　労　働　時　間				間 接 労 働 時 間		
用		小　計	飼　育　労　働　時　間		その他		自給牧草に係る労働時間	
男	女		飼料の調理・給与・給水	敷料の搬入・きゅう肥の搬出				
(8)	(9)	(10)	(11)	(12)	(13)	(14)	(15)	
5.28	1.54	47.40	32.45	6.22	8.73	2.60	0.27	(1)
3.98	3.91	107.23	69.71	21.50	16.02	5.15	0.80	(2)
3.41	0.17	74.49	54.21	11.52	8.76	4.20	1.16	(3)
3.62	0.49	74.67	52.78	11.52	10.37	4.04	0.56	(4)
5.50	0.25	68.99	48.25	9.80	10.94	3.97	1.13	(5)
2.30	1.35	54.10	38.97	6.30	8.83	3.44	0.30	(6)
4.35	2.17	45.96	33.54	5.33	7.09	2.91	0.16	(7)
7.02	1.45	38.10	24.08	5.02	9.00	1.72	0.06	(8)
x	x	x	x	x	x	x	x	(9)
2.61	0.34	46.64	28.74	8.67	9.23	2.53	1.31	(10)
3.65	0.07	53.53	35.85	8.32	9.36	3.52	0.53	(11)
2.64	–	115.69	87.88	9.31	18.50	5.56	0.89	(12)
2.68	1.12	47.35	32.83	6.53	7.99	2.84	0.20	(13)
6.71	3.04	44.80	31.85	6.53	6.42	2.03	–	(14)
7.67	2.34	43.72	32.98	4.66	6.08	1.01	0.01	(15)
2.82	0.37	76.16	58.64	8.05	9.47	3.18	0.42	(16)
8.24	–	42.16	24.53	8.73	8.90	2.49	0.30	(17)
7.15	2.47	53.73	39.23	5.10	9.40	3.41	0.46	(18)

イ　1日当たり

単位：円　　　　　　単位：円

家族労働報酬	所　得	家族労働報酬	
(8)	(1)	(2)	
62,876	13,141	11,649	(1)
△ 92,162	nc	nc	(2)
4,164	2,595	444	(3)
△ 44,837	nc	nc	(4)
2,011	2,430	239	(5)
8,267	2,805	1,227	(6)
35,025	7,767	6,616	(7)
119,804	31,657	30,572	(8)
x	x	x	(9)
△ 40,565	nc	nc	(10)
△ 42,921	nc	nc	(11)
5,561	957	375	(12)
75,056	14,942	12,943	(13)
107,555	24,261	23,205	(14)
133,711	32,189	30,809	(15)
23,730	3,530	2,493	(16)
146,455	33,989	32,179	(17)
31,063	6,516	5,229	(18)

5　去勢若齢肥育牛生産費（続き）
（4）　生産費
ア　去勢若齢肥育牛1頭当たり

区　　　分	物									
	計	もと畜費	飼　料　費				敷　料　費		光熱水料及び動力費	
			小　計	流通飼料費		牧草・放牧・採草費		購　入		購　入
					購　入					
	(1)	(2)	(3)	(4)	(5)	(6)	(7)	(8)	(9)	(10)
全　　　　　　　国 (1)	1,245,936	844,283	323,576	321,275	319,851	2,301	12,873	12,662	13,592	13,592
飼養頭数規模別										
1 〜 10頭未満 (2)	1,257,628	806,600	342,524	339,469	332,258	3,055	11,070	9,188	16,482	16,482
10 〜 20 (3)	1,207,246	776,985	346,263	334,049	328,349	12,214	10,270	9,393	12,190	12,190
20 〜 30 (4)	1,268,934	839,948	343,106	340,004	333,922	3,102	13,761	13,085	9,589	9,589
30 〜 50 (5)	1,281,175	844,810	351,956	346,417	344,199	5,539	13,061	12,282	11,748	11,748
50 〜 100 (6)	1,298,979	869,680	348,815	345,930	343,573	2,885	15,951	15,772	11,496	11,496
100 〜 200 (7)	1,257,153	854,141	325,290	324,078	323,538	1,212	13,021	12,791	14,324	14,324
200 〜 500 (8)	1,217,932	835,488	307,675	306,627	305,792	1,048	12,097	12,096	14,226	14,226
500頭以上 (9)	x	x	x	x	x	x	x	x	x	x
全国農業地域別										
北　海　道 (10)	1,228,497	766,047	364,265	349,008	348,873	15,257	27,450	25,192	11,125	11,125
東　　北 (11)	1,324,783	887,366	345,940	341,886	338,415	4,054	14,428	13,659	13,028	13,028
北　　陸 (12)	1,327,606	839,723	422,566	421,738	417,960	828	6,067	6,014	13,270	13,270
関東・東山 (13)	1,193,341	803,761	316,309	316,104	312,595	205	8,769	8,388	13,206	13,206
東　　海 (14)	1,279,474	838,365	360,154	360,154	359,981	−	13,464	13,389	10,358	10,358
近　　畿 (15)	1,288,589	908,438	310,257	309,450	308,737	807	12,247	12,147	13,042	13,042
中　　国 (16)	1,198,412	728,566	378,416	374,939	374,028	3,477	16,651	16,651	11,171	11,171
四　　国 (17)	1,231,632	829,501	315,927	315,233	314,885	694	5,920	5,920	25,835	25,835
九　　州 (18)	1,292,846	879,771	335,332	331,001	330,288	4,331	14,304	14,299	13,889	13,889

区　　　分	物　財　費（続き）		生産管理費		労　　働　　費			間接労働費		費
	農機具費（続き）				計	家　族	直接労働費		自給牧草に係る労働費	計
	購　入	償　却		償　却						
	(22)	(23)	(24)	(25)	(26)	(27)	(28)	(29)	(30)	(31)
全　　　　　　　国 (1)	4,089	5,645	1,749	30	77,887	68,187	73,773	4,114	400	1,323,823
飼養頭数規模別										
1 〜 10頭未満 (2)	7,460	5,123	2,706	93	164,988	151,938	157,123	7,865	1,218	1,422,616
10 〜 20 (3)	8,308	4,267	1,808	−	121,833	116,328	115,529	6,304	1,684	1,329,079
20 〜 30 (4)	5,768	5,407	1,999	10	123,032	118,473	116,800	6,232	865	1,391,966
30 〜 50 (5)	4,959	7,728	2,470	36	111,316	105,529	105,155	6,161	1,715	1,392,491
50 〜 100 (6)	4,880	4,404	1,945	50	90,722	86,313	85,450	5,272	433	1,389,701
100 〜 200 (7)	4,278	3,193	1,724	67	75,635	67,836	70,947	4,688	253	1,332,788
200 〜 500 (8)	3,239	7,129	1,578	3	62,839	49,485	60,095	2,744	86	1,280,771
500頭以上 (9)	x	x	x	x	x	x	x	x	x	x
全国農業地域別										
北　海　道 (10)	5,448	8,001	1,152	−	88,161	84,614	83,737	4,424	2,191	1,316,658
東　　北 (11)	5,544	8,360	1,953	4	89,818	85,535	84,248	5,570	823	1,414,601
北　　陸 (12)	6,366	3,720	1,698	−	190,893	188,320	181,987	8,906	1,453	1,518,499
関東・東山 (13)	3,716	6,915	1,824	2	87,536	82,443	82,625	4,911	299	1,280,877
東　　海 (14)	4,927	3,029	2,979	277	81,088	66,706	77,375	3,713	−	1,360,562
近　　畿 (15)	2,317	2,776	1,788	28	83,036	67,046	81,166	1,870	23	1,371,625
中　　国 (16)	4,837	1,857	1,584	57	116,014	112,699	111,181	4,833	613	1,314,426
四　　国 (17)	6,356	663	4,009	−	72,596	56,298	68,605	3,991	354	1,304,228
九　　州 (18)	3,864	5,200	1,526	48	81,654	69,410	76,663	4,991	686	1,374,500

単位：円

	財				費							
その他の諸材料費	獣医師料及び医薬品費	賃借料及び料金	物件税及び公課諸負担	建 物 費			自 動 車 費			農機具費	
				小 計	購 入	償 却	小 計	購 入	償 却	小 計	
(11)	(12)	(13)	(14)	(15)	(16)	(17)	(18)	(19)	(20)	(21)	
338	10,055	6,500	6,014	11,144	3,584	7,560	6,078	3,072	3,006	9,734	(1)
525	12,910	5,381	13,423	20,991	11,516	9,475	12,433	5,424	7,009	12,583	(2)
658	8,884	5,645	9,644	12,410	4,763	7,647	9,914	7,124	2,790	12,575	(3)
430	11,471	5,060	9,080	13,983	5,134	8,849	9,332	6,583	2,749	11,175	(4)
321	11,484	4,908	7,014	14,287	3,553	10,734	6,429	3,836	2,593	12,687	(5)
491	9,897	4,277	6,546	12,035	2,998	9,037	8,562	3,958	4,604	9,284	(6)
549	10,741	6,081	5,635	10,478	2,922	7,556	7,698	3,935	3,763	7,471	(7)
153	9,463	7,921	5,258	10,173	3,506	6,667	3,532	1,800	1,732	10,368	(8)
x	x	x	x	x	x	x	x	x	x	x	(9)
371	9,051	3,430	7,232	7,139	2,423	4,716	17,786	7,442	10,344	13,449	(10)
429	12,000	5,901	8,245	13,721	3,826	9,895	7,868	4,395	3,473	13,904	(11)
791	6,485	5,820	5,771	6,766	2,260	4,506	8,563	3,271	5,292	10,086	(12)
291	8,213	6,672	5,017	10,605	3,706	6,899	8,043	3,738	4,305	10,631	(13)
629	8,592	12,593	3,674	13,552	1,479	12,073	7,158	4,942	2,216	7,956	(14)
1,524	9,116	5,369	6,159	10,851	3,982	6,869	4,705	2,219	2,486	5,093	(15)
410	15,128	10,839	6,626	12,779	4,214	8,565	9,548	5,834	3,714	6,694	(16)
181	15,546	4,429	11,777	7,475	1,930	5,545	4,013	2,951	1,062	7,019	(17)
247	10,230	3,429	6,000	12,271	4,384	7,887	6,783	2,651	4,132	9,064	(18)

用	合	計	副産物価額	生産費（副産物価額差引）	支払利子	支払地代	支払利子・地代算入生産費	自己資本利子	自作地地代	資本利子・地代全額算入生産費（全算入生産費）	
購 入	自 給	償 却									
(32)	(33)	(34)	(35)	(36)	(37)	(38)	(39)	(40)	(41)	(42)	
1,207,826	99,756	16,241	10,363	1,313,460	15,067	410	1,328,937	5,971	2,082	1,336,990	(1)
1,053,194	347,722	21,700	24,756	1,397,860	4,616	577	1,403,053	27,278	6,661	1,436,992	(2)
981,335	333,040	14,704	18,268	1,310,811	5,428	632	1,316,871	15,651	4,546	1,337,068	(3)
1,083,336	291,615	17,015	22,337	1,369,629	4,410	495	1,374,534	12,576	3,013	1,390,123	(4)
1,217,255	154,145	21,091	17,516	1,374,975	9,356	867	1,385,198	15,651	2,749	1,403,598	(5)
1,205,376	166,230	18,095	20,299	1,369,402	9,030	196	1,378,628	8,159	2,472	1,389,259	(6)
1,242,666	75,543	14,579	9,697	1,323,091	9,806	487	1,333,384	4,471	1,619	1,339,474	(7)
1,212,904	52,336	15,531	5,244	1,275,527	22,317	319	1,298,163	2,611	1,639	1,302,413	(8)
x	x	x	x	x	x	x	x	x	x	x	(9)
736,425	557,172	23,061	35,037	1,281,621	2,190	1,831	1,285,642	13,708	2,984	1,302,334	(10)
1,280,826	112,043	21,732	17,718	1,396,883	8,496	254	1,405,633	12,033	4,667	1,422,333	(11)
1,303,602	201,379	13,518	3,608	1,514,891	7,629	1,550	1,524,070	5,934	2,698	1,532,702	(12)
1,139,144	123,612	18,121	10,411	1,270,466	2,984	163	1,273,613	9,706	1,881	1,285,200	(13)
1,213,098	129,869	17,595	2,886	1,357,676	8,337	902	1,366,915	4,075	818	1,371,808	(14)
1,250,391	109,075	12,159	23,020	1,348,605	6,969	2,197	1,357,771	5,339	652	1,363,762	(15)
1,092,866	207,367	14,193	16,417	1,298,009	3,066	136	1,301,211	8,303	1,569	1,311,083	(16)
1,142,324	154,634	7,270	12,762	1,291,466	2,709	65	1,294,240	5,057	3,182	1,302,479	(17)
1,274,126	83,107	17,267	10,299	1,364,201	13,062	322	1,377,585	5,845	1,799	1,385,229	(18)

5　去勢若齢肥育牛生産費（続き）
（4）　生産費（続き）
イ　去勢若齢肥育牛生体100kg当たり

区分	物 計	もと畜費	飼料費 小計	流通飼料費	流通飼料費 購入	牧草・放牧・採草費	敷料費	敷料費 購入	光熱水料及び動力費	光熱水料及び動力費 購入
	(1)	(2)	(3)	(4)	(5)	(6)	(7)	(8)	(9)	(10)
全　　　国　(1)	156,918	106,332	40,752	40,462	40,282	290	1,622	1,595	1,712	1,712
飼養頭数規模別										
1 ～ 10頭未満　(2)	163,166	104,651	44,439	44,043	43,108	396	1,436	1,192	2,138	2,138
10 ～ 20　(3)	153,428	98,747	44,005	42,453	41,729	1,552	1,306	1,194	1,549	1,549
20 ～ 30　(4)	160,696	106,370	43,451	43,058	42,288	393	1,743	1,657	1,214	1,214
30 ～ 50　(5)	162,498	107,150	44,640	43,937	43,656	703	1,657	1,558	1,490	1,490
50 ～ 100　(6)	162,126	108,546	43,534	43,174	42,880	360	1,991	1,969	1,435	1,435
100 ～ 200　(7)	158,399	107,620	40,986	40,833	40,765	153	1,641	1,612	1,805	1,805
200 ～ 500　(8)	153,437	105,258	38,760	38,628	38,523	132	1,524	1,524	1,792	1,792
500頭以上　(9)	x	x	x	x	x	x	x	x	x	x
全国農業地域別										
北　海　道　(10)	157,354	98,122	46,656	44,702	44,685	1,954	3,516	3,227	1,425	1,425
東　　北　(11)	159,232	106,658	41,580	41,093	40,676	487	1,734	1,642	1,566	1,566
北　　陸　(12)	164,298	103,920	52,294	52,191	51,723	103	751	744	1,642	1,642
関東・東山　(13)	145,678	98,121	38,613	38,588	38,160	25	1,071	1,024	1,612	1,612
東　　海　(14)	166,992	109,420	47,007	47,007	46,984	－	1,757	1,747	1,352	1,352
近　　畿　(15)	181,160	127,716	43,617	43,504	43,404	113	1,722	1,708	1,833	1,833
中　　国　(16)	156,733	95,285	49,490	49,035	48,916	455	2,178	2,178	1,461	1,461
四　　国　(17)	158,726	106,903	40,714	40,625	40,580	89	763	763	3,330	3,330
九　　州　(18)	161,614	109,977	41,919	41,378	41,289	541	1,788	1,787	1,736	1,736

区分	農機具費（続き）購入	農機具費（続き）償却	生産管理費	生産管理費 償却	労働費 計	家族	直接労働費	間接労働費	自給牧草に係る労働費	費 計
	(22)	(23)	(24)	(25)	(26)	(27)	(28)	(29)	(30)	(31)
全　　　国　(1)	515	711	221	4	9,809	8,587	9,291	518	50	166,727
飼養頭数規模別										
1 ～ 10頭未満　(2)	968	664	351	12	21,406	19,713	20,386	1,020	158	184,572
10 ～ 20　(3)	1,056	543	230	－	15,484	14,784	14,683	801	214	168,912
20 ～ 30　(4)	730	685	253	1	15,581	15,004	14,792	789	109	176,277
30 ～ 50　(5)	629	981	314	5	14,119	13,385	13,338	781	218	176,617
50 ～ 100　(6)	609	550	243	6	11,322	10,772	10,665	657	54	173,448
100 ～ 200　(7)	539	402	217	8	9,530	8,547	8,940	590	32	167,929
200 ～ 500　(8)	408	898	198	0	7,917	6,234	7,572	345	10	161,354
500頭以上　(9)	x	x	x	x	x	x	x	x	x	x
全国農業地域別										
北　海　道　(10)	698	1,026	148	－	11,293	10,839	10,726	567	280	168,647
東　　北　(11)	666	1,004	234	0	10,797	10,282	10,127	670	99	170,029
北　　陸　(12)	788	460	210	－	23,623	23,305	22,521	1,102	179	187,921
関東・東山　(13)	454	844	222	0	10,685	10,063	10,086	599	37	156,363
東　　海　(14)	643	394	389	36	10,584	8,706	10,099	485	－	177,576
近　　畿　(15)	326	391	251	4	11,673	9,425	11,410	263	3	192,833
中　　国　(16)	633	243	207	7	15,173	14,739	14,541	632	80	171,906
四　　国　(17)	819	85	517	－	9,356	7,255	8,842	514	46	168,082
九　　州　(18)	483	650	191	6	10,208	8,677	9,584	624	86	171,822

単位：円

財				費							
その他の諸材料費	獣医師料及び医薬品費	賃借料及び料金	物件税及び公課諸負担	建　物　費			自　動　車　費			農機具費	
				小　計	購　入	償　却	小　計	購　入	償　却	小　計	
(11)	(12)	(13)	(14)	(15)	(16)	(17)	(18)	(19)	(20)	(21)	
43	1,266	819	758	1,402	451	951	765	387	378	1,226	(1)
68	1,675	698	1,742	2,723	1,494	1,229	1,613	704	909	1,632	(2)
84	1,129	717	1,226	1,577	605	972	1,259	905	354	1,599	(3)
54	1,453	641	1,150	1,770	650	1,120	1,182	834	348	1,415	(4)
41	1,456	623	889	1,812	451	1,361	816	487	329	1,610	(5)
61	1,235	534	817	1,502	374	1,128	1,069	494	575	1,159	(6)
69	1,353	766	710	1,321	368	953	970	496	474	941	(7)
19	1,192	998	663	1,282	442	840	445	227	218	1,306	(8)
x	x	x	x	x	x	x	x	x	x	x	(9)
47	1,159	439	926	914	310	604	2,278	953	1,325	1,724	(10)
52	1,442	709	992	1,650	460	1,190	945	528	417	1,670	(11)
98	803	720	714	838	280	558	1,060	405	655	1,248	(12)
35	1,003	815	612	1,295	452	843	981	456	525	1,298	(13)
82	1,121	1,644	480	1,769	193	1,576	934	645	289	1,037	(14)
214	1,282	755	866	1,526	560	966	661	312	349	717	(15)
54	1,978	1,418	866	1,671	551	1,120	1,249	763	486	876	(16)
23	2,003	571	1,518	963	249	714	517	380	137	904	(17)
31	1,279	429	750	1,534	548	986	847	331	516	1,133	(18)

用　合　計			副産物価額	生産費（副産物価額差引）	支払利子	支払地代	支払利子・地代算入生産費	自己資本利子	自作地地代	資本利子・地代全額算入生産費（全算入生産費）	
購　入	自　給	償　却									
(32)	(33)	(34)	(35)	(36)	(37)	(38)	(39)	(40)	(41)	(42)	
152,119	12,564	2,044	1,305	165,422	1,898	51	167,371	752	263	168,386	(1)
136,644	45,114	2,814	3,212	181,360	599	75	182,034	3,539	864	186,437	(2)
124,717	42,326	1,869	2,323	166,589	690	81	167,360	1,989	578	169,927	(3)
137,192	36,931	2,154	2,828	173,449	558	62	174,069	1,593	381	176,043	(4)
154,389	19,552	2,676	2,222	174,395	1,187	110	175,692	1,985	349	178,026	(5)
150,443	20,746	2,259	2,534	170,914	1,127	24	172,065	1,018	309	173,392	(6)
156,574	9,518	1,837	1,221	166,708	1,236	62	168,006	563	204	168,773	(7)
152,805	6,593	1,956	661	160,693	2,812	40	163,545	329	207	164,081	(8)
x	x	x	x	x	x	x	x	x	x	x	(9)
94,324	71,368	2,955	4,488	164,159	281	234	164,674	1,756	382	166,812	(10)
153,951	13,467	2,611	2,129	167,900	1,021	31	168,952	1,446	561	170,959	(11)
161,325	24,923	1,673	447	187,474	944	192	188,610	734	335	189,679	(12)
139,062	15,089	2,212	1,271	155,092	364	20	155,476	1,185	230	156,891	(13)
158,331	16,950	2,295	376	177,200	1,088	118	178,406	532	107	179,045	(14)
175,790	15,333	1,710	3,236	189,597	980	309	190,886	751	92	191,729	(15)
142,930	27,120	1,856	2,148	169,758	401	18	170,177	1,086	204	171,467	(16)
147,218	19,928	936	1,644	166,438	349	9	166,796	652	410	167,858	(17)
159,275	10,389	2,158	1,288	170,534	1,633	40	172,207	731	224	173,162	(18)

5　去勢若齢肥育牛生産費（続き）

（5）　流通飼料の使用数量と価額（去勢若齢肥育牛1頭当たり）

区　分		平　均		1 ～ 10 頭 未 満		10　～　20		20　～　30	
		数　量	価　額	数　量	価　額	数　量	価　額	数　量	価　額
		(1)	(2)	(3)	(4)	(5)	(6)	(7)	(8)
		kg	円	kg	円	kg	円	kg	円
流 通 飼 料 費 合 計	(1)	…	321,275	…	339,469	…	334,049	…	340,004
購 入 飼 料 費 計	(2)	…	319,851	…	332,258	…	328,349	…	333,922
穀　　　　　類									
小　　　　計	(3)	…	12,831	…	18,904	…	19,725	…	7,511
大　　　麦	(4)	174.4	8,250	175.8	10,404	200.1	12,298	71.5	3,696
そ の 他 の 麦	(5)	6.9	416	42.3	2,443	56.9	3,158	2.5	15
と う も ろ こ し	(6)	69.7	3,394	108.4	5,412	64.6	3,165	52.1	2,776
大　　　豆	(7)	4.9	486	6.4	532	6.7	594	8.0	724
飼 料 用 米	(8)	2.5	74	－	－	－	－	－	－
そ　の　他	(9)	…	211	…	113	…	510	…	300
ぬ か ・ ふ す ま 類									
小　　　　計	(10)	…	5,225	…	8,920	…	5,930	…	2,933
ふ　　す　　ま	(11)	135.9	4,671	184.7	7,363	130.0	5,187	71.9	2,862
米 ・ 麦 ぬ か	(12)	12.5	554	29.5	1,557	19.5	733	2.6	71
そ　の　他	(13)	…	0	…	－	…	10	…	－
植 物 性 か す 類									
小　　　　計	(14)	…	6,360	…	8,570	…	9,070	…	5,689
大 豆 油 か す	(15)	34.7	2,720	71.4	5,919	38.8	3,279	44.0	3,804
ビ ー ト パ ル プ	(16)	7.3	202	14.9	1,060	6.7	470	－	－
そ　の　他	(17)	…	3,438	…	1,591	…	5,321	…	1,885
配 合 飼 料	(18)	4,585.5	249,926	4,152.3	250,177	4,189.7	250,430	4,695.7	281,018
T M R	(19)	17.2	1,093	90.1	3,884	0.5	39	11.1	868
牛 乳 ・ 脱 脂 乳	(20)	－	－	－	－	－	－	－	－
い も 類 及 び 野 菜 類	(21)	－	－	－	－	－	－	－	－
わ　　ら　　類									
小　　　　計	(22)	…	20,435	…	15,773	…	14,609	…	18,000
稲　　わ　　ら	(23)	603.4	19,734	575.5	13,938	568.5	14,067	660.4	17,706
そ　の　他	(24)	…	701	…	1,835	…	542	…	294
生 牧 草	(25)	－	－	－	－	－	－	－	－
乾 牧 草									
小　　　　計	(26)	…	16,260	…	14,184	…	18,564	…	12,860
ヘ イ キ ュ ー ブ	(27)	20.5	1,590	14.7	1,027	33.5	3,060	33.6	2,746
そ　の　他	(28)	…	14,670	…	13,157	…	15,504	…	10,114
サ イ レ ー ジ									
小　　　　計	(29)	…	1,430	…	2,493	…	720	…	1,304
い　　ね　　科	(30)	93.9	1,344	175.0	2,493	18.0	281	43.6	1,234
うち 稲発酵粗飼料	(31)	91.0	1,245	167.9	2,254	10.6	140	43.6	1,234
そ　の　他	(32)	…	86	…	－	…	439	…	70
そ　　の　　他	(33)	…	6,291	…	9,353	…	9,262	…	3,739
自 給 飼 料 費 計	(34)	…	1,424	…	7,211	…	5,700	…	6,082
稲　　わ　　ら	(35)	69.5	1,419	403.8	7,001	419.33	5,700	238.8	6,082
そ　の　他	(36)	…	5	…	210	…	－	…	－

30 ～ 50		50 ～ 100		100 ～ 200		200 ～ 500		500 頭 以 上		
数 量	価 額	数 量	価 額	数 量	価 額	数 量	価 額	数 量	価 額	
(9)	(10)	(11)	(12)	(13)	(14)	(15)	(16)	(17)	(18)	
kg	円	kg	円	kg	円	kg	円	kg	円	
…	346,417	…	345,930	…	324,078	…	306,627	…	x	(1)
…	344,199	…	343,573	…	323,538	…	305,792	…	x	(2)
…	14,564	…	15,923	…	17,888	…	8,693	…	x	(3)
181.5	9,070	137.8	7,269	213.2	10,678	170.0	7,167	x	x	(4)
-	-	2.8	183	5.8	313	5.9	394	x	x	(5)
89.0	4,993	162.8	7,237	112.0	5,664	15.1	732	x	x	(6)
3.2	301	10.4	1,045	7.8	876	1.6	112	x	x	(7)
4.0	200	5.8	180	5.5	139	-	-	x		(8)
…	-	…	9	…	218	…	288	…		(9)
…	6,342	…	5,662	…	8,357	…	3,185	…	x	(10)
144.0	5,865	135.6	5,477	179.2	6,630	114.3	3,185	x	x	(11)
12.1	477	8.0	185	36.5	1,727	-	-	x	x	(12)
…	-	…	-	…	-	…	-	…	x	(13)
…	6,844	…	5,142	…	8,969	…	5,095	…	x	(14)
46.8	3,674	42.0	3,220	38.4	3,029	27.0	2,078	x	x	(15)
7.0	394	2.9	146	1.3	89	12.2	213	x	x	(16)
…	2,776	…	1,776	…	5,851	…	2,804	…	x	(17)
4,670.9	278,022	4,566.3	265,585	4,250.1	235,974	4,782.3	247,057	x	x	(18)
12.8	783	59.8	3,775	20.2	1,002	0.6	289	x	x	(19)
-	-	-	-	-	-	-	-	x	x	(20)
-	-	-	-	-	-	-	-	x	x	(21)
…	15,159	…	26,464	…	18,115	…	21,398	…	x	(22)
554.2	15,159	813.4	25,806	576.5	17,949	567.5	20,314	x	x	(23)
…	-	…	658	…	166	…	1,084	…	x	(24)
-	-	-	-	-	-	-	-	x	x	(25)
…	15,794	…	12,960	…	20,471	…	15,172	…	x	(26)
13.1	1,037	26.3	2,029	25.0	2,012	16.8	1,232	x	x	(27)
…	14,757	…	10,931	…	18,459	…	13,940	…	x	(28)
…	276	…	340	…	1,928	…	1,653	…	x	(29)
20.9	276	27.6	340	106.2	1,928	120.8	1,491	x	x	(30)
18.2	244	27.6	340	96.7	1,586	120.8	1,491	x	x	(31)
…	-	…	-	…	-	…	162	…	x	(32)
…	6,415	…	7,722	…	10,834	…	3,250	…		(33)
…	2,218	…	2,357	…	540	…	835	…	x	(34)
154.5	2,218	96.7	2,357	28.5	540	32.5	835	x	x	(35)
…	-	…	-	…	-	…	-	…	x	(36)

6　乳用雄肥育牛生産費

6 乳用雄肥育牛生産費
(1) 経営の概況（１経営体当たり）

区　　　　　　　　分	集　　計 経営体数	世　　帯　　員			農　業　就　業　者		
		計	男	女	計	男	女
	(1) 経営体	(2) 人	(3) 人	(4) 人	(5) 人	(6) 人	(7) 人
全　　　　　　　　国　(1)	53	3.8	2.3	1.5	2.5	1.8	0.7
飼　養　頭　数　規　模　別							
1　～　　10頭未満　(2)	5	3.4	2.4	1.0	2.2	1.8	0.4
10　～　　20　(3)	6	5.2	2.7	2.5	2.5	1.8	0.7
20　～　　30　(4)	1	x	x	x	x	x	x
30　～　　50　(5)	5	2.2	1.2	1.0	1.4	1.0	0.4
50　～　100　(6)	7	4.0	2.1	1.9	2.6	1.6	1.0
100　～　200　(7)	11	4.3	2.5	1.8	3.0	2.0	1.0
200　～　500　(8)	12	4.1	2.0	2.1	2.7	1.6	1.1
500頭以上　(9)	6	5.7	2.8	2.9	3.5	2.0	1.5
全　国　農　業　地　域　別							
北　　海　　道　(10)	14	4.6	2.2	2.4	3.0	1.9	1.1
東　　　　北　(11)	2	x	x	x	x	x	x
関　東　・　東　山　(12)	12	3.7	2.0	1.7	2.2	1.4	0.8
東　　　　海　(13)	4	5.1	2.3	2.8	3.1	1.8	1.3
中　　　　国　(14)	2	x	x	x	x	x	x
四　　　　国　(15)	5	3.4	1.8	1.6	2.0	1.4	0.6
九　　　　州　(16)	14	4.0	2.4	1.6	2.9	2.0	0.9

区　　　　　　　　分	畜舎の面積及び自動車・農機具の使用台数(10経営体当たり)				飼　養　月 平　　均 頭　　数	もと牛の概要（もと牛１頭当たり）	
	畜舎面積 〔1経営体 当たり〕	カッター	貨　物 自動車	トラクター 〔耕うん機 を含む。〕		月　　齢	評価額
	(17) ㎡	(18) 台	(19) 台	(20) 台	(21) 頭	(22) 月	(23) 円
全　　　　　　　　国　(1)	1,816.5	3.4	34.4	14.1	128.4	7.2	246,588
飼　養　頭　数　規　模　別							
1　～　　10頭未満　(2)	1,187.2	6.0	34.0	16.0	7.5	7.5	205,320
10　～　　20　(3)	1,487.3	1.7	40.0	10.0	13.9	7.6	242,248
20　～　　30　(4)	x	x	x	x	x	x	x
30　～　　50　(5)	963.0	－	36.0	4.0	37.0	7.5	234,746
50　～　100　(6)	813.1	2.9	35.7	31.4	77.4	7.2	248,821
100　～　200　(7)	2,958.3	1.8	35.0	16.8	139.4	7.6	251,107
200　～　500　(8)	2,355.1	2.9	33.9	9.7	283.3	7.2	242,089
500頭以上　(9)	3,014.1	1.2	33.7	17.1	757.4	7.1	252,367
全　国　農　業　地　域　別							
北　　海　　道　(10)	1,646.3	0.7	29.3	27.1	350.3	6.9	251,671
東　　　　北　(11)	x	x	x	x	x	x	x
関　東　・　東　山　(12)	2,389.7	－	34.2	10.8	175.6	7.9	245,977
東　　　　海　(13)	2,248.0	－	35.0	7.5	232.6	7.2	256,838
中　　　　国　(14)	x	x	x	x	x	x	x
四　　　　国　(15)	1,888.0	4.0	58.0	6.0	94.6	6.6	246,584
九　　　　州　(16)	2,281.7	4.3	35.7	14.3	147.4	7.0	241,712

経　　　営　　　土　　　地									
	経　　　営				土　　　地				
計	耕　　　地				畜　産　用　地				
	小　計	田	畑	牧草地	小　計	畜舎等	放牧地	採草地	
(8)	(9)	(10)	(11)	(12)	(13)	(14)	(15)	(16)	
a	a	a	a	a	a	a	a	a	
724	637	158	233	246	87	74	1	12	(1)
335	260	128	98	34	75	75	-	-	(2)
809	750	413	114	223	59	59	-	-	(3)
x	x	x	x	x	x	x	x	x	(4)
1,170	1,140	165	950	25	30	30	-	-	(5)
2,412	2,352	110	1,909	333	60	41	19	-	(6)
874	741	349	77	315	133	51	-	82	(7)
618	534	112	29	393	84	84	-	-	(8)
1,618	1,400	-	23	1,377	218	218	-	-	(9)
3,199	3,051	229	1,270	1,552	148	139	9	-	(10)
x	x	x	x	x	x	x	x	x	(11)
246	178	112	51	15	68	68	-	-	(12)
359	306	192	114	-	53	53	-	-	(13)
x	x	x	x	x	x	x	x	x	(14)
282	239	194	45	-	43	43	-	-	(15)
569	463	217	109	137	106	42	-	64	(16)

生　　　産　　　物　（1 頭 当 た り）									
	主　　　産　　　物				副　　　産　　　物				
販売頭数 [1経営体当たり]	月　齢	生体重	価　格	肥育期間	き　ゅ　う　肥		価　額（利用分）	その他	
					数　量	利用量			
(24)	(25)	(26)	(27)	(28)	(29)	(30)	(31)	(32)	
頭	月	kg	円	月	kg	kg	円	円	
110.6	20.6	779.9	511,198	13.4	10,476	5,448	3,874	788	(1)
8.2	21.9	738.7	451,588	14.4	11,538	5,367	11,998	2,505	(2)
11.5	21.7	731.5	473,924	14.2	11,306	5,975	3,769	1,362	(3)
x	x	x	x	x	x	x	x	x	(4)
30.0	20.7	753.3	431,677	13.2	10,554	6,686	23,447	-	(5)
66.4	20.6	812.5	542,867	13.5	10,506	6,842	16,435	-	(6)
112.3	21.7	788.4	556,367	14.1	11,012	6,003	5,485	966	(7)
245.4	21.2	791.2	521,583	13.9	10,961	3,270	1,550	833	(8)
678.3	19.3	763.4	483,031	12.2	9,486	7,991	3,422	662	(9)
319.4	19.0	768.5	481,910	12.1	9,348	6,438	6,258	474	(10)
x	x	x	x	x	x	x	x	x	(11)
166.1	21.2	789.5	511,444	13.3	10,473	3,861	2,707	338	(12)
172.0	20.6	768.2	522,996	13.5	10,567	8,555	1,862	137	(13)
x	x	x	x	x	x	x	x	x	(14)
72.4	21.5	777.9	568,667	15.0	11,564	1,964	1,704	-	(15)
109.6	21.8	794.7	547,783	14.8	11,654	4,656	3,404	2,665	(16)

6　乳用雄肥育牛生産費（続き）

(2)　作業別労働時間（乳用雄肥育牛1頭当たり）

区分	計	男	女	家族・雇用			
				家族			雇用
				小計	男	女	小計
	(1)	(2)	(3)	(4)	(5)	(6)	(7)
全国 (1)	13.12	10.84	2.28	11.71	9.58	2.13	1.41
飼養頭数規模別							
1 ～ 10頭未満 (2)	38.38	36.48	1.90	32.21	31.25	0.96	6.17
10 ～ 20 (3)	26.74	18.74	8.00	21.07	18.70	2.37	5.67
20 ～ 30 (4)	x	x	x	x	x	x	x
30 ～ 50 (5)	34.76	29.71	5.05	29.60	24.82	4.78	5.16
50 ～ 100 (6)	18.05	13.25	4.80	18.05	13.25	4.80	-
100 ～ 200 (7)	16.31	13.23	3.08	14.18	11.69	2.49	2.13
200 ～ 500 (8)	12.25	9.91	2.34	11.77	9.43	2.34	0.48
500頭以上 (9)	8.82	7.35	1.47	6.94	5.49	1.45	1.88
全国農業地域別							
北海道 (10)	10.62	8.72	1.90	8.03	6.13	1.90	2.59
東北 (11)	x	x	x	x	x	x	x
関東・東山 (12)	14.09	11.38	2.71	12.92	10.60	2.32	1.17
東海 (13)	11.87	10.15	1.72	11.71	10.07	1.64	0.16
中国 (14)	x	x	x	x	x	x	x
四国 (15)	21.82	17.25	4.57	18.41	13.95	4.46	3.41
九州 (16)	14.52	10.98	3.54	13.45	10.16	3.29	1.07

(3)　収益性
ア　乳用雄肥育牛1頭当たり

区分	粗収益			生産費用			所得
	計	主産物	副産物	生産費総額	生産費総額から家族労働費、自己資本利子、自作地地代を控除した額	生産費総額から家族労働費を控除した額	
	(1)	(2)	(3)	(4)	(5)	(6)	(7)
全国 (1)	515,860	511,198	4,662	539,454	513,795	519,314	2,065
飼養頭数規模別							
1 ～ 10頭未満 (2)	466,091	451,588	14,503	581,331	521,822	533,070	△ 55,731
10 ～ 20 (3)	479,055	473,924	5,131	644,401	582,166	610,610	△ 103,111
20 ～ 30 (4)	x	x	x	x	x	x	x
30 ～ 50 (5)	455,124	431,677	23,447	524,905	469,552	475,365	△ 14,428
50 ～ 100 (6)	559,302	542,867	16,435	566,979	526,688	534,808	32,614
100 ～ 200 (7)	562,818	556,367	6,451	570,811	540,129	546,427	22,689
200 ～ 500 (8)	523,966	521,583	2,383	542,211	515,695	521,930	8,271
500頭以上 (9)	487,115	483,031	4,084	509,428	493,838	496,916	△ 6,723
全国農業地域別							
北海道 (10)	488,642	481,910	6,732	517,156	497,938	502,379	△ 9,296
東北 (11)	x	x	x	x	x	x	x
関東・東山 (12)	514,489	511,444	3,045	521,104	489,847	497,770	24,642
東海 (13)	524,995	522,996	1,999	536,344	509,868	514,064	15,127
中国 (14)	x	x	x	x	x	x	x
四国 (15)	570,371	568,667	1,704	626,093	587,473	597,653	△ 17,102
九州 (16)	553,852	547,783	6,069	589,596	565,692	568,567	△ 11,840

単位：時間

別　内　訳		直　接　労　働　時　間				間接労働時間		
用		小　計	飼　育　労　働　時　間				自給牧草に係る労働時間	
男	女		飼料の調理・給与・給水	敷料の搬入・きゅう肥の搬出	その他			
(8)	(9)	(10)	(11)	(12)	(13)	(14)	(15)	
1.26	0.15	12.13	7.26	2.16	2.71	0.99	0.17	(1)
5.23	0.94	35.95	25.76	5.09	5.10	2.43	1.02	(2)
0.04	5.63	25.61	19.99	2.14	3.48	1.13	0.15	(3)
x	x	x	x	x	x	x	x	(4)
4.89	0.27	32.97	23.07	5.82	4.08	1.79	－	(5)
－	－	16.79	11.54	3.40	1.85	1.26	0.44	(6)
1.54	0.59	15.21	10.40	1.87	2.94	1.10	0.31	(7)
0.48	－	11.20	6.03	1.82	3.35	1.05	0.04	(8)
1.86	0.02	8.21	4.27	2.24	1.70	0.61	0.20	(9)
2.59	－	9.75	4.84	2.89	2.02	0.87	0.34	(10)
x	x	x	x	x	x	x	x	(11)
0.78	0.39	13.21	7.57	1.91	3.73	0.88	0.04	(12)
0.08	0.08	11.36	7.78	1.80	1.78	0.51	0.00	(13)
x	x	x	x	x	x	x	x	(14)
3.30	0.11	20.98	15.27	2.24	3.47	0.84	0.37	(15)
0.82	0.25	13.53	8.63	1.62	3.28	0.99	0.06	(16)

イ　1日当たり

単位：円	単位：円	
家族労働報酬	所　得	家族労働報酬	
(8)	(1)	(2)	
△　3,454	1,411	nc	(1)
△　66,979	nc	nc	(2)
△ 131,555	nc	nc	(3)
x	x	x	(4)
△　20,241	nc	nc	(5)
24,494	14,455	10,856	(6)
16,391	12,801	9,247	(7)
2,036	5,622	1,384	(8)
△　9,801	nc	nc	(9)
△　13,737	nc	nc	(10)
x	x	x	(11)
16,719	15,258	10,352	(12)
10,931	10,334	7,468	(13)
x	x	x	(14)
△　27,282	nc	nc	(15)
△　14,715	nc	nc	(16)

6 乳用雄肥育牛生産費（続き）

（4） 生産費

ア 乳用雄肥育牛1頭当たり

区分	物 計 (1)	もと畜費 (2)	飼料費 小計 (3)	流通飼料費 (4)	流通飼料費 購入 (5)	牧草・放牧・採草費 (6)	敷料費 (7)	敷料費 購入 (8)	光熱水料及び動力費 (9)	光熱水料及び動力費 購入 (10)
全 国 (1)	510,114	253,603	219,937	217,179	216,378	2,758	9,036	8,855	8,262	8,262
飼養頭数規模別										
1 ～ 10頭未満 (2)	514,551	215,335	247,858	242,739	242,739	5,119	6,439	6,439	10,891	10,891
10 ～ 20 (3)	573,414	259,801	257,340	255,197	252,395	2,143	4,084	4,084	9,798	9,798
20 ～ 30 (4)	x	x	x	x	x	x	x	x	x	x
30 ～ 50 (5)	463,205	250,396	170,369	170,369	169,894	-	15,132	7,945	6,792	6,792
50 ～ 100 (6)	525,782	256,847	223,837	212,923	212,594	10,914	15,239	12,688	6,965	6,965
100 ～ 200 (7)	535,036	259,236	240,282	236,453	236,343	3,829	7,509	7,509	8,439	8,439
200 ～ 500 (8)	513,162	249,192	229,191	228,057	226,287	1,134	6,847	6,847	8,065	8,065
500頭以上 (9)	489,579	258,089	194,666	191,342	191,342	3,324	11,874	11,874	8,365	8,365
全国農業地域別										
北 海 道 (10)	492,184	257,749	192,193	185,681	185,681	6,512	15,139	14,633	7,037	7,037
東 北 (11)	x	x	x	x	x	x	x	x	x	x
関 東 ・ 東 山 (12)	487,949	252,395	204,459	204,206	202,665	253	4,761	4,761	7,628	7,628
東 海 (13)	509,429	266,544	214,206	214,176	214,148	30	5,162	5,162	10,112	10,112
中 国 (14)	x	x	x	x	x	x	x	x	x	x
四 国 (15)	582,863	251,352	274,505	273,051	273,025	1,454	9,816	9,816	11,991	11,991
九 州 (16)	559,627	252,892	269,268	267,016	266,763	2,252	10,505	10,505	9,840	9,840

区分	物財費（続き）農機具費（続き）購入 (22)	農機具費（続き）償却 (23)	生産管理費 (24)	生産管理費 償却 (25)	労働費 計 (26)	労働費 家族 (27)	直接労働費 (28)	間接労働費 (29)	自給牧草に係る労働費 (30)	費 計 (31)
全 国 (1)	2,180	1,694	485	7	22,320	20,140	20,626	1,694	298	532,434
飼養頭数規模別										
1 ～ 10頭未満 (2)	3,349	3,164	1,240	157	54,293	48,261	50,604	3,689	1,591	568,844
10 ～ 20 (3)	5,310	743	2,017	43	38,311	33,791	36,550	1,761	277	611,725
20 ～ 30 (4)	x	x	x	x	x	x	x	x	x	x
30 ～ 50 (5)	2,775	504	714	-	55,860	49,540	53,066	2,794	-	519,065
50 ～ 100 (6)	2,563	2,493	605	-	32,171	32,171	29,884	2,287	794	557,953
100 ～ 200 (7)	1,830	1,959	810	-	26,967	24,384	25,109	1,858	551	562,003
200 ～ 500 (8)	1,825	1,703	422	-	21,444	20,281	19,623	1,821	55	534,606
500頭以上 (9)	2,604	1,402	267	8	15,566	12,512	14,474	1,092	349	505,145
全国農業地域別										
北 海 道 (10)	3,109	1,681	341	9	19,266	14,777	17,702	1,564	615	511,450
東 北 (11)	x	x	x	x	x	x	x	x	x	x
関 東 ・ 東 山 (12)	1,295	1,867	500	-	25,120	23,334	23,572	1,548	69	513,069
東 海 (13)	980	3,339	425	-	22,704	22,280	21,772	932	4	532,133
中 国 (14)	x	x	x	x	x	x	x	x	x	x
四 国 (15)	2,425	1,497	864	8	32,219	28,440	30,933	1,286	546	615,082
九 州 (16)	2,393	1,111	697	-	22,515	21,029	20,997	1,518	101	582,142

単位：円

	財			費							
その他の諸材料費	獣医師料及び医薬品費	賃借料及び料金	物件税及び公課諸負担	建物費			自動車費			農機具費	
				小計	購入	償却	小計	購入	償却	小計	
(11)	(12)	(13)	(14)	(15)	(16)	(17)	(18)	(19)	(20)	(21)	
162	2,814	2,848	2,031	5,157	1,285	3,872	1,905	1,018	887	3,874	(1)
423	8,520	1,802	4,104	6,297	468	5,829	5,129	3,430	1,699	6,513	(2)
205	3,788	4,051	4,671	19,023	1,317	17,706	2,583	1,923	660	6,053	(3)
x	x	x	x	x	x	x	x	x	x	x	(4)
142	2,748	907	3,027	5,651	2,078	3,573	4,048	3,715	333	3,279	(5)
387	4,053	1,295	3,465	5,219	2,878	2,341	2,814	2,481	333	5,056	(6)
168	3,749	1,614	2,165	5,472	1,024	4,448	1,803	1,082	721	3,789	(7)
248	2,753	2,037	1,810	6,582	1,255	5,327	2,487	855	1,632	3,528	(8)
6	1,949	4,784	1,795	2,987	1,274	1,713	791	717	74	4,006	(9)
38	3,506	4,258	2,108	4,011	1,695	2,316	1,014	711	303	4,790	(10)
x	x	x	x	x	x	x	x	x	x	x	(11)
429	3,032	684	1,529	7,276	1,172	6,104	2,094	938	1,156	3,162	(12)
18	790	1,696	2,153	2,221	590	1,631	1,783	1,765	18	4,319	(13)
x	x	x	x	x	x	x	x	x	x	x	(14)
212	4,634	7,843	3,425	11,295	1,889	9,406	3,004	2,918	86	3,922	(15)
119	3,214	2,333	1,787	3,586	1,307	2,279	1,882	512	1,370	3,504	(16)

用	合	計	副産物価額	生産費（副産物価額差引）	支払利子	支払地代	支払利子・地代算入生産費	自己資本利子	自作地地代	資本利子・地代全額算入生産費（全算入生産費）	
購入	自給	償却									
(32)	(33)	(34)	(35)	(36)	(37)	(38)	(39)	(40)	(41)	(42)	
491,484	34,490	6,460	4,662	527,772	1,367	134	529,273	4,449	1,070	534,792	(1)
504,615	53,380	10,849	14,503	554,341	612	627	555,580	9,950	1,298	566,828	(2)
535,336	57,237	19,152	5,131	606,594	4,068	164	610,826	26,337	2,107	639,270	(3)
x	x	x	x	x	x	x	x	x	x	x	(4)
457,453	57,202	4,410	23,447	495,618	27	−	495,645	4,948	865	501,458	(5)
506,136	46,650	5,167	16,435	541,518	697	209	542,424	6,201	1,919	550,544	(6)
491,435	63,440	7,128	6,451	555,552	2,325	185	558,062	5,373	925	564,360	(7)
489,960	35,984	8,662	2,383	532,223	1,275	95	533,593	5,366	869	539,828	(8)
486,112	15,836	3,197	4,084	501,061	1,087	118	502,266	1,803	1,275	505,344	(9)
475,719	31,422	4,309	6,732	504,718	1,093	172	505,983	2,760	1,681	510,424	(10)
x	x	x	x	x	x	x	x	x	x	x	(11)
478,814	25,128	9,127	3,045	510,024	24	88	510,136	6,863	1,060	518,059	(12)
504,807	22,338	4,988	1,999	530,134	2	13	530,149	3,572	624	534,345	(13)
x	x	x	x	x	x	x	x	x	x	x	(14)
574,165	29,920	10,997	1,704	613,378	628	203	614,209	9,142	1,038	624,389	(15)
524,493	52,889	4,760	6,069	576,073	4,423	156	580,652	2,194	681	583,527	(16)

6　乳用雄肥育牛生産費（続き）
（4）　生産費（続き）
イ　乳用雄肥育牛生体100kg当たり

区　分	物 計 (1)	もと畜費 (2)	飼料費 小計 (3)	流通飼料費 (4)	購入 (5)	牧草・放牧・採草費 (6)	敷料費 (7)	購入 (8)	光熱水料及び動力費 (9)	購入 (10)
全　国 (1)	65,407	32,517	28,201	27,847	27,744	354	1,158	1,135	1,059	1,059
飼養頭数規模別										
1 ～ 10頭未満 (2)	69,658	29,152	33,555	32,862	32,862	693	872	872	1,474	1,474
10 ～ 20 (3)	78,385	35,514	35,179	34,886	34,503	293	558	558	1,339	1,339
20 ～ 30 (4)	x	x	x	x	x	x	x	x	x	x
30 ～ 50 (5)	61,493	33,242	22,617	22,617	22,554	－	2,009	1,055	902	902
50 ～ 100 (6)	64,710	31,612	27,549	26,206	26,166	1,343	1,876	1,562	857	857
100 ～ 200 (7)	67,860	32,880	30,476	29,990	29,976	486	952	952	1,070	1,070
200 ～ 500 (8)	64,853	31,494	28,965	28,822	28,598	143	865	865	1,019	1,019
500頭以上 (9)	64,133	33,808	25,500	25,065	25,065	435	1,556	1,556	1,096	1,096
全国農業地域別										
北　海　道 (10)	64,041	33,538	25,007	24,160	24,160	847	1,970	1,904	916	916
東　　北 (11)	x	x	x	x	x	x	x	x	x	x
関 東・東 山 (12)	61,805	31,970	25,897	25,865	25,670	32	603	603	966	966
東　　海 (13)	66,312	34,696	27,882	27,878	27,874	4	672	672	1,316	1,316
中　　国 (14)	x	x	x	x	x	x	x	x	x	x
四　　国 (15)	74,931	32,313	35,290	35,103	35,100	187	1,262	1,262	1,541	1,541
九　　州 (16)	70,419	31,822	33,883	33,600	33,568	283	1,322	1,322	1,238	1,238

区　分	農機具費（続き）購入 (22)	償却 (23)	生産管理費 (24)	償却 (25)	労働費 計 (26)	家族 (27)	直接労働費 (28)	間接労働費 (29)	自給牧草に係る労働費 (30)	費 計 (31)
全　国 (1)	280	217	62	1	2,862	2,583	2,644	218	38	68,269
飼養頭数規模別										
1 ～ 10頭未満 (2)	453	427	168	21	7,350	6,533	6,851	499	215	77,008
10 ～ 20 (3)	726	101	276	6	5,237	4,619	4,996	241	38	83,622
20 ～ 30 (4)	x	x	x	x	x	x	x	x	x	x
30 ～ 50 (5)	368	67	95	－	7,417	6,578	7,046	371	－	68,910
50 ～ 100 (6)	315	307	74	－	3,959	3,959	3,678	281	98	68,669
100 ～ 200 (7)	232	249	103	－	3,420	3,092	3,184	236	70	71,280
200 ～ 500 (8)	231	214	53	－	2,710	2,563	2,480	230	7	67,563
500頭以上 (9)	341	183	35	1	2,039	1,639	1,895	144	46	66,172
全国農業地域別										
北　海　道 (10)	405	219	44	1	2,507	1,923	2,304	203	80	66,548
東　　北 (11)	x	x	x	x	x	x	x	x	x	x
関 東・東 山 (12)	164	237	63	－	3,182	2,956	2,986	196	9	64,987
東　　海 (13)	128	435	55	－	2,955	2,900	2,834	121	0	69,267
中　　国 (14)	x	x	x	x	x	x	x	x	x	x
四　　国 (15)	312	193	111	1	4,141	3,656	3,976	165	70	79,072
九　　州 (16)	301	141	88	－	2,833	2,646	2,642	191	12	73,252

単位：円

その他の諸材料費	獣医師料及び医薬品費	賃借料及び料金	物件税及び公課諸負担	建物費 小計	購入	償却	自動車費 小計	購入	償却	農機具費 小計	
(11)	(12)	(13)	(14)	(15)	(16)	(17)	(18)	(19)	(20)	(21)	
21	361	365	261	661	165	496	244	131	113	497	(1)
57	1,153	244	556	853	63	790	694	464	230	880	(2)
28	518	554	638	2,601	180	2,421	353	263	90	827	(3)
x	x	x	x	x	x	x	x	x	x	x	(4)
19	365	120	402	750	276	474	537	493	44	435	(5)
48	499	159	426	642	354	288	346	305	41	622	(6)
21	475	205	275	694	130	564	228	137	91	481	(7)
31	348	257	229	833	159	674	314	108	206	445	(8)
1	255	627	235	392	167	225	104	94	10	524	(9)
5	456	554	274	522	221	301	131	92	39	624	(10)
x	x	x	x	x	x	x	x	x	x	x	(11)
54	384	87	193	921	148	773	266	119	147	401	(12)
2	103	221	281	289	77	212	232	230	2	563	(13)
x	x	x	x	x	x	x	x	x	x	x	(14)
27	596	1,008	440	1,452	243	1,209	386	375	11	505	(15)
15	404	294	225	450	164	286	236	64	172	442	(16)

用 合 計 購入	自給	償却	副産物価額	生産費（副産物価額差引）	支払利子	支払地代	支払利子・地代算入生産費	自己資本利子	自作地地代	資本利子・地代全額算入生産費（全算入生産費）	
(32)	(33)	(34)	(35)	(36)	(37)	(38)	(39)	(40)	(41)	(42)	
63,019	4,423	827	597	67,672	175	17	67,864	570	137	68,571	(1)
68,314	7,226	1,468	1,963	75,045	83	85	75,213	1,347	175	76,735	(2)
73,180	7,824	2,618	701	82,921	556	22	83,499	3,600	288	87,387	(3)
x	x	x	x	x	x	x	x	x	x	x	(4)
60,730	7,595	585	3,113	65,797	4	−	65,801	657	115	66,573	(5)
62,293	5,740	636	2,023	66,646	86	26	66,758	763	236	67,757	(6)
62,330	8,046	904	818	70,462	295	24	70,781	682	117	71,580	(7)
61,921	4,548	1,094	300	67,263	161	12	67,436	678	110	68,224	(8)
63,679	2,074	419	535	65,637	142	16	65,795	236	167	66,198	(9)
61,899	4,089	560	876	65,672	142	23	65,837	359	218	66,414	(10)
x	x	x	x	x	x	x	x	x	x	x	(11)
60,647	3,183	1,157	386	64,601	3	11	64,615	869	134	65,618	(12)
65,710	2,908	649	260	69,007	0	2	69,009	465	81	69,555	(13)
x	x	x	x	x	x	x	x	x	x	x	(14)
73,812	3,846	1,414	219	78,853	81	26	78,960	1,175	134	80,269	(15)
65,998	6,655	599	763	72,489	557	20	73,066	276	86	73,428	(16)

6　乳用雄肥育牛生産費（続き）

(5)　流通飼料の使用数量と価額（乳用雄肥育牛1頭当たり）

区分	平均 数量	平均 価額	1～10頭未満 数量	1～10頭未満 価額	10～20 数量	10～20 価額	20～30 数量	20～30 価額
	(1)	(2)	(3)	(4)	(5)	(6)	(7)	(8)
	kg	円	kg	円	kg	円	kg	円
流通飼料費合計 (1)	…	217,179	…	242,739	…	255,197	…	x
購入飼料費計 (2)	…	216,378	…	242,739	…	252,395	…	x
穀類　小計 (3)	…	4,444	…	16,698	…	1,149	…	x
大麦 (4)	26.3	810	208.2	8,997	10.5	552	x	x
その他の麦 (5)	-	-	-	-	-	-	x	x
とうもろこし (6)	89.3	3,630	201.9	7,701	4.6	171	x	x
大豆 (7)	0.0	2	-	-	1.2	82	x	x
飼料用米 (8)	0.0	2	-	-	5.7	344	x	x
その他 (9)	…	-	…	-	…	-	…	x
ぬか・ふすま類　小計 (10)	…	318	…	1,552	…	7,064	…	x
ふすま (11)	6.7	239	50.5	1,552	60.2	2,934	x	x
米・麦ぬか (12)	2.0	71	-	-	117.6	2,852	x	x
その他 (13)	…	8	…	-	…	1,278	…	x
植物性かす類　小計 (14)	…	1,416	…	-	…	2,031	…	x
大豆油かす (15)	9.2	551	-	-	1.6	137	x	x
ビートパルプ (16)	0.0	3	-	-	-	-	x	x
その他 (17)	…	862	…	-	…	1,894	…	x
配合飼料 (18)	3,781.5	187,621	4,112.3	213,475	3,910.6	209,470	x	x
TMR (19)	0.8	104	-	-	-	-	x	x
牛乳・脱脂乳 (20)	-	-	-	-	-	-	x	x
いも類及び野菜類 (21)	-	-	-	-	-	-	x	x
わら類　小計 (22)	…	7,074	…	5,214	…	5,508	…	x
稲わら (23)	184.0	6,573	334.9	5,214	131.7	5,508	x	x
その他 (24)	…	501	…	-	…	-	…	x
生牧草 (25)	-	-	-	-	-	-	x	x
乾牧草　小計 (26)	…	12,362	…	4,260	…	26,181	…	x
ヘイキューブ (27)	0.7	50	-	-	10.5	746	x	x
その他 (28)	…	12,312	…	4,260	…	25,435	…	x
サイレージ　小計 (29)	…	662	…	-	…	372	…	x
いね科 (30)	42.4	662	-	-	26.6	372	x	x
うち　稲発酵粗飼料 (31)	10.1	138	-	-	26.6	372	x	x
その他 (32)	…	-	…	-	…	-	…	x
その他 (33)	…	2,377	…	1,540	…	620	…	x
自給飼料費計 (34)	…	801	…	-	…	2,802	…	x
稲わら (35)	41.2	801	-	-	132.7	2,802	x	x
その他 (36)	…	-	…	-	…	-	…	x

30 ～ 50 数量 (9) kg	30 ～ 50 価額 (10) 円	50 ～ 100 数量 (11) kg	50 ～ 100 価額 (12) 円	100 ～ 200 数量 (13) kg	100 ～ 200 価額 (14) 円	200 ～ 500 数量 (15) kg	200 ～ 500 価額 (16) 円	500 頭 以 上 数量 (17) kg	500 頭 以 上 価額 (18) 円	
…	170,369	…	212,923	…	236,453	…	228,057	…	191,342	(1)
…	169,894	…	212,594	…	236,343	…	226,287	…	191,342	(2)
…	3,380	…	5,664	…	8,447	…	4,441	…	1,778	(3)
334.8	544	22.3	1,055	–	–	4.9	245	42.6	1,225	(4)
–	–	–	–	–	–	–	–	–	–	(5)
76.7	2,836	116.4	4,609	192.9	8,436	106.6	4,196	14.0	553	(6)
–	–	–	–	0.1	11	–	–	–	–	(7)
–	–	–	–	–	–	–	–	–	–	(8)
…	–	…	–	…	–	…	–	…	–	(9)
…	2,445	…	1,811	…	859	…	10	…	–	(10)
59.9	2,445	40.1	1,471	17.9	626	–	–	–	–	(11)
–	–	10.9	340	3.8	233	0.5	10	–	–	(12)
…	–	…	–	…	–	…	–	…	–	(13)
…	2,480	…	4,550	…	1,078	…	857	…	2,002	(14)
–	–	16.7	970	–	–	2.0	158	22.8	1,329	(15)
4.0	345	–	–	–	–	–	–	–	–	(16)
…	2,135	…	3,580	…	1,078	…	699	…	673	(17)
2,636.4	133,644	3,717.2	189,683	3,755.7	209,272	3,947.1	193,955	3,575.5	167,630	(18)
–	–	–	–	2.4	492	0.5	10	–	–	(19)
–	–	–	–	–	–	–	–	–	–	(20)
–	–	–	–	–	–	–	–	–	–	(21)
…	8,069	…	3,181	…	7,046	…	8,669	…	6,019	(22)
484.1	8,069	91.1	3,181	228.7	7,046	231.9	7,900	103.3	5,488	(23)
…	–	…	–	…	–	…	769	…	531	(24)
–	–	–	–	–	–	–	–	–	–	(25)
…	18,017	…	2,826	…	6,546	…	15,703	…	10,090	(26)
6.6	461	–	–	–	–	–	–	–	–	(27)
…	17,556	…	2,826	…	6,546	…	15,703	…	10,090	(28)
…	565	…	–	…	297	…	512	…	1,189	(29)
28.3	565	–	–	21.0	297	25.1	512	85.3	1,189	(30)
28.3	565	–	–	1.3	50	22.4	291	–	–	(31)
…	–	…	–	…	–	…	–	…	–	(32)
…	1,294	…	4,879	…	2,306	…	2,130	…	2,634	(33)
…	475	…	329	…	110	…	1,770	…	–	(34)
23.8	475	17.4	329	13.3	110	88.5	1,770	–	–	(35)
…	–	…	–	…	–	…	–	…	–	(36)

7 交雑種肥育牛生産費

7 交雑種肥育牛生産費
(1) 経営の概況（1経営体当たり）

区　　　　　分	集　計経営体数	世　　帯　　員			農　業　就　業　者		
		計	男	女	計	男	女
	(1)	(2)	(3)	(4)	(5)	(6)	(7)
	経営体	人	人	人	人	人	人
全　　　　　　　　国 (1)	89	3.9	2.0	1.9	2.2	1.4	0.8
飼 養 頭 数 規 模 別							
1 〜 10頭未満 (2)	3	3.7	1.7	2.0	1.3	1.0	0.3
10 〜 20 (3)	11	3.6	2.1	1.5	2.0	1.2	0.8
20 〜 30 (4)	5	3.2	2.0	1.2	2.6	1.6	1.0
30 〜 50 (5)	9	3.5	1.6	1.9	1.5	0.8	0.7
50 〜 100 (6)	24	3.8	2.0	1.8	2.3	1.5	0.8
100 〜 200 (7)	21	4.8	2.3	2.5	2.6	1.6	1.0
200 〜 500 (8)	13	3.7	2.1	1.6	2.3	1.5	0.8
500頭以上 (9)	3	4.4	1.7	2.7	2.4	1.7	0.7
全 国 農 業 地 域 別							
北　　　　海　　　　道 (10)	3	5.0	2.0	3.0	3.0	2.0	1.0
東　　　　　　　　北 (11)	11	3.7	2.1	1.6	2.3	1.4	0.9
北　　　　　　　　陸 (12)	3	4.3	2.3	2.0	2.7	1.7	1.0
関　東　・　東　山 (13)	27	4.0	1.9	2.1	2.2	1.4	0.8
東　　　　　　　　海 (14)	14	4.0	1.9	2.1	2.3	1.2	1.1
近　　　　　　　　畿 (15)	2	x	x	x	x	x	x
中　　　　　　　　国 (16)	3	3.6	2.3	1.3	3.3	2.3	1.0
四　　　　　　　　国 (17)	6	3.5	2.0	1.5	1.5	1.2	0.3
九　　　　　　　　州 (18)	20	4.0	2.1	1.9	2.3	1.5	0.8

区　　　　　分	畜舎の面積及び自動車・農機具の使用台数(10経営体当たり)				飼養月平均頭数	もと牛の概要（もと牛1頭当たり）	
	畜舎面積〔1経営体当たり〕	カッター	貨物自動車	トラクター〔耕うん機を含む。〕		月　齢	評価額
	(17)	(18)	(19)	(20)	(21)	(22)	(23)
	㎡	台	台	台	頭	月	円
全　　　　　　　　国 (1)	1,973.2	2.4	32.6	11.6	157.5	8.0	397,742
飼 養 頭 数 規 模 別							
1 〜 10頭未満 (2)	461.0	－	23.3	6.7	1.7	7.5	400,050
10 〜 20 (3)	552.4	1.8	24.5	10.0	14.6	7.5	372,496
20 〜 30 (4)	747.4	－	32.0	20.0	25.2	8.2	366,178
30 〜 50 (5)	748.4	1.1	24.4	5.6	40.6	8.0	385,457
50 〜 100 (6)	1,369.5	1.7	29.6	13.8	74.3	7.9	393,936
100 〜 200 (7)	1,263.7	6.2	31.9	12.9	145.5	7.8	401,918
200 〜 500 (8)	4,081.8	2.3	42.3	10.0	292.3	8.1	402,258
500頭以上 (9)	4,586.7	－	40.0	26.7	669.2	8.1	387,072
全 国 農 業 地 域 別							
北　　　　海　　　　道 (10)	4,482.3	－	46.7	43.3	464.6	8.5	357,638
東　　　　　　　　北 (11)	1,968.5	1.8	32.7	20.0	140.4	8.0	344,987
北　　　　　　　　陸 (12)	743.0	3.3	36.7	10.0	95.2	7.4	383,820
関　東　・　東　山 (13)	1,302.0	1.1	33.0	12.6	128.3	7.8	435,184
東　　　　　　　　海 (14)	1,323.5	2.1	25.0	5.0	87.2	7.8	416,764
近　　　　　　　　畿 (15)	x	x	x	x	x	x	x
中　　　　　　　　国 (16)	857.3	10.0	30.0	26.7	77.6	7.5	336,075
四　　　　　　　　国 (17)	1,513.3	－	36.7	6.7	84.4	7.7	350,193
九　　　　　　　　州 (18)	2,043.9	5.0	28.0	8.5	139.7	8.0	407,699

計 (8)	経営耕地 小計 (9)	田 (10)	畑 (11)	牧草地 (12)	畜産用地 小計 (13)	畜舎等 (14)	放牧地 (15)	採草地 (16)	
a	a	a	a	a	a	a	a	a	
793	667	233	166	268	126	126	-	-	(1)
367	343	146	197	-	24	24	-	-	(2)
599	574	416	133	25	25	25	-	-	(3)
602	579	321	79	179	23	23	-	-	(4)
263	233	49	19	165	30	30	-	-	(5)
519	473	207	49	217	46	46	-	-	(6)
381	329	213	41	75	52	52	-	-	(7)
851	505	257	60	188	346	346	-	-	(8)
6,022	5,856	643	2,080	3,133	166	166	-	-	(9)
6,603	6,367	-	2,067	4,300	236	236	-	-	(10)
1,093	1,038	410	61	567	55	55	-	-	(11)
1,997	1,974	1,724	3	247	23	23	-	-	(12)
668	336	223	69	44	332	332	-	-	(13)
208	175	121	38	16	33	33	-	-	(14)
x	x	x	x	x	x	x	x	x	(15)
345	264	205	2	57	81	81	-	-	(16)
310	273	163	110	-	37	37	-	-	(17)
289	239	102	80	57	50	50	-	-	(18)

販売頭数（1経営体当たり）(24)	主産物 月齢 (25)	生体重 (26)	価格 (27)	肥育期間 (28)	副産物 きゅう肥 数量 (29)	利用量 (30)	価額（利用分）(31)	その他 (32)	
頭	月	kg	円	月	kg	kg	円	円	
101.9	26.2	813.0	799,867	18.2	14,036	5,953	6,941	248	(1)
1.3	27.5	918.3	827,413	20.0	15,315	4,767	6,198	-	(2)
11.4	25.8	773.6	777,488	18.3	13,738	8,562	15,552	2,231	(3)
21.6	25.7	750.2	707,249	17.5	10,904	8,465	11,637	-	(4)
26.4	26.9	844.3	838,891	18.9	14,866	4,245	2,469	-	(5)
51.4	26.4	789.2	770,857	18.5	14,392	8,176	13,675	409	(6)
93.3	26.0	834.8	826,939	18.2	13,628	6,902	5,872	888	(7)
187.8	25.7	791.6	792,729	17.6	13,750	2,902	2,142	-	(8)
423.7	27.6	854.1	802,426	19.5	15,129	11,858	17,653	144	(9)
322.7	27.3	842.3	768,089	18.8	14,610	10,315	18,604	189	(10)
96.0	26.9	729.8	694,966	18.8	14,663	6,262	9,681	1,155	(11)
46.7	25.0	798.8	764,518	17.6	14,505	10,894	6,506	-	(12)
84.6	26.0	849.0	835,011	18.2	13,569	7,709	8,203	-	(13)
55.3	26.3	818.1	838,232	18.5	14,635	6,344	4,946	33	(14)
x	x	x	x	x	x	x	x	x	(15)
50.7	25.4	753.1	752,996	17.9	13,788	6,292	9,944	-	(16)
58.7	26.2	789.5	767,068	18.6	14,388	5,775	5,859	-	(17)
91.8	25.5	810.5	810,257	17.5	13,493	4,050	3,631	697	(18)

7　交雑種肥育牛生産費（続き）

(2)　作業別労働時間（交雑種肥育牛1頭当たり）

区　　　　分	計	男	女	家　族　・　雇　用			
				家　　　　　族			雇　用
				小　計	男	女	小　計
	(1)	(2)	(3)	(4)	(5)	(6)	(7)
全　　　　　　　　国 (1)	24.31	18.86	5.45	19.68	14.35	5.33	4.63
飼 養 頭 数 規 模 別							
1 ～ 10頭未満 (2)	66.92	64.24	2.68	66.92	64.24	2.68	－
10 ～ 20 (3)	59.28	44.07	15.21	58.90	43.69	15.21	0.38
20 ～ 30 (4)	38.53	35.22	3.31	34.62	31.31	3.31	3.91
30 ～ 50 (5)	67.27	39.09	28.18	58.22	30.34	27.88	9.05
50 ～ 100 (6)	37.16	28.90	8.26	35.77	27.58	8.19	1.39
100 ～ 200 (7)	32.74	24.90	7.84	28.92	21.16	7.76	3.82
200 ～ 500 (8)	20.33	16.17	4.16	14.87	10.91	3.96	5.46
500頭以上 (9)	13.41	10.98	2.43	9.08	6.65	2.43	4.33
全 国 農 業 地 域 別							
北　　海　　道 (10)	13.41	10.17	3.24	11.20	7.96	3.24	2.21
東　　　　　北 (11)	30.34	20.44	9.90	25.68	16.94	8.74	4.66
北　　　　　陸 (12)	36.44	31.78	4.66	31.70	27.04	4.66	4.74
関　東　・　東　山 (13)	27.39	22.21	5.18	21.35	16.21	5.14	6.04
東　　　　　海 (14)	39.60	24.79	14.81	35.44	20.81	14.63	4.16
近　　　　　畿 (15)	x	x	x	x	x	x	x
中　　　　　国 (16)	36.78	34.69	2.09	36.13	34.04	2.09	0.65
四　　　　　国 (17)	33.93	29.02	4.91	26.63	21.72	4.91	7.30
九　　　　　州 (18)	24.61	19.11	5.50	22.57	17.07	5.50	2.04

(3)　収益性

ア　交雑種肥育牛1頭当たり

区　　　　分	粗　　収　　益			生　　産　　費　　用			所　得
	計	主 産 物	副 産 物	生産費総額	生産費総額から家族労働費、自己資本利子、自作地地代を控除した額	生産費総額から家族労働費を控除した額	
	(1)	(2)	(3)	(4)	(5)	(6)	(7)
全　　　　　国 (1)	807,056	799,867	7,189	801,959	760,802	768,702	46,254
飼 養 頭 数 規 模 別							
1 ～ 10頭未満 (2)	833,611	827,413	6,198	882,182	664,876	773,592	168,735
10 ～ 20 (3)	795,271	777,488	17,783	878,437	767,849	780,303	27,422
20 ～ 30 (4)	718,886	707,249	11,637	869,974	786,889	814,605	△ 68,003
30 ～ 50 (5)	841,360	838,891	2,469	893,115	776,522	786,428	64,838
50 ～ 100 (6)	784,941	770,857	14,084	845,052	775,566	784,758	9,375
100 ～ 200 (7)	833,699	826,939	6,760	829,943	770,341	780,582	63,358
200 ～ 500 (8)	794,871	792,729	2,142	775,051	743,976	751,032	50,895
500頭以上 (9)	820,223	802,426	17,797	806,688	785,140	789,793	35,083
全 国 農 業 地 域 別							
北　　海　　道 (10)	786,882	768,089	18,793	768,205	742,347	747,376	44,535
東　　　　　北 (11)	705,802	694,966	10,836	752,378	700,591	710,625	5,211
北　　　　　陸 (12)	771,024	764,518	6,506	850,565	776,685	801,031	△ 5,661
関　東　・　東　山 (13)	843,214	835,011	8,203	828,729	782,979	791,434	60,235
東　　　　　海 (14)	843,211	838,232	4,979	875,154	795,662	805,013	47,549
近　　　　　畿 (15)	x	x	x	x	x	x	x
中　　　　　国 (16)	762,940	752,996	9,944	741,730	678,995	686,255	83,945
四　　　　　国 (17)	772,927	767,068	5,859	811,511	765,168	773,545	7,759
九　　　　　州 (18)	814,585	810,257	4,328	814,133	775,211	780,094	39,374

単位：時間

別　内　訳		直　接　労　働　時　間				間接労働時間	
用		小　計	飼育労働時間		その他		自給牧草に係る労働時間
男	女		飼料の調理・給与・給水	敷料の搬入・きゅう肥の搬出			
(8)	(9)	(10)	(11)	(12)	(13)	(14)	(15)
4.51	0.12	23.18	17.00	2.58	3.60	1.13	0.27	(1)
-	-	65.62	49.61	7.63	8.38	1.30	-	(2)
0.38	-	56.79	43.53	6.65	6.61	2.49	0.38	(3)
3.91	-	35.49	27.56	4.51	3.42	3.04	1.16	(4)
8.75	0.30	65.05	48.68	9.24	7.13	2.22	0.30	(5)
1.32	0.07	35.52	26.73	3.66	5.13	1.64	0.45	(6)
3.74	0.08	30.61	21.57	3.54	5.50	2.13	0.43	(7)
5.26	0.20	19.69	15.10	1.44	3.15	0.64	0.08	(8)
4.33	-	12.53	7.90	3.04	1.59	0.88	0.54	(9)
2.21	-	12.45	7.95	3.17	1.33	0.96	0.72	(10)
3.50	1.16	28.54	19.82	2.93	5.79	1.80	0.57	(11)
4.74	-	35.23	28.07	4.78	2.38	1.21	0.94	(12)
6.00	0.04	26.21	18.99	2.85	4.37	1.18	0.08	(13)
3.98	0.18	37.92	25.89	5.24	6.79	1.68	0.04	(14)
x	x	x	x	x	x	x	x	(15)
0.65	-	32.89	22.14	3.34	7.41	3.89	2.44	(16)
7.30	-	32.24	24.70	2.56	4.98	1.69	0.36	(17)
2.04	-	23.87	19.21	1.94	2.72	0.74	0.11	(18)

イ　1日当たり

単位：円　　　　単位：円

家族労働報酬	所　得	家族労働報酬	
(8)	(1)	(2)	
38,354	18,802	15,591	(1)
60,019	20,172	7,175	(2)
14,968	3,725	2,033	(3)
△ 95,719	nc	nc	(4)
54,932	8,909	7,548	(5)
183	2,097	41	(6)
53,117	17,526	14,693	(7)
43,839	27,381	23,585	(8)
30,430	30,910	26,811	(9)
39,506	31,811	28,219	(10)
△ 4,823	1,623	nc	(11)
△ 30,007	nc	nc	(12)
51,780	22,570	19,402	(13)
38,198	10,733	8,623	(14)
x	x	x	(15)
76,685	18,587	16,980	(16)
△ 618	2,331	nc	(17)
34,491	13,956	12,225	(18)

7 交雑種肥育牛生産費（続き）

（4） 生産費

ア 交雑種肥育牛1頭当たり

区　　　　　分	物									
	計	もと畜費	飼　料　費				敷　料　費		光熱水料及び動力費	
			小　計	流通飼料費		牧草・放牧・採草費		購　入		購　入
					購　入					
	(1)	(2)	(3)	(4)	(5)	(6)	(7)	(8)	(9)	(10)
全　　　　　国 (1)	748,809	405,634	297,952	293,518	293,012	4,434	8,200	8,089	9,251	9,251
飼 養 頭 数 規 模 別										
1 ～ 10頭未満 (2)	662,373	400,050	368,818	368,818	368,818	－	5,911	5,911	45,514	45,514
10 ～ 20 (3)	766,273	387,396	316,191	312,893	311,019	3,298	9,166	8,532	11,072	11,072
20 ～ 30 (4)	779,774	383,130	321,171	318,614	311,684	2,557	5,586	5,543	9,843	9,843
30 ～ 50 (5)	759,635	391,935	304,930	304,596	303,629	334	7,962	7,882	12,565	12,565
50 ～ 100 (6)	771,163	402,889	314,182	311,637	309,784	2,545	10,655	9,761	11,405	11,405
100 ～ 200 (7)	763,175	409,915	301,193	298,721	298,528	2,472	7,017	7,012	12,291	12,291
200 ～ 500 (8)	728,797	410,473	281,356	280,230	280,203	1,126	5,064	4,995	8,493	8,493
500頭以上 (9)	773,064	393,163	327,112	310,718	309,651	16,394	16,634	16,628	6,290	6,290
全 国 農 業 地 域 別										
北　海　道 (10)	733,347	364,288	317,578	295,451	295,451	22,127	18,310	18,310	6,688	6,688
東　　　北 (11)	689,799	353,808	289,586	286,823	286,505	2,763	9,363	9,353	9,164	9,164
北　　　陸 (12)	764,211	405,753	316,906	303,522	303,126	13,384	5,805	4,738	4,854	4,854
関 東 ・ 東 山 (13)	773,306	443,945	285,975	285,545	284,114	430	6,938	6,707	9,287	9,287
東　　　海 (14)	789,399	422,141	300,039	299,392	298,174	647	4,386	4,337	14,517	14,517
近　　　畿 (15)	x	x	x	x	x	x	x	x	x	x
中　　　国 (16)	672,703	338,286	282,205	272,477	272,477	9,728	7,597	7,546	11,343	11,343
四　　　国 (17)	753,516	357,157	339,153	338,368	338,368	785	9,471	7,727	14,208	14,208
九　　　州 (18)	762,530	415,693	305,389	304,536	304,293	853	7,642	7,642	9,974	9,974

区　　　　　分	物 財 費 （ 続 き ）		生 産 管 理 費		労　　働　　費		直 接 労 働 費	間 接 労 働 費		費
	農機具費（続き）				計	家　族			自給牧草に係る労働費	計
	購　入	償却		償却						
	(22)	(23)	(24)	(25)	(26)	(27)	(28)	(29)	(30)	(31)
全　　　　　国 (1)	2,815	2,698	874	11	40,181	33,257	38,319	1,862	441	788,990
飼 養 頭 数 規 模 別										
1 ～ 10頭未満 (2)	16,876	47,918	11,117	－	108,590	108,590	106,512	2,078	－	770,963
10 ～ 20 (3)	7,146	1,785	2,259	－	98,494	98,134	94,545	3,949	516	864,767
20 ～ 30 (4)	7,043	4,123	2,764	－	62,215	55,369	57,849	4,366	1,366	841,989
30 ～ 50 (5)	2,437	3,185	2,282	－	122,933	106,687	119,099	3,834	421	882,568
50 ～ 100 (6)	2,958	3,908	941	－	62,358	60,294	59,711	2,647	694	833,521
100 ～ 200 (7)	3,651	3,129	1,217	0	53,396	49,361	49,888	3,508	628	816,571
200 ～ 500 (8)	1,810	2,318	622	22	32,435	24,019	31,424	1,011	125	761,232
500頭以上 (9)	4,024	2,162	732	－	24,182	16,895	22,623	1,559	907	797,246
全 国 農 業 地 域 別										
北　海　道 (10)	5,177	2,567	212	－	23,671	20,829	22,013	1,658	1,229	757,018
東　　　北 (11)	3,618	2,962	783	－	51,181	41,753	48,392	2,789	819	740,980
北　　　陸 (12)	841	446	1,262	－	60,698	49,534	58,810	1,888	1,482	824,909
関 東 ・ 東 山 (13)	1,714	2,015	909	－	45,923	37,295	43,889	2,034	136	819,229
東　　　海 (14)	5,408	5,226	2,415	0	75,093	70,141	71,978	3,115	82	864,492
近　　　畿 (15)	x	x	x	x	x	x	x	x	x	x
中　　　国 (16)	3,086	1,339	855	－	56,469	55,475	50,440	6,029	3,735	729,172
四　　　国 (17)	1,599	1,435	1,670	105	47,150	37,966	44,936	2,214	419	800,666
九　　　州 (18)	2,693	2,710	607	－	36,923	34,039	35,751	1,172	147	799,453

単位：円

その他の諸材料費	獣医師料及び医薬品費	賃借料及び料金	物件税及び公課諸負担	建物費 小計	建物費 購入	建物費 償却	自動車費 小計	自動車費 購入	自動車費 償却	農機具費 小計	
(11)	(12)	(13)	(14)	(15)	(16)	(17)	(18)	(19)	(20)	(21)	
235	3,677	3,362	2,706	9,105	2,060	7,045	2,300	1,865	435	5,513	(1)
286	5,042	2,998	56,910	33,532	12,674	20,858	△ 332,599	79,901	△ 412,500	64,794	(2)
558	3,839	1,880	7,757	10,980	5,466	5,514	6,244	5,307	937	8,931	(3)
712	9,442	1,374	7,174	19,960	2,390	17,570	7,452	4,791	2,661	11,166	(4)
488	4,102	5,519	6,719	9,245	3,916	5,329	8,266	6,734	1,532	5,622	(5)
235	4,956	2,329	4,680	6,927	2,758	4,169	5,098	2,901	2,197	6,866	(6)
485	5,815	2,529	3,201	8,973	2,877	6,096	3,759	1,989	1,770	6,780	(7)
96	2,715	3,709	1,856	7,869	2,031	5,838	2,416	1,247	1,169	4,128	(8)
261	2,968	3,674	2,203	12,403	575	11,828	1,438	1,344	94	6,186	(9)
41	3,060	4,391	2,259	7,360	882	6,478	1,416	1,406	10	7,744	(10)
473	2,353	3,284	2,228	7,517	1,543	5,974	4,660	2,014	2,646	6,580	(11)
288	4,087	3,436	6,196	11,781	685	11,096	2,556	2,460	96	1,287	(12)
408	2,842	3,153	3,577	9,746	2,101	7,645	2,797	2,222	575	3,729	(13)
211	7,726	7,510	3,458	11,376	3,328	8,048	4,986	3,548	1,438	10,634	(14)
x	x	x	x	x	x	x	x	x	x	x	(15)
437	8,627	108	4,977	6,543	1,297	5,246	7,300	2,959	4,341	4,425	(16)
383	3,513	3,682	4,005	12,120	4,180	7,940	5,120	2,954	2,166	3,034	(17)
87	4,848	1,719	2,160	6,596	2,322	4,274	2,412	1,288	1,124	5,403	(18)

用合計 購入	用合計 自給	用合計 償却	副産物価額	生産費（副産物価額差引）	支払利子	支払地代	支払利子・地代算入生産費	自己資本利子	自作地地代	資本利子・地代全額算入生産費（全算入生産費）	
(32)	(33)	(34)	(35)	(36)	(37)	(38)	(39)	(40)	(41)	(42)	
727,986	50,815	10,189	7,189	781,801	4,522	547	786,870	6,272	1,628	794,770	(1)
897,072	217,615	△ 343,724	6,198	764,765	11	2,492	767,268	53,620	55,096	875,984	(2)
639,449	217,082	8,236	17,783	846,984	1,043	173	848,200	9,593	2,861	860,654	(3)
693,576	124,059	24,354	11,637	830,352	－	269	830,621	24,711	3,005	858,337	(4)
764,454	108,068	10,046	2,469	880,099	71	570	880,740	7,006	2,900	890,646	(5)
740,064	83,183	10,274	14,084	819,437	2,092	247	821,776	7,319	1,873	830,968	(6)
704,848	100,728	10,995	6,760	809,811	2,331	800	812,942	8,819	1,422	823,183	(7)
726,644	25,241	9,347	2,142	759,090	6,510	253	765,853	6,101	955	772,909	(8)
748,800	34,362	14,084	17,797	779,449	3,637	1,152	784,238	1,948	2,705	788,891	(9)
705,007	42,956	9,055	18,793	738,225	4,645	1,513	744,383	2,030	2,999	749,412	(10)
684,554	44,844	11,582	10,836	730,144	509	855	731,508	8,405	1,629	741,542	(11)
748,890	64,381	11,638	6,506	818,403	－	1,310	819,713	21,111	3,235	844,059	(12)
745,505	63,489	10,235	8,203	811,026	645	400	812,071	6,958	1,497	820,526	(13)
741,872	107,908	14,712	4,979	859,513	1,012	299	860,824	7,567	1,784	870,175	(14)
x	x	x	x	x	x	x	x	x	x	x	(15)
608,417	109,829	10,926	9,944	719,228	2,820	2,478	724,526	6,677	583	731,786	(16)
748,525	40,495	11,646	5,859	794,807	2,386	82	797,275	7,439	938	805,652	(17)
729,816	61,529	8,108	4,328	795,125	9,615	182	804,922	3,850	1,033	809,805	(18)

7 交雑種肥育牛生産費（続き）
（4） 生産費（続き）
イ 交雑種肥育牛生体100kg当たり

区分	物 計 (1)	もと畜費 (2)	飼料費 小計 (3)	飼料費 流通飼料費 購入 (4)	飼料費 購入 (5)	飼料費 牧草・放牧・採草費 (6)	敷料費 (7)	敷料費 購入 (8)	光熱水料及び動力費 (9)	光熱水料及び動力費 購入 (10)
全　　　　　国 (1)	92,104	49,894	36,648	36,103	36,041	545	1,009	995	1,138	1,138
飼養頭数規模別										
1 ～ 10頭未満 (2)	72,133	43,566	40,165	40,165	40,165	－	644	644	4,957	4,957
10 ～ 20 (3)	99,056	50,078	40,874	40,448	40,206	426	1,185	1,103	1,431	1,431
20 ～ 30 (4)	103,938	51,067	42,810	42,469	41,545	341	745	739	1,312	1,312
30 ～ 50 (5)	89,974	46,422	36,118	36,078	35,963	40	943	934	1,488	1,488
50 ～ 100 (6)	97,715	51,050	39,809	39,487	39,252	322	1,350	1,237	1,445	1,445
100 ～ 200 (7)	91,416	49,101	36,078	35,782	35,759	296	841	840	1,472	1,472
200 ～ 500 (8)	92,064	51,851	35,539	35,397	35,394	142	640	631	1,073	1,073
500頭以上 (9)	90,511	46,031	38,298	36,379	36,254	1,919	1,948	1,947	736	736
全国農業地域別										
北　海　道 (10)	87,066	43,250	37,704	35,077	35,077	2,627	2,174	2,174	794	794
東　　　北 (11)	94,525	48,483	39,683	39,304	39,260	379	1,283	1,282	1,256	1,256
北　　　陸 (12)	95,677	50,798	39,676	38,000	37,950	1,676	727	593	608	608
関東・東山 (13)	91,085	52,292	33,684	33,633	33,464	51	817	790	1,094	1,094
東　　　海 (14)	96,494	51,603	36,676	36,597	36,448	79	536	530	1,775	1,775
近　　　畿 (15)	x	x	x	x	x	x	x	x	x	x
中　　　国 (16)	89,330	44,921	37,476	36,184	36,184	1,292	1,009	1,002	1,506	1,506
四　　　国 (17)	95,436	45,236	42,956	42,857	42,857	99	1,200	979	1,800	1,800
九　　　州 (18)	94,083	51,290	37,681	37,576	37,546	105	943	943	1,231	1,231

区分	物財費（続き） 農機具費（続き） 購入 (22)	農機具費（続き） 償却 (23)	生産管理費 (24)	生産管理費 償却 (25)	労働費 計 (26)	労働費 家族 (27)	直接労働費 (28)	間接労働費 (29)	間接労働費 自給牧草に係る労働費 (30)	費 計 (31)
全　　　　　国 (1)	346	331	107	1	4,943	4,091	4,714	229	55	97,047
飼養頭数規模別										
1 ～ 10頭未満 (2)	1,838	5,218	1,211	－	11,825	11,825	11,599	226	－	83,958
10 ～ 20 (3)	924	231	292	－	12,731	12,685	12,221	510	66	111,787
20 ～ 30 (4)	939	550	368	－	8,292	7,380	7,710	582	182	112,230
30 ～ 50 (5)	289	377	270	－	14,561	12,636	14,107	454	50	104,535
50 ～ 100 (6)	375	496	119	－	7,902	7,640	7,567	335	88	105,617
100 ～ 200 (7)	437	375	146	0	6,395	5,912	5,976	419	75	97,811
200 ～ 500 (8)	229	294	79	3	4,097	3,034	3,969	128	16	96,161
500頭以上 (9)	471	254	86	－	2,832	1,978	2,649	183	106	93,343
全国農業地域別										
北　海　道 (10)	615	305	25	－	2,809	2,472	2,613	196	146	89,875
東　　　北 (11)	496	406	107	－	7,013	5,722	6,631	382	112	101,538
北　　　陸 (12)	105	56	158	－	7,599	6,201	7,363	236	186	103,276
関東・東山 (13)	202	237	107	－	5,409	4,393	5,170	239	16	96,494
東　　　海 (14)	661	638	295	0	9,180	8,575	8,799	381	10	105,674
近　　　畿 (15)	x	x	x	x	x	x	x	x	x	x
中　　　国 (16)	410	178	113	－	7,499	7,367	6,698	801	496	96,829
四　　　国 (17)	202	182	211	13	5,971	4,808	5,691	280	53	101,407
九　　　州 (18)	332	333	75	－	4,556	4,201	4,411	145	18	98,639

単位：円

	その他の諸材料費	獣医師料及び医薬品費	賃借料及び料金	物件税及び公課諸負担	建物費 小計	建物費 購入	建物費 償却	自動車費 小計	自動車費 購入	自動車費 償却	農機具費 小計	
	(11)	(12)	(13)	(14)	(15)	(16)	(17)	(18)	(19)	(20)	(21)	
	29	452	414	333	1,120	253	867	283	229	54	677	(1)
	31	549	326	6,198	3,651	1,380	2,271	△ 36,221	8,701	△ 44,922	7,056	(2)
	72	496	243	1,003	1,419	707	712	808	686	122	1,155	(3)
	95	1,259	183	956	2,661	319	2,342	993	639	354	1,489	(4)
	58	486	654	795	1,095	464	631	979	798	181	666	(5)
	30	628	295	593	879	350	529	646	368	278	871	(6)
	58	697	303	383	1,075	345	730	450	238	212	812	(7)
	12	343	469	235	994	257	737	306	158	148	523	(8)
	31	347	430	258	1,453	67	1,386	168	157	11	725	(9)
	5	363	521	268	874	105	769	168	167	1	920	(10)
	65	322	450	305	1,030	211	819	639	276	363	902	(11)
	36	512	430	776	1,475	86	1,389	320	308	12	161	(12)
	48	335	371	422	1,147	247	900	329	262	67	439	(13)
	26	944	918	422	1,391	407	984	609	434	175	1,299	(14)
	x	x	x	x	x	x	x	x	x	x	x	(15)
	58	1,146	14	661	869	172	697	969	393	576	588	(16)
	48	445	466	507	1,535	529	1,006	648	374	274	384	(17)
	11	598	212	266	813	286	527	298	159	139	665	(18)

用合計 購入	用合計 自給	用合計 償却	副産物価額	生産費（副産物価額差引）	支払利子	支払地代	支払利子・地代算入生産費	自己資本利子	自作地地代	資本利子・地代全額算入生産費（全算入生産費）	
(32)	(33)	(34)	(35)	(36)	(37)	(38)	(39)	(40)	(41)	(42)	
89,544	6,250	1,253	884	96,163	556	67	96,786	772	201	97,759	(1)
97,693	23,698	△ 37,433	675	83,283	1	271	83,555	5,839	6,000	95,394	(2)
82,661	28,061	1,065	2,299	109,488	135	22	109,645	1,240	370	111,255	(3)
92,448	16,536	3,246	1,551	110,679	−	36	110,715	3,294	401	114,410	(4)
90,546	12,800	1,189	293	104,242	8	68	104,318	830	343	105,491	(5)
93,774	10,540	1,303	1,785	103,832	265	31	104,128	927	238	105,293	(6)
84,429	12,065	1,317	809	97,002	279	95	97,376	1,056	170	98,602	(7)
91,791	3,188	1,182	270	95,891	822	32	96,745	771	120	97,636	(8)
87,669	4,023	1,651	2,084	91,259	426	134	91,819	228	316	92,363	(9)
83,701	5,099	1,075	2,231	87,644	551	180	88,375	241	356	88,972	(10)
93,804	6,146	1,588	1,484	100,054	70	117	100,241	1,152	223	101,616	(11)
93,758	8,061	1,457	814	102,462	−	164	102,626	2,643	405	105,674	(12)
87,811	7,479	1,204	967	95,527	76	47	95,650	820	177	96,647	(13)
90,685	13,192	1,797	609	105,065	124	37	105,226	925	218	106,369	(14)
x	x	x	x	x	x	x	x	x	x	x	(15)
80,793	14,585	1,451	1,320	95,509	374	329	96,212	887	77	97,176	(16)
94,804	5,128	1,475	742	100,665	302	11	100,978	942	119	102,039	(17)
90,047	7,593	999	534	98,105	1,186	23	99,314	475	127	99,916	(18)

7 交雑種肥育牛生産費（続き）
(5) 流通飼料の使用数量と価額（交雑種肥育牛1頭当たり）

区分	平均 数量	平均 価額	1～10頭未満 数量	1～10頭未満 価額	10～20 数量	10～20 価額	20～30 数量	20～30 価額
	(1) kg	(2) 円	(3) kg	(4) 円	(5) kg	(6) 円	(7) kg	(8) 円
流通飼料費合計 (1)	…	293,518	…	368,818	…	312,893	…	318,614
購入飼料費計 (2)	…	293,012	…	368,818	…	311,019	…	311,684
穀類 小計 (3)	…	2,306	…	4,070	…	20,293	…	−
大麦 (4)	16.4	904	81.0	4,070	94.6	5,334	−	−
その他の麦 (5)	0.5	23	−	−	110.6	5,594	−	−
とうもろこし (6)	37.7	1,221	−	−	202.2	9,365	−	−
大豆 (7)	1.4	123	−	−	−	−	−	−
飼料用米 (8)	0.6	35	−	−	−	−	−	−
その他 (9)	…	−	…		…		…	
ぬか・ふすま類 小計 (10)	…	660	…	−	…	9,644	…	10,560
ふすま (11)	14.9	535	−	−	112.1	4,217	229.1	10,560
米・麦ぬか (12)	2.8	87	−	−	114.2	3,469	−	−
その他 (13)	…	38	…		…	1,958	…	
植物性かす類 小計 (14)	…	4,167	…	−	…	5,753	…	1,116
大豆油かす (15)	5.1	420	−	−	41.6	3,154	0.4	32
ビートパルプ (16)	0.3	21	−	−	−	−	−	−
その他 (17)	…	3,726	…		…	2,599	…	1,084
配合飼料 (18)	4,892.9	246,549	5,939.5	338,932	4,320.1	230,001	5,050.8	274,014
TMR (19)	0.8	141	−	−	46.5	3,200	−	−
牛乳・脱脂乳 (20)	−	−	−	−	−	−	−	−
いも類及び野菜類 (21)	−	−	−	−	−	−	−	−
わら類 小計 (22)	…	14,769	…	2,152	…	12,747	…	3,847
稲わら (23)	441.9	13,322	227.3	2,152	349.9	12,747	368.0	3,847
その他 (24)	…	1,447	…		…		…	
生牧草 (25)	−	−	−	−	−	−	−	−
乾牧草 小計 (26)	…	14,751	…	13,795	…	25,125	…	14,603
ヘイキューブ (27)	4.3	362	−	−	133.4	5,084	5.9	388
その他 (28)	…	14,389	…	13,795	…	20,041	…	14,215
サイレージ 小計 (29)	…	837	…	−	…	1,159	…	
いね科 (30)	30.9	405	−	−	77.3	1,159	−	−
うち稲発酵粗飼料 (31)	25.7	342	−	−	77.3	1,159	−	−
その他 (32)	…	432	…		…		…	
その他 (33)	…	8,832	…	9,869	…	3,097	…	7,544
自給飼料費計 (34)	…	506	…	−	…	1,874	…	6,930
稲わら (35)	25.3	506	−	−	143.1	1,874	379.7	6,930
その他 (36)	…	−	…		…	−	…	

30 ～ 50		50 ～ 100		100 ～ 200		200 ～ 500		500 頭 以 上		
数　量	価　額	数　量	価　額	数　量	価　額	数　量	価　額	数　量	価　額	
(9)	(10)	(11)	(12)	(13)	(14)	(15)	(16)	(17)	(18)	
kg	円	kg	円	kg	円	kg	円	kg	円	
…	304,596	…	311,637	…	298,721	…	280,230	…	310,718	(1)
…	303,629	…	309,784	…	298,528	…	280,203	…	309,651	(2)
…	19,113	…	7,472	…	3,463	…	2	…	2,627	(3)
233.7	14,257	118.8	6,150	6.6	358	0.0	2	–	–	(4)
–	–	0.1	4	–	–	–	–	–	–	(5)
101.2	4,856	20.2	845	66.4	2,507	–	–	102.5	2,627	(6)
–	–	0.4	24	6.7	598	–	–	–	–	(7)
–	–	7.4	449	–	–	–	–	–	–	(8)
…	–	…	–	…	–	…	–	…	–	(9)
…	198	…	4,621	…	440	…		…	257	(10)
–	–	131.8	4,368	7.7	296	–	–	–	–	(11)
10.8	198	7.6	246	–	–	–	–	7.9	257	(12)
…	–	…	7	…	144	…		…	–	(13)
…	1,224	…	2,398	…	4,355	…	4,176	…	5,192	(14)
8.8	715	14.3	1,161	11.0	942	2.9	223	–	–	(15)
–	–	3.9	269	–	–	–	–	–	–	(16)
…	509	…	968	…	3,413	…	3,953	…	5,192	(17)
4,670.0	244,742	4,581.0	258,531	4,771.7	248,387	4,854.7	241,785	5,266.6	249,992	(18)
0.8	110	0.0	15	2.2	555	0.2	26	–	–	(19)
–	–	–	–	–	–	–	–	–	–	(20)
–	–	–	–	–	–	–	–	–	–	(21)
…	13,093	…	6,900	…	17,196	…	17,615	…	9,140	(22)
377.6	13,093	215.9	6,796	517.3	14,798	406.7	15,664	561.3	9,140	(23)
…	–	…	104	…	2,398	…	1,951	…	–	(24)
–	–	–	–	–	–	–	–	–	–	(25)
…	20,666	…	22,906	…	15,886	…	14,928	…	8,850	(26)
7.3	436	9.0	721	7.8	533	2.6	333	–	–	(27)
…	20,230	…	22,185	…	15,353	…	14,595	…	8,850	(28)
…	–	…	2,093	…	2,461	…	347	…	–	(29)
–	–	157.4	2,093	27.1	322	26.0	347	–	–	(30)
–	–	91.3	1,293	27.1	322	26.0	347	–	–	(31)
…	–	…	–	…	2,139	…		…	–	(32)
…	4,483	…	4,848	…	5,785	…	1,324	…	33,593	(33)
…	967	…	1,853	…	193	…	27	…	1,067	(34)
21.5	967	84.9	1,853	12.5	193	1.5	27	53.3	1,067	(35)
…	–	…	–	…	–	…	–	…	–	(36)

8 肥育豚生産費

8　肥育豚生産費
(1)　経営の概況（1経営体当たり）

区　　　　　　分	集　計 経営体数	世　帯　員			農　業　就　業　者		
		計	男	女	計	男	女
	(1)	(2)	(3)	(4)	(5)	(6)	(7)
	経営体	人	人	人	人	人	人
全　　　　　　国　(1)	96	3.7	1.9	1.8	2.1	1.3	0.8
飼　養　頭　数　規　模　別							
1 　～　100頭未満　(2)	4	2.3	1.2	1.1	1.5	1.0	0.5
100 　～　300　(3)	12	3.3	1.7	1.6	2.0	1.2	0.8
300 　～　500　(4)	15	4.1	2.1	2.0	1.9	1.2	0.7
500 　～　1,000　(5)	20	4.0	1.9	2.1	2.2	1.3	0.9
1,000 　～　2,000　(6)	22	4.5	2.3	2.2	2.5	1.7	0.8
2,000頭以上　(7)	23	4.8	2.6	2.2	3.4	2.0	1.4
全　国　農　業　地　域　別							
北　　海　　道　(8)	3	3.7	2.6	1.1	2.9	1.8	1.1
東　　　　北　(9)	9	4.4	2.0	2.4	2.4	1.5	0.9
北　　　　陸　(10)	3	2.2	1.1	1.1	2.0	1.0	1.0
関　東　・　東　山　(11)	37	3.8	2.1	1.7	2.2	1.5	0.7
東　　　　海　(12)	11	4.0	2.0	2.0	1.9	1.3	0.6
四　　　　国　(13)	1	x	x	x	x	x	x
九　　　　州　(14)	31	3.5	1.6	1.9	2.0	1.1	0.9
沖　　　　縄　(15)	1	x	x	x	x	x	x

区　　　　　　分	建　物　等　の　面　積　及　び　自　動　車・農　機　具　の　使　用　台　数						
	建　物　等（1経営体当たり）			自動車・農機具（10経営体当たり）			
	畜　舎	たい肥舎	ふん乾 燥施設	貨　物 自動車	バキューム カ　ー	動　力 噴霧機	トラクター
	(16)	(17)	(18)	(19)	(20)	(21)	(22)
	m²	m²	基	台	台	台	台
全　　　　　　国　(1)	1,439.1	149.2	0.2	23.9	2.8	5.0	4.5
飼　養　頭　数　規　模　別							
1 　～　100頭未満　(2)	324.7	18.2	－	19.9	－	－	－
100 　～　300　(3)	593.4	66.4	0.1	16.5	1.5	4.3	6.2
300 　～　500　(4)	893.9	127.3	0.1	20.1	2.7	2.3	5.4
500 　～　1,000　(5)	1,734.9	201.8	0.3	27.5	3.8	5.3	2.9
1,000 　～　2,000　(6)	2,321.6	239.3	0.2	28.3	4.5	9.9	6.9
2,000頭以上　(7)	4,099.8	274.2	0.6	35.5	4.2	11.0	9.4
全　国　農　業　地　域　別							
北　　海　　道　(8)	2,683.3	113.4	－	37.5	8.1	1.9	10.0
東　　　　北　(9)	1,471.9	280.0	－	25.9	0.7	0.7	4.8
北　　　　陸　(10)	1,020.0	26.9	0.0	39.4	－	9.8	0.2
関　東　・　東　山　(11)	1,398.3	127.1	0.2	25.1	3.0	4.3	5.1
東　　　　海　(12)	1,902.9	160.2	0.3	23.0	1.1	3.0	1.7
四　　　　国　(13)	x	x	x	x	x	x	x
九　　　　州　(14)	1,300.4	132.2	0.2	21.3	3.6	7.5	5.0
沖　　　　縄　(15)	x	x	x	x	x	x	x

経　営　土　地						肉　豚飼養月平均頭　　数	繁殖雌豚年 始 め飼養頭数	
計	耕　　　地			畜 産 用 地				
	小　計	田	畑	小　計	畜舎等			
(8)	(9)	(10)	(11)	(12)	(13)	(14)	(15)	
a	a	a	a	a	n	頭	頭	
191	131	75	53	60	60	739.0	72.9	(1)
71	60	41	19	11	11	71.3	11.1	(2)
185	138	84	54	47	47	209.3	27.5	(3)
270	237	191	46	33	33	383.9	43.2	(4)
196	119	44	66	77	77	733.6	76.9	(5)
190	114	62	52	76	76	1,405.4	131.8	(6)
260	101	18	83	159	159	2,886.0	242.5	(7)
849	661	326	86	188	188	1,564.5	142.2	(8)
395	348	269	79	47	47	655.6	67.7	(9)
63	22	12	10	41	41	682.9	77.2	(10)
176	123	69	54	53	53	772.3	75.5	(11)
154	49	11	38	105	105	928.7	99.3	(12)
x	x	x	x	x	x	x	x	(13)
145	88	36	52	57	57	663.3	63.2	(14)
x	x	x	x	x	x	x	x	(15)

生　　　　産　　　　物（1 頭 当 た り）								
主　　産　　物				副　　産　　物				
販売頭数〔1経営体当たり〕	生 体 重	販売価格	販売月齢	き　ゅ　う　肥			その他	
				数　量	利用量	価額（利用分）		
(23)	(24)	(25)	(26)	(27)	(28)	(29)	(30)	
頭	kg	円	月	kg	kg	円	円	
1,300.6	114.3	36,629	6.4	622.4	125.9	164	745	(1)
114.0	118.6	38,696	7.3	1,247.4	333.2	558	2,669	(2)
297.7	113.3	37,247	7.1	878.7	83.7	264	1,074	(3)
616.1	114.0	38,231	6.6	829.6	252.3	695	707	(4)
1,258.4	112.9	36,540	6.5	604.6	127.5	166	593	(5)
2,607.5	114.9	36,556	6.2	539.1	131.0	117	813	(6)
5,227.3	115.0	36,159	6.3	619.3	77.4	35	673	(7)
2,869.8	111.9	36,086	6.4	482.7	1.8	14	386	(8)
1,242.0	115.2	35,200	6.1	586.6	191.6	212	578	(9)
974.3	108.7	28,036	6.0	588.0	551.8	395	443	(10)
1,347.6	115.1	35,850	6.3	635.7	112.4	154	838	(11)
1,714.1	113.3	36,537	6.2	797.3	195.5	267	1,027	(12)
x	x	x	x	x	x	x	x	(13)
1,146.7	114.2	38,318	6.5	540.1	82.5	114	603	(14)
x	x	x	x	x	x	x	x	(15)

8　肥育豚生産費（続き）
（2）　作業別労働時間
ア　肥育豚1頭当たり

区　　　分	計	直　接　労　働　時　間					間　接労働時間	家　族　・	
		小　計	飼料調給給	料理の与・・水の	敷搬き料のゆう・の搬出入肥	その他		家　族	
								小　計	男
	(1)	(2)	(3)		(4)	(5)	(6)	(7)	(8)
全　　　　　　　国　(1)	2.95	2.81	0.89	0.65		1.27	0.14	2.51	1.76
飼　養　頭　数　規　模　別									
1　～　100頭未満　(2)	8.58	8.21	3.81	2.65		1.75	0.37	8.58	6.82
100　～　　300　(3)	7.81	7.24	3.07	1.75		2.42	0.57	7.49	4.96
300　～　　500　(4)	4.08	3.94	1.35	1.41		1.18	0.14	3.72	2.81
500　～　1,000　(5)	3.38	3.27	1.15	0.83		1.29	0.11	3.15	2.17
1,000　～　2,000　(6)	2.39	2.26	0.60	0.42		1.24	0.13	1.96	1.37
2,000頭以上　(7)	1.83	1.72	0.41	0.22		1.09	0.11	1.11	0.76
全　国　農　業　地　域　別									
北　　　海　　　道　(8)	3.92	3.56	1.05	1.54		0.97	0.36	2.82	2.10
東　　　　　　北　(9)	2.50	2.39	0.71	0.79		0.89	0.11	2.39	1.82
北　　　　　　陸　(10)	3.09	3.04	0.60	0.62		1.82	0.05	2.99	1.71
関　東　・　東　山　(11)	2.79	2.69	0.77	0.61		1.31	0.10	2.25	1.73
東　　　　　　海　(12)	2.59	2.50	0.83	0.40		1.27	0.09	2.19	1.73
四　　　　　　国　(13)	x	x	x	x		x	x	x	x
九　　　　　　州　(14)	3.27	3.11	1.11	0.65		1.35	0.16	2.84	1.70
沖　　　　　　縄　(15)	x	x	x	x		x	x	x	x

（2）　作業別労働時間（続き）　　　　　　　　　　　（3）
イ　肥育豚生体100kg当たり（続き）　　　　　　　　ア

単位：時間

区　　　分	間　接労働時間	家　族　・　雇　用　別　労　働　時　間						粗
		家　　　族			雇　　　用			計
		小　計	男	女	小　計	男	女	
	(6)	(7)	(8)	(9)	(10)	(11)	(12)	(1)
全　　　　　　　国　(1)	0.12	2.19	1.53	0.66	0.39	0.34	0.05	37,538
飼　養　頭　数　規　模　別								
1　～　100頭未満　(2)	0.32	7.25	5.76	1.49	－	－	－	41,923
100　～　　300　(3)	0.51	6.63	4.39	2.24	0.28	0.28	－	38,585
300　～　　500　(4)	0.11	3.23	2.45	0.78	0.31	0.26	0.05	39,633
500　～　1,000　(5)	0.10	2.80	1.93	0.87	0.20	0.19	0.01	37,299
1,000　～　2,000　(6)	0.11	1.72	1.20	0.52	0.38	0.37	0.01	37,486
2,000頭以上　(7)	0.10	0.98	0.67	0.31	0.64	0.52	0.12	36,867
全　国　農　業　地　域　別								
北　　　海　　　道　(8)	0.32	2.52	1.87	0.65	0.99	0.82	0.17	36,486
東　　　　　　北　(9)	0.10	2.09	1.59	0.50	0.08	0.08	－	35,990
北　　　　　　陸　(10)	0.03	2.75	1.57	1.18	0.08	0.08	－	28,874
関　東　・　東　山　(11)	0.09	1.95	1.50	0.45	0.47	0.44	0.03	36,842
東　　　　　　海　(12)	0.07	1.92	1.53	0.39	0.34	0.28	0.06	37,831
四　　　　　　国　(13)	x	x	x	x	x	x	x	x
九　　　　　　州　(14)	0.14	2.48	1.48	1.00	0.37	0.34	0.03	39,035
沖　　　　　　縄　(15)	x	x	x	x	x	x	x	x

イ 肥育豚生体100kg当たり

単位：時間 （left） 単位：時間 （right）

雇 用 別 労 働 時 間				計	直 接 労 働 時 間					
	雇 用					飼調給給	料理・の与・水	敷搬きのその	料入・の搬肥出	その他	
女	小 計	男	女		小 計					
(9)	(10)	(11)	(12)	(1)	(2)	(3)	(4)	(5)		
0.75	0.44	0.39	0.05	2.58	2.46	0.78	0.56	1.12	(1)
1.76	–	–	–	7.25	6.93	3.22	2.23	1.48	(2)
2.53	0.32	0.32	–	6.91	6.40	2.71	1.56	2.13	(3)
0.91	0.36	0.30	0.06	3.54	3.43	1.18	1.23	1.02	(4)
0.98	0.23	0.22	0.01	3.00	2.90	1.01	0.74	1.15	(5)
0.59	0.43	0.42	0.01	2.10	1.99	0.53	0.37	1.09	(6)
0.35	0.72	0.59	0.13	1.62	1.52	0.36	0.20	0.96	(7)
0.72	1.10	0.91	0.19	3.51	3.19	0.93	1.38	0.88	(8)
0.57	0.11	0.11	–	2.17	2.07	0.61	0.69	0.77	(9)
1.28	0.10	0.10	–	2.83	2.80	0.55	0.58	1.67	(10)
0.52	0.54	0.49	0.05	2.42	2.33	0.67	0.52	1.14	(11)
0.46	0.40	0.32	0.08	2.26	2.19	0.73	0.34	1.12	(12)
x	x	x	x	x	x	x	x	x	(13)
1.14	0.43	0.39	0.04	2.85	2.71	0.98	0.56	1.17	(14)
x	x	x	x	x	x	x	x	x	(15)

収益性

肥育豚１頭当たり イ １日当たり

単位：円 （left） 単位：円 （right）

収 益		生 産 費 用			所 得	家 族労働報酬	所 得	家 族労働報酬	
主 産 物	副 産 物	生産費総額	生産費総額から家族労働費、自己資本利子、自作地地代を控除した 額	生産費総額から家族労働費を控除した額					
(2)	(3)	(4)	(5)	(6)	(7)	(8)	(1)	(2)	
36,629	909	34,733	29,942	30,607	7,596	6,931	24,210	22,091	(1)
38,696	3,227	50,094	35,734	36,832	6,189	5,091	5,771	4,747	(2)
37,247	1,338	41,877	30,882	31,710	7,703	6,875	8,228	7,343	(3)
38,231	1,402	39,392	32,796	33,480	6,837	6,153	14,703	13,232	(4)
36,540	759	36,690	30,658	31,364	6,641	5,935	16,866	15,073	(5)
36,556	930	33,907	29,773	30,480	7,713	7,006	31,482	28,596	(6)
36,159	708	30,575	28,179	28,691	8,688	8,176	62,616	58,926	(7)
36,086	400	35,427	29,562	30,084	6,924	6,402	19,643	18,162	(8)
35,200	790	34,411	30,244	30,834	5,746	5,156	19,233	17,259	(9)
28,036	838	34,355	29,159	29,688	△285	△814	nc	nc	(10)
35,850	992	33,532	28,752	29,535	8,090	7,307	28,764	25,980	(11)
36,537	1,294	34,777	29,888	30,470	7,943	7,361	29,016	26,889	(12)
x	x	x	x	x	x	x	x	x	(13)
38,318	717	36,193	31,443	32,050	7,592	6,985	21,386	19,676	(14)
x	x	x	x	x	x	x	x	x	(15)

8 肥育豚生産費（続き）

(4) 生産費

ア 肥育豚1頭当たり

区分		物			飼料費				敷料費		光熱水料及び動力費
		計	種付料	もと畜費	小計	流通飼料費		牧草・放牧・採草費		購入	
							購入				
		(1)	(2)	(3)	(4)	(5)	(6)	(7)	(8)	(9)	(10)
全　　　　　国	(1)	29,219	171	87	20,957	20,957	20,956	−	116	111	1,730
飼養頭数規模別											
1　～　100頭未満	(2)	35,725	−	−	28,905	28,905	28,905	−	273	132	1,839
100　～　300	(3)	30,430	57	−	22,870	22,870	22,870	−	154	145	1,938
300　～　500	(4)	32,091	48	477	23,892	23,892	23,882	−	246	228	1,840
500　～　1,000	(5)	30,311	111	193	22,473	22,473	22,473	−	74	68	1,788
1,000　～　2,000	(6)	29,064	249	−	20,092	20,092	20,092	−	119	119	1,809
2,000頭以上	(7)	26,965	190	−	18,987	18,987	18,987	−	107	107	1,499
全国農業地域別											
北　　海　　道	(8)	27,310	16	−	19,613	19,613	19,613	−	169	158	1,495
東　　　　北	(9)	30,066	152	269	22,465	22,465	22,458	−	100	87	2,107
北　　　　陸	(10)	28,407	53	−	21,670	21,670	21,670	−	54	6	1,793
関　東　・　東　山	(11)	28,050	153	58	19,730	19,730	19,730	−	154	150	1,547
東　　　　海	(12)	29,082	226	−	19,937	19,937	19,937	−	88	88	1,988
四　　　　国	(13)	x	x	x	x	x	x	x	x	x	x
九　　　　州	(14)	30,651	190	111	22,537	22,537	22,537	−	92	87	1,724
沖　　　　縄	(15)	x	x	x	x	x	x	x	x	x	x

区分		物財費（続き）			生産管理費		労働費		直接労働費	間接労働費	費
		農機具費					計				計
		小計	購入	償却		償却		家族			
		(23)	(24)	(25)	(26)	(27)	(28)	(29)	(30)	(31)	(32)
全　　　　　国	(1)	894	472	422	137	4	4,767	4,126	4,545	222	33,986
飼養頭数規模別											
1　～　100頭未満	(2)	297	86	211	76	−	13,262	13,262	12,674	588	48,987
100　～　300	(3)	829	464	365	149	9	10,476	10,167	9,742	734	40,906
300　～　500	(4)	698	406	292	133	2	6,476	5,912	6,260	216	38,567
500　～　1,000	(5)	813	447	366	136	−	5,542	5,326	5,362	180	35,853
1,000　～　2,000	(6)	928	525	403	158	9	4,105	3,427	3,901	204	33,169
2,000頭以上	(7)	1,035	468	567	112	2	3,023	1,884	2,833	190	29,988
全国農業地域別											
北　　海　　道	(8)	1,198	573	625	118	6	7,358	5,343	6,694	664	34,668
東　　　　北	(9)	559	311	248	87	1	3,678	3,577	3,505	173	33,744
北　　　　陸	(10)	830	661	169	170	−	4,810	4,667	4,743	67	33,217
関　東　・　東　山	(11)	966	475	491	163	4	4,663	3,997	4,491	172	32,713
東　　　　海	(12)	1,055	576	479	146	12	5,068	4,307	4,893	175	34,150
四　　　　国	(13)	x	x	x	x	x	x	x	x	x	x
九　　　　州	(14)	821	456	365	114	2	4,821	4,143	4,579	242	35,472
沖　　　　縄	(15)	x	x	x	x	x	x	x	x	x	x

単位：円

	財					費						
その他の諸材料費	獣医師料及び医薬品費	賃借料及び料金	物件税及び公課諸負担	繁殖雌豚費	種雄豚費	建物費 小計	購入	償却	自動車費 小計	購入	償却	
(11)	(12)	(13)	(14)	(15)	(16)	(17)	(18)	(19)	(20)	(21)	(22)	
102	1,917	284	210	741	98	1,456	558	898	319	161	158	(1)
4	812	11	575	756	132	345	273	72	1,700	474	1,226	(2)
40	1,296	327	402	920	124	1,233	409	824	91	247	△156	(3)
37	1,543	468	252	753	180	1,124	226	898	400	288	112	(4)
69	1,736	202	218	740	124	1,317	418	899	317	157	160	(5)
154	2,021	312	212	891	75	1,655	761	894	389	176	213	(6)
100	2,229	287	139	515	72	1,523	570	953	170	79	91	(7)
92	1,299	235	224	320	63	1,933	326	1,607	535	202	333	(8)
41	1,362	481	189	754	98	1,256	366	890	146	174	△28	(9)
45	628	286	328	194	113	1,787	272	1,515	456	94	362	(10)
132	1,960	210	202	745	99	1,580	648	932	351	168	183	(11)
158	2,265	341	229	609	56	1,507	674	833	477	197	280	(12)
x	x	x	x	x	x	x	x	x	x	x	x	(13)
64	2,028	280	199	858	119	1,271	476	795	243	124	119	(14)
x	x	x	x	x	x	x	x	x	x	x	x	(15)

単位：円

用 合 計 購入	自給	償却	副産物価額	生産費（副産物価額差引）	支払利子	支払地代	支払利子・地代算入生産費	自己資本利子	自作地地代	資本利子・地代全額算入生産費（全算入生産費）	
(33)	(34)	(35)	(36)	(37)	(38)	(39)	(40)	(41)	(42)	(43)	
28,372	4,132	1,482	909	33,077	69	13	33,159	560	105	33,824	(1)
34,075	13,403	1,509	3,227	45,760	−	9	45,769	700	398	46,867	(2)
29,688	10,176	1,042	1,338	39,568	104	39	39,711	656	172	40,539	(3)
31,323	5,940	1,304	1,402	37,165	110	31	37,306	527	157	37,990	(4)
29,096	5,332	1,425	759	35,094	111	20	35,225	567	139	35,931	(5)
28,223	3,427	1,519	930	32,239	25	6	32,270	633	74	32,977	(6)
26,491	1,884	1,613	708	29,280	70	5	29,355	444	68	29,867	(7)
26,743	5,354	2,571	400	34,268	237	−	34,505	454	68	35,027	(8)
29,036	3,597	1,111	790	32,954	62	15	33,031	487	103	33,621	(9)
26,456	4,715	2,046	838	32,379	605	4	32,988	354	175	33,517	(10)
27,102	4,001	1,610	992	31,721	22	14	31,757	667	116	32,540	(11)
28,239	4,307	1,604	1,294	32,856	33	12	32,901	431	151	33,483	(12)
x	x	x	x	x	x	x	x	x	x	x	(13)
30,043	4,148	1,281	717	34,755	107	7	34,869	535	72	35,476	(14)
x	x	x	x	x	x	x	x	x	x	x	(15)

8 肥育豚生産費（続き）

(4) 生産費（続き）

イ 肥育豚生体100kg当たり

区　分	物　計 (1)	種付料 (2)	もと畜費 (3)	飼料費 小計 (4)	流通飼料費 (5)	購入 (6)	牧草・放牧・採草費 (7)	敷料費 (8)	購入 (9)	光熱水料及び動力費 (10)
全　国 (1)	25,560	149	76	18,331	18,331	18,330	–	102	97	1,513
飼養頭数規模別										
1 ～ 100頭未満 (2)	30,132	–	–	24,380	24,380	24,380	–	230	111	1,551
100 ～ 300 (3)	26,849	50	–	20,178	20,178	20,178	–	136	128	1,710
300 ～ 500 (4)	28,139	42	418	20,950	20,950	20,941	–	216	200	1,613
500 ～ 1,000 (5)	26,839	98	171	19,897	19,897	19,897	–	66	60	1,583
1,000 ～ 2,000 (6)	25,293	217	–	17,485	17,485	17,485	–	103	103	1,574
2,000頭以上 (7)	23,447	165	–	16,510	16,510	16,510	–	93	93	1,303
全国農業地域別										
北海道 (8)	24,400	14	–	17,524	17,524	17,524	–	151	141	1,336
東北 (9)	26,100	132	233	19,504	19,504	19,498	–	86	75	1,829
北陸 (10)	26,130	48	–	19,933	19,933	19,933	–	51	6	1,649
関東・東山 (11)	24,381	133	50	17,146	17,146	17,146	–	134	131	1,345
東海 (12)	25,678	200	–	17,604	17,604	17,604	–	78	78	1,755
四国 (13)	x	x	x	x	x	x	x	x	x	x
九州 (14)	26,831	166	97	19,728	19,728	19,728	–	80	76	1,509
沖縄 (15)	x	x	x	x	x	x	x	x	x	x

区　分	農機具費 小計 (23)	購入 (24)	償却 (25)	生産管理費 (26)	償却 (27)	労働費 計 (28)	家族 (29)	直接労働費 (30)	間接労働費 (31)	費 計 (32)
全　国 (1)	783	413	370	120	4	4,170	3,609	3,975	195	29,730
飼養頭数規模別										
1 ～ 100頭未満 (2)	250	72	178	64	–	11,187	11,187	10,690	497	41,319
100 ～ 300 (3)	731	409	322	131	8	9,243	8,970	8,596	647	36,092
300 ～ 500 (4)	613	356	257	117	2	5,678	5,184	5,488	190	33,817
500 ～ 1,000 (5)	721	396	325	120	–	4,908	4,717	4,748	160	31,747
1,000 ～ 2,000 (6)	809	457	352	138	8	3,573	2,983	3,395	178	28,866
2,000頭以上 (7)	901	407	494	98	2	2,629	1,639	2,463	166	26,076
全国農業地域別										
北海道 (8)	1,070	512	558	105	5	6,575	4,774	5,981	594	30,975
東北 (9)	485	270	215	76	1	3,194	3,106	3,043	151	29,294
北陸 (10)	763	608	155	157	–	4,425	4,293	4,364	61	30,555
関東・東山 (11)	841	412	429	141	3	4,054	3,475	3,904	150	28,435
東海 (12)	931	509	422	130	11	4,475	3,803	4,320	155	30,153
四国 (13)	x	x	x	x	x	x	x	x	x	x
九州 (14)	718	399	319	100	2	4,219	3,626	4,008	211	31,050
沖縄 (15)	x	x	x	x	x	x	x	x	x	x

単位：円

	財						費					
その他の諸材料費	獣医師料及び医薬品費	賃借料及び料金	物件税及び公課諸負担	繁殖雌豚費	種雄豚費	建物費 小計	購入	償却	自動車費 小計	購入	償却	
(11)	(12)	(13)	(14)	(15)	(16)	(17)	(18)	(19)	(20)	(21)	(22)	
89	1,677	249	184	649	86	1,272	488	784	280	141	139	(1)
4	685	9	485	638	112	291	230	61	1,433	400	1,033	(2)
36	1,144	288	354	812	109	1,089	361	728	81	218	△137	(3)
32	1,353	410	221	661	158	985	198	787	350	252	98	(4)
61	1,537	179	192	655	110	1,168	370	798	281	139	142	(5)
134	1,758	272	185	775	65	1,440	662	778	338	153	185	(6)
87	1,938	250	121	448	63	1,323	495	828	147	68	79	(7)
82	1,161	210	200	286	56	1,727	291	1,436	478	180	298	(8)
36	1,183	417	163	655	85	1,089	317	772	127	151	△24	(9)
41	578	263	301	179	104	1,644	250	1,394	419	86	333	(10)
115	1,704	183	176	647	86	1,374	563	811	306	146	160	(11)
139	2,000	301	202	537	49	1,330	595	735	422	174	248	(12)
x	x	x	x	x	x	x	x	x	x	x	x	(13)
56	1,775	245	174	751	104	1,115	417	698	213	109	104	(14)
x	x	x	x	x	x	x	x	x	x	x	x	(15)

単位：円

用 合 計 購入	自給	償却	副産物価額	生産費（副産物価額差引）	支払利子	支払地代	支払利子・地代算入生産費	自己資本利子	自作地地代	資本利子・地代全額算入生産費（全算入生産費）	
(33)	(34)	(35)	(36)	(37)	(38)	(39)	(40)	(41)	(42)	(43)	
24,818	3,615	1,297	794	28,936	60	11	29,007	490	91	29,588	(1)
28,741	11,306	1,272	2,721	38,598	－	8	38,606	591	335	39,532	(2)
26,193	8,978	921	1,180	34,912	92	34	35,038	578	153	35,769	(3)
27,464	5,209	1,144	1,228	32,589	96	27	32,712	462	138	33,312	(4)
25,759	4,723	1,265	673	31,074	98	18	31,190	502	123	31,815	(5)
24,560	2,983	1,323	809	28,057	22	5	28,084	551	64	28,699	(6)
23,034	1,639	1,403	617	25,459	61	4	25,524	386	60	25,970	(7)
23,894	4,784	2,297	358	30,617	212	－	30,829	405	61	31,295	(8)
25,207	3,123	964	686	28,608	54	13	28,675	422	90	29,187	(9)
24,335	4,338	1,882	771	29,784	556	3	30,343	325	161	30,829	(10)
23,554	3,478	1,403	862	27,573	19	13	27,605	579	100	28,284	(11)
24,934	3,803	1,416	1,144	29,009	29	10	29,048	380	133	29,561	(12)
x	x	x	x	x	x	x	x	x	x	x	(13)
26,297	3,630	1,123	628	30,422	94	6	30,522	468	63	31,053	(14)
x	x	x	x	x	x	x	x	x	x	x	(15)

8 肥育豚生産費 (続き)

(5) 流通飼料の使用数量と価額 (肥育豚1頭当たり)

区　　　　　分		平　　　均		1 ～ 100 頭 未 満		100 ～ 300	
		数　量	価　額	数　量	価　額	数　量	価　額
		(1)	(2)	(3)	(4)	(5)	(6)
		kg	円	kg	円	kg	円
流 通 飼 料 費 計	(1)	…	20,957	…	28,905	…	22,870
購 入 飼 料 費 計	(2)	…	20,956	…	28,905	…	22,870
穀　　　　　類 小　　　　計	(3)	…	260	…	－	…	11
大　　　麦	(4)	1.7	79	－	－	0.2	11
そ の 他 の 麦	(5)	0.1	4	－	－	－	－
と う も ろ こ し	(6)	4.7	148	－	－	－	－
飼 料 用 米	(7)	0.8	25	－	－	－	－
そ　の　他	(8)	…	4	…	－	…	－
ぬ か ・ ふ す ま 類 小　　　　計	(9)	…	7	…	29	…	90
ふ　す　ま	(10)	0.1	6	－	－	1.4	79
そ　の　他	(11)	…	1	…	29	…	11
植 物 性 か す 類	(12)	2.9	170	－	－	－	－
配 合 飼 料	(13)	364.8	18,772	487.9	27,794	389.4	21,052
脱 脂 乳	(14)	9.2	1,192	4.1	813	7.4	1,459
エ コ フ ィ ー ド	(15)	1.5	16	－	－	－	－
い も 類 及 び 野 菜 類	(16)	－	－	－	－	－	－
そ　の　他	(17)	…	539	…	269	…	258
自 給 飼 料 費 計	(18)	…	1	…	－	…	－

300 ～ 500		500 ～ 1,000		1,000 ～ 2,000		2,000 頭 以 上		
数　量	価　額	数　量	価　額	数　量	価　額	数　量	価　額	
(7)	(8)	(9)	(10)	(11)	(12)	(13)	(14)	
kg	円	kg	円	kg	円	kg	円	
…	23,892	…	22,473	…	20,092	…	18,987	(1)
…	23,882	…	22,473	…	20,092	…	18,987	(2)
…	34	…	296	…	487	…	43	(3)
0.6	34	5.9	283	－	－	－	－	(4)
－	－	－	－	－	－	0.5	17	(5)
－	－	－	－	13.0	414	0.8	26	(6)
－	－	0.4	13	1.9	61	－	－	(7)
…	－	…	0	…	12	…	－	(8)
…	－	…	2	…	7	…	1	(9)
－	－	－	－	0.2	7	0.0	1	(10)
…	－	…	2	…	－	…	－	(11)
－	－	6.7	400	3.0	171	0.1	12	(12)
395.4	21,413	369.9	19,414	353.8	18,005	355.2	17,547	(13)
12.0	1,589	7.3	1,229	9.4	1,193	10.6	1,019	(14)
－	－	5.3	53	－	－	0.2	6	(15)
－	－	－	－	－	－	－	－	(16)
…	846	…	1,079	…	229	…	359	(17)
…	10	…	－	…	－	…	－	(18)

累 年 統 計 表

累年統計表

1 牛乳生産費（全国）

区　　　　分	単位	平成２年	7	10	11	平成 11年度	12	13	14	15	16	17
		(1)	(2)	(3)	(4)	(5)	(6)	(7)	(8)	(9)	(10)	(11)
搾乳牛１頭当たり												
物　　財　　費　(1)	円	417,120	403,221	439,772	435,734	436,741	441,626	450,048	473,484	488,090	502,089	513,802
種　　付　　料　(2)	〃	8,188	9,686	10,132	10,033	10,323	10,403	10,347	10,578	10,811	10,726	11,102
飼　　　料　　費　(3)	〃	298,171	234,451	269,032	257,491	255,066	258,163	266,757	277,129	285,141	294,268	295,292
流　通　飼　料　費　(4)	〃	189,303	177,456	214,892	201,857	196,247	197,981	206,071	215,778	223,453	230,646	231,679
牧草・放牧・採草費　(5)	〃	108,868	56,995	54,140	55,634	58,819	60,182	60,686	61,351	61,688	63,622	63,613
敷　　　料　　費　(6)	〃	5,343	4,944	5,078	5,269	5,305	5,794	5,694	5,754	5,979	6,201	6,325
光熱水料及び動力費　(7)	〃	11,776	12,360	13,228	13,480	13,486	14,504	14,298	14,867	15,528	16,831	18,729
その他の諸材料費　(8)	〃	…	1,574	1,449	1,473	1,390	1,351	1,326	1,335	1,322	1,611	1,581
獣医師料及び医薬品費　(9)	〃	14,736	15,701	16,448	18,188	18,812	19,501	19,440	19,428	20,423	21,590	22,368
賃借料及び料金　(10)	〃	4,830	8,056	8,961	8,936	9,248	9,788	9,873	10,890	11,861	13,016	12,963
物件税及び公課諸負担　(11)	〃	…	8,663	9,307	9,536	9,699	9,797	9,638	9,912	10,057	10,373	10,656
乳　牛　償　却　費　(12)	〃	39,701	76,675	72,692	76,874	77,970	74,349	74,484	84,366	86,862	84,130	90,268
建　　　物　　費　(13)	〃	12,023	11,364	11,660	12,006	12,694	13,338	13,656	13,879	15,017	16,179	16,186
自　　動　　車　　費　(14)	〃	…	…	…	…	…	…	…	…	…	3,562	3,670
農　　機　　具　　費　(15)	〃	22,352	18,471	20,048	20,825	21,031	22,852	22,692	23,394	23,101	21,732	22,601
生　産　管　理　費　(16)	〃	…	1,276	1,737	1,623	1,717	1,786	1,843	1,952	1,988	1,870	2,061
労　　　働　　　費　(17)	〃	154,166	187,307	208,534	203,377	197,174	196,566	193,011	186,503	181,520	179,683	178,112
う　　ち　　家　　族　(18)	〃	152,893	182,420	201,041	196,025	189,268	186,576	182,967	175,337	170,278	168,460	165,530
費　　用　　合　　計　(19)	〃	571,286	590,528	648,306	639,111	633,915	638,192	643,059	659,987	669,610	681,772	691,914
副　産　物　価　額　(20)	〃	124,808	52,019	48,450	43,483	43,221	53,802	49,427	59,581	61,392	64,339	68,247
生産費（副産物価額差引）(21)	〃	446,478	538,509	599,856	595,628	590,694	584,390	593,632	600,406	608,218	617,433	623,667
支　　払　　利　　子　(22)	〃	…	7,172	7,240	7,476	7,128	6,725	6,719	7,072	6,674	6,532	6,718
支　　払　　地　　代　(23)	〃	…	4,523	3,936	4,228	4,476	4,632	4,759	4,856	5,062	4,660	4,838
支払利子・地代算入生産費　(24)	〃	…	550,204	611,032	607,332	602,298	595,747	605,110	612,334	619,954	628,625	635,223
自　己　資　本　利　子　(25)	〃	29,996	16,940	16,418	16,523	16,653	17,033	17,051	17,156	17,744	20,035	20,186
自　作　地　地　代　(26)	〃	21,838	14,747	14,364	14,551	14,985	14,974	14,698	14,277	14,566	14,868	14,152
資本利子・地代全額算入 生産費（全算入生産費）(27)	〃	498,312	581,891	641,814	638,406	633,936	627,754	636,859	643,767	652,264	663,528	669,561
１経営体（戸）当たり												
搾乳牛通年換算頭数　(28)	頭	23.1	30.6	34.8	36.0	37.0	37.5	38.7	39.9	40.9	41.2	42.3
搾乳牛１頭当たり												
実　　搾　　乳　　量　(29)	kg	6,669	7,180	7,498	7,498	7,598	7,692	7,678	7,759	7,896	7,989	8,048
乳脂肪分3.5％換算乳量　(30)	〃	7,136	7,851	8,317	8,323	8,461	8,624	8,634	8,834	8,999	9,101	9,125
生　　乳　　価　　額　(31)	円	605,596	629,410	637,971	638,308	643,893	649,397	653,858	664,931	677,221	676,633	665,484
労　　　働　　　時　　間　(32)	時間	134.2	127.99	121.69	120.57	119.23	118.18	116.83	115.79	114.62	113.61	112.59
自給牧草に係る労働時間　(33)	〃	17.3	10.12	9.14	9.07	8.99	8.90	8.70	8.64	8.33	7.98	7.97
所　　　　　　　得　(34)	円	312,011	261,626	227,980	227,001	230,863	240,226	231,715	227,934	227,545	216,468	195,791
１日当たり												
所　　　　　　　得　(35)	〃	18,739	16,805	15,546	15,646	16,187	17,145	16,823	16,774	16,960	16,337	15,035
家　族　労　働　報　酬　(36)	〃	15,626	14,769	13,447	13,504	13,968	14,861	14,518	14,461	14,552	13,703	12,398

注：1　平成11年度～平成17年度は、既に公表した『平成12年　牛乳生産費』～『平成18年　牛乳生産費』のデータである。
　　2　「労働費のうち家族」について、平成３年までは調査対象経営体の所在するその地方の農村雇用賃金により評価し、平成４年から毎月勤
　　　労統計調査（厚生労働省）結果を用いた評価に改訂した。平成10年から、それまでの男女別評価から男女同一評価に改正した。
　　3　平成７年から飼育管理等の直接的な労働以外の労働（自給牧草生産に係る労働、資材等の購入付帯労働及び建物・農機具の修繕労働）を
　　　間接労働として関係費目から分離し、「労働費」及び「労働時間」に計上した。

18	19	20	21	22	23	24	25	26	27	28	29	30	令和元年	
(12)	(13)	(14)	(15)	(16)	(17)	(18)	(19)	(20)	(21)	(22)	(23)	(24)	(25)	
525,687	565,471	598,188	581,399	584,675	600,123	610,338	636,843	653,430	651,784	676,079	708,017	749,211	765,981	(1)
11,266	11,860	11,613	11,361	11,294	11,448	11,853	12,098	12,262	12,941	13,414	14,231	14,929	15,998	(2)
301,717	329,027	354,535	333,383	329,594	343,117	354,121	380,092	394,800	389,653	386,897	392,155	402,009	411,699	(3)
238,442	262,509	282,296	258,195	257,148	273,199	285,995	310,043	323,307	316,930	313,721	319,092	329,466	334,348	(4)
63,275	66,518	72,239	75,188	72,446	69,918	68,126	70,049	71,493	72,723	73,176	73,063	72,543	77,351	(5)
6,193	6,915	7,378	7,693	8,245	8,631	8,885	9,413	9,649	9,787	9,646	9,834	11,406	10,932	(6)
20,061	21,389	22,489	20,530	21,679	22,706	24,089	25,973	26,953	25,187	24,872	26,260	28,334	28,374	(7)
1,520	1,785	1,766	1,607	1,568	1,553	1,626	1,474	1,549	1,591	1,666	1,873	1,597	1,691	(8)
22,519	22,598	23,153	23,979	24,842	24,127	24,219	24,453	25,805	27,251	28,560	28,209	29,510	30,027	(9)
13,329	13,723	14,111	14,655	14,909	15,163	15,044	15,265	16,214	16,080	17,104	16,516	17,581	17,236	(10)
10,572	10,695	10,779	10,372	10,189	10,370	10,089	9,950	10,430	10,052	10,366	10,576	11,072	11,276	(11)
93,800	95,721	97,964	104,339	107,764	108,848	110,129	107,746	104,274	105,820	123,417	143,674	164,315	171,383	(12)
16,906	18,663	19,325	19,931	20,284	20,232	17,254	18,311	18,844	18,904	20,485	20,022	21,168	21,415	(13)
3,664	4,054	4,227	4,014	4,033	3,887	3,689	4,042	3,909	4,040	4,495	4,639	5,229	5,073	(14)
22,062	26,715	28,743	27,335	28,103	27,864	27,194	25,803	26,504	28,362	32,847	37,852	39,632	38,454	(15)
2,078	2,326	2,105	2,200	2,171	2,177	2,146	2,223	2,237	2,116	2,310	2,176	2,429	2,423	(16)
173,055	168,640	167,196	163,635	161,632	159,767	160,389	159,746	161,464	161,703	168,105	169,255	168,847	167,800	(17)
159,386	152,137	153,011	149,407	146,896	144,524	144,668	143,126	143,735	142,814	146,307	143,171	139,456	135,784	(18)
698,742	734,111	765,384	745,034	746,307	759,890	770,727	796,589	814,894	813,487	844,184	877,272	918,058	933,781	(19)
70,354	69,496	61,664	62,131	71,281	69,747	72,128	82,499	88,306	116,654	147,355	165,191	181,622	182,378	(20)
628,388	664,615	703,720	682,903	675,026	690,143	698,599	714,090	726,588	696,833	696,829	712,081	736,436	751,403	(21)
6,775	6,603	6,527	6,493	5,942	5,223	5,036	5,068	4,712	4,369	4,014	3,285	2,926	2,795	(22)
4,880	4,800	4,900	4,984	5,149	4,604	4,818	4,725	4,895	5,063	4,879	5,040	4,541	4,473	(23)
640,043	676,018	715,147	694,380	686,117	699,970	708,453	723,883	736,195	706,265	705,722	720,406	743,903	758,671	(24)
19,790	19,951	18,968	17,663	17,023	16,184	16,017	16,347	17,089	17,141	19,552	23,343	25,403	24,852	(25)
14,281	14,396	13,676	13,730	13,389	12,983	13,492	13,305	12,640	13,074	13,040	13,294	13,129	12,944	(26)
674,114	710,365	747,791	725,773	716,529	729,137	737,962	753,535	765,924	736,480	738,314	757,043	782,435	796,467	(27)
42.7	43.8	45.3	46.4	46.9	49.2	50.0	50.4	51.4	53.2	54.0	55.5	56.4	58.7	(28)
7,994	7,999	8,075	8,155	8,066	8,047	8,167	8,219	8,335	8,470	8,511	8,526	8,683	8,607	(29)
9,055	9,045	9,129	9,174	9,002	9,024	9,123	9,137	9,240	9,428	9,478	9,496	9,696	9,670	(30)
647,568	649,159	689,078	738,569	715,101	726,050	746,804	759,422	816,802	858,540	868,727	883,512	895,672	901,366	(31)
111.83	110.79	109.92	108.18	107.09	105.24	104.95	104.68	104.94	104.40	105.71	104.02	101.48	99.56	(32)
7.69	6.74	6.38	6.15	6.28	5.69	5.54	5.41	5.23	5.31	5.05	5.01	4.71	4.80	(33)
166,911	125,278	126,942	193,596	175,880	170,604	183,019	178,665	224,342	295,089	309,312	306,277	291,225	278,479	(34)
13,072	10,155	10,215	15,873	14,666	14,537	15,747	15,618	19,759	26,380	27,926	29,083	29,064	29,020	(35)
10,404	7,371	7,588	13,299	12,130	12,051	13,208	13,026	17,141	23,679	24,983	25,604	25,219	25,081	(36)

4　平成7年以降の「労働時間」は「自給牧草に係る労働時間」を含む総労働時間である。

5　平成7年から、「光熱水料及び動力費」に含めていた「その他の諸材料費」を分離した。

6　平成16年度から、「農機具費」に含めていた「自動車費」を分離した。

7　平成19年度は、平成19年度税制改正における減価償却計算の見直しを行った結果を表章した。

8　調査期間について、令和元年から調査年1月1日から同年12月31日、平成11年度から平成30年度は調査年4月1日から翌年3月31日、

平成7年から平成11年は前年9月1日から調査年8月31日、平成2年は前年7月1日から調査年6月30日である。

累年統計表（続き）

1 牛乳生産費（全国）（続き）

区　分	単位	平成2年	7	10	11	平成11年度	12	13	14	15	16	17
		(1)	(2)	(3)	(4)	(5)	(6)	(7)	(8)	(9)	(10)	(11)
生乳100kg当たり（乳脂肪分3.5％換算乳量）												
物財費 (37)	円	5,847	5,136	5,287	5,237	5,162	5,122	5,214	5,358	5,425	5,516	5,629
種付料 (38)	〃	115	123	122	121	122	121	120	120	120	117	121
飼料費 (39)	〃	4,179	2,986	3,234	3,094	3,015	2,993	3,090	3,136	3,170	3,234	3,236
流通飼料費 (40)	〃	2,653	2,260	2,583	2,426	2,320	2,295	2,387	2,442	2,484	2,535	2,539
牧草・放牧・採草費 (41)	〃	1,526	726	651	668	695	698	703	694	686	699	697
敷料費 (42)	〃	75	63	61	63	63	67	66	65	66	68	69
光熱水料及び動力費 (43)	〃	166	157	159	162	159	168	166	168	172	185	205
その他の諸材料費 (44)	〃	…	20	17	18	16	16	15	15	15	18	17
獣医師料及び医薬品費 (45)	〃	207	200	198	219	222	226	225	220	227	237	245
賃借料及び料金 (46)	〃	68	103	108	107	109	114	114	123	132	143	142
物件税及び公課諸負担 (47)	〃	…	110	112	115	115	114	112	112	112	114	117
乳牛償却費 (48)	〃	556	977	874	924	922	862	863	955	965	924	989
建物費 (49)	〃	168	145	140	144	150	155	158	157	167	178	177
自動車費 (50)	〃	…	…	…	…	…	…	…	…	…	39	41
農機具費 (51)	〃	313	235	241	250	249	265	263	265	257	239	247
生産管理費 (52)	〃	…	17	21	20	20	21	22	22	22	20	23
労働費 (53)	〃	2,161	2,387	2,507	2,443	2,330	2,278	2,236	2,111	2,018	1,975	1,951
うち家族 (54)	〃	2,143	2,324	2,417	2,355	2,237	2,163	2,120	1,985	1,893	1,851	1,814
費用合計 (55)	〃	8,008	7,523	7,794	7,680	7,492	7,400	7,450	7,469	7,443	7,491	7,580
副産物価額 (56)	〃	1,749	663	583	523	511	624	572	674	683	707	748
生産費（副産物価額差引） (57)	〃	6,259	6,860	7,211	7,157	6,981	6,776	6,878	6,795	6,760	6,784	6,832
支払利子 (58)	〃	…	91	87	90	84	78	78	80	74	72	74
支払地代 (59)	〃	…	58	47	51	53	54	55	55	56	51	53
支払利子・地代算入生産費 (60)	〃	…	7,009	7,345	7,298	7,118	6,908	7,011	6,930	6,890	6,907	6,959
自己資本利子 (61)	〃	420	216	197	199	197	198	197	194	197	220	221
自作地地代 (62)	〃	306	188	173	175	177	174	170	162	162	163	155
資本利子・地代全額算入生産費（全算生産費） (63)	〃	6,985	7,413	7,715	7,672	7,492	7,280	7,378	7,286	7,249	7,290	7,335

注：1　平成11年度～平成17年度は、既に公表した『平成12年　牛乳生産費』～『平成18年　牛乳生産費』のデータである。
　　2　「労働費のうち家族」について、平成3年までは調査対象経営体の所在するその地方の農村雇用賃金により評価し、平成4年から毎月勤
　　　労統計調査（厚生労働省）結果を用いた評価に改訂した。平成10年から、それまでの男女別評価から男女同一評価に改正した。
　　3　平成7年から飼育管理等の直接的な労働以外の労働（自給牧草生産に係る労働、資材等の購入付帯労働及び建物・農機具の修繕労働）を
　　　間接労働として関係費目から分離し、「労働費」及び「労働時間」に計上した。

18	19	20	21	22	23	24	25	26	27	28	29	30	令和元年	
(12)	(13)	(14)	(15)	(16)	(17)	(18)	(19)	(20)	(21)	(22)	(23)	(24)	(25)	
5,809	6,250	6,552	6,337	6,495	6,651	6,690	6,970	7,071	6,912	7,131	7,455	7,726	7,920	(37)
125	131	127	124	126	127	130	132	132	137	141	150	154	165	(38)
3,332	3,637	3,883	3,635	3,661	3,803	3,882	4,161	4,273	4,133	4,082	4,129	4,146	4,258	(39)
2,633	2,902	3,092	2,815	2,856	3,028	3,135	3,394	3,499	3,362	3,310	3,360	3,398	3,458	(40)
699	735	791	820	805	775	747	767	774	771	772	769	748	800	(41)
69	76	81	84	91	96	97	103	104	103	102	104	118	113	(42)
222	236	246	224	241	252	264	284	292	267	262	277	292	293	(43)
17	20	19	17	17	17	18	16	17	17	18	20	16	17	(44)
249	250	254	261	276	267	265	268	279	289	301	297	304	311	(45)
147	152	155	160	166	168	165	167	175	171	180	174	181	178	(46)
117	118	118	113	113	115	111	109	113	107	109	111	114	117	(47)
1,036	1,058	1,073	1,137	1,197	1,206	1,207	1,179	1,129	1,122	1,302	1,513	1,695	1,772	(48)
187	207	212	217	225	224	189	201	204	201	216	211	218	220	(49)
41	44	46	43	45	43	40	44	42	43	47	49	54	53	(50)
244	295	315	298	312	309	298	282	287	300	347	398	409	398	(51)
23	26	23	24	25	24	24	24	24	22	24	22	25	25	(52)
1,911	1,865	1,831	1,784	1,795	1,770	1,757	1,748	1,748	1,716	1,774	1,783	1,741	1,735	(53)
1,760	1,682	1,676	1,629	1,632	1,601	1,585	1,566	1,556	1,515	1,544	1,508	1,438	1,404	(54)
7,720	8,115	8,383	8,121	8,290	8,421	8,447	8,718	8,819	8,628	8,905	9,238	9,467	9,655	(55)
776	768	675	677	792	773	791	903	955	1,237	1,555	1,740	1,873	1,886	(56)
6,944	7,347	7,708	7,444	7,498	7,648	7,656	7,815	7,864	7,391	7,350	7,498	7,594	7,769	(57)
75	73	71	71	66	58	55	55	51	46	42	35	30	29	(58)
54	53	54	54	57	51	53	52	53	54	51	53	47	46	(59)
7,073	7,473	7,833	7,569	7,621	7,757	7,764	7,922	7,968	7,491	7,443	7,586	7,671	7,844	(60)
219	221	208	193	189	179	176	179	185	182	206	246	262	257	(61)
158	159	150	150	149	144	148	146	137	139	138	140	135	135	(62)
7,450	7,853	8,191	7,912	7,959	8,080	8,088	8,247	8,290	7,812	7,787	7,972	8,068	8,236	(63)

4 平成7年から、「光熱水料及び動力費」に含めていた「その他の諸材料費」を分離した。
5 平成16年度から、「農機具費」に含めていた「自動車費」を分離した。
6 平成19年度は、平成19年度税制改正における減価償却計算の見直しを行った結果を表章した。
7 調査期間について、令和元年から調査年1月1日から同年12月31日、平成11年度から平成30年度は調査年4月1日から翌年3月31日、
　平成7年から平成11年は前年9月1日から調査年8月31日、平成2年は前年7月1日から調査年6月30日である。

累年統計表（続き）

2　牛乳生産費（北海道）

区　分	単位	平成2年	7	10	11	平成11年度	12	13	14	15	16	17
		(1)	(2)	(3)	(4)	(5)	(6)	(7)	(8)	(9)	(10)	(11)
搾乳牛1頭当たり												
物　財　費 (1)	円	388,377	353,234	383,235	381,240	389,540	397,098	404,504	427,444	440,841	456,309	469,488
種　付　料 (2)	〃	9,049	9,358	10,084	9,299	9,499	9,384	9,217	9,588	9,906	9,793	10,198
飼　料　費 (3)	〃	273,917	196,186	224,348	214,303	219,263	223,178	230,830	240,444	245,192	254,848	256,252
流　通　飼　料　費 (4)	〃	125,772	112,243	138,653	127,327	125,759	126,647	133,973	141,369	143,753	150,547	154,038
牧草・放牧・採草費 (5)	〃	148,145	83,943	85,695	86,976	93,504	96,531	96,857	99,075	101,439	104,301	102,214
敷　料　費 (6)	〃	6,333	5,039	5,625	5,002	5,048	5,706	5,608	6,236	6,760	6,871	7,097
光熱水料及び動力費 (7)	〃	10,665	10,655	10,730	11,311	11,419	12,570	12,488	12,850	13,692	14,846	17,011
その他の諸材料費 (8)	〃	…	1,233	1,010	1,006	916	793	810	926	1,033	1,225	1,157
獣医師料及び医薬品費 (9)	〃	12,176	13,162	13,848	14,810	15,085	16,507	16,788	17,269	18,727	19,711	19,963
賃借料及び料金 (10)	〃	5,650	7,150	7,919	8,025	8,123	9,006	9,009	9,946	10,987	11,867	11,468
物件税及び公課諸負担 (11)	〃	…	10,244	10,601	10,809	11,021	11,055	10,945	11,100	11,136	11,665	12,220
乳牛償却費 (12)	〃	37,809	73,737	69,135	75,724	77,156	73,434	73,177	82,265	85,363	84,627	92,960
建　物　費 (13)	〃	11,610	10,670	12,142	12,711	13,165	14,135	14,147	14,618	15,855	16,909	16,276
自　動　車　費 (14)	〃	…	…	…	…	…	…	…	…	…	1,994	2,012
農　機　具　費 (15)	〃	21,168	14,925	16,725	17,200	17,780	20,115	20,267	20,936	20,841	20,546	21,292
生　産　管　理　費 (16)	〃	…	875	1,068	1,040	1,065	1,215	1,218	1,266	1,349	1,407	1,582
労　働　費 (17)	〃	121,873	149,564	177,212	170,242	164,579	166,056	166,583	156,747	153,613	153,479	152,567
うち家族 (18)	〃	121,634	145,747	173,146	166,148	160,075	161,467	161,711	151,014	147,542	146,783	144,307
費　用　合　計 (19)	〃	510,250	502,798	560,447	551,482	554,119	563,154	571,087	584,191	594,454	609,788	622,055
副　産　物　価　額 (20)	〃	140,974	53,978	48,067	43,137	48,822	64,436	64,503	75,535	76,345	79,472	83,979
生産費（副産物価額差引）(21)	〃	369,276	448,820	513,380	508,345	505,297	498,718	506,584	508,656	518,109	530,316	538,076
支　払　利　子 (22)	〃	…	12,312	11,532	11,054	11,131	10,593	10,691	10,761	9,990	9,743	9,920
支　払　地　代 (23)	〃	…	4,655	4,311	4,617	4,927	5,303	5,423	5,512	5,667	5,027	5,364
支払利子・地代算入生産費 (24)	〃	…	465,787	528,223	524,016	521,355	514,614	522,698	524,929	533,766	545,086	553,360
自　己　資　本　利　子 (25)	〃	33,282	15,046	15,639	15,632	15,567	15,879	15,518	15,748	16,577	18,095	18,341
自　作　地　地　代 (26)	〃	33,808	27,514	26,941	26,755	27,139	26,296	25,798	24,713	24,885	25,410	23,531
資本利子・地代全額算入生産費（全算入生産費）(27)	〃	436,366	508,347	570,803	566,403	564,061	556,789	564,014	565,390	575,228	588,591	595,232
1経営体（戸）当たり												
搾乳牛通年換算頭数 (28)	頭	36.0	47.4	51.1	52.9	54.6	55.1	56.8	58.5	60.1	60.3	61.8
搾乳牛1頭当たり												
実　搾　乳　量 (29)	kg	6,837	7,194	7,453	7,365	7,427	7,460	7,568	7,641	7,766	7,788	7,851
乳脂肪分3.5％換算乳量 (30)	〃	7,339	7,949	8,345	8,255	8,382	8,491	8,618	8,836	8,997	8,987	9,022
生　乳　価　額 (31)	円	534,781	563,136	571,255	566,517	569,182	569,407	578,776	591,414	599,920	588,308	576,720
労　働　時　間 (32)	時間	115.4	108.28	102.98	101.95	100.53	100.50	99.34	98.65	97.85	96.36	95.32
自給牧草に係る労働時間 (33)	〃	13.4	10.22	9.70	9.72	9.87	10.12	9.76	9.83	9.49	8.69	8.48
所　得 (34)	円	287,139	243,096	216,178	208,649	207,902	216,260	217,789	217,499	213,696	190,005	167,667
1日当たり												
所　得 (35)	〃	19,940	18,515	17,351	16,943	17,198	17,902	18,383	18,623	18,498	16,707	15,068
家族労働報酬 (36)	〃	15,281	15,273	13,934	13,501	13,665	14,411	14,895	15,159	14,909	12,882	11,305

注：1　平成11年度〜平成17年度は、既に公表した『平成12年　牛乳生産費』〜『平成18年　牛乳生産費』のデータである。
　　2　「労働費のうち家族」について、平成3年までは調査対象経営体の所在するその地方の農村雇用賃金により評価し、平成4年から毎月勤労統計調査（厚生労働省）結果を用いた評価に改訂した。平成10年から、それまでの男女別評価から男女同一評価に改正した。
　　3　平成7年から飼育管理等の直接的な労働以外の労働（自給牧草生産に係る労働、資材等の購入付帯労働及び建物・農機具の修繕労働）を間接労働として関係費目から分離し、「労働費」及び「労働時間」に計上した。

18	19	20	21	22	23	24	25	26	27	28	29	30	令和元年	
(12)	(13)	(14)	(15)	(16)	(17)	(18)	(19)	(20)	(21)	(22)	(23)	(24)	(25)	
472,409	505,215	542,836	541,209	548,713	559,917	571,826	591,419	600,691	600,319	638,032	659,545	706,982	728,629	(1)
10,580	11,346	11,167	10,714	10,882	10,823	11,142	11,383	11,817	12,401	12,444	12,904	13,014	14,052	(2)
255,954	281,783	306,994	299,048	295,997	304,903	313,063	332,675	341,274	335,074	340,003	341,323	348,342	357,953	(3)
154,342	180,196	200,450	185,056	188,831	200,821	210,026	229,314	237,487	229,894	234,012	241,568	250,000	255,531	(4)
101,612	101,587	106,544	113,992	107,166	104,082	103,037	103,361	103,787	105,180	105,991	99,755	98,342	102,422	(5)
6,858	7,173	7,624	8,126	8,873	9,113	9,194	9,250	9,478	9,473	9,050	9,137	10,360	9,800	(6)
18,012	19,093	19,627	18,125	19,599	20,948	21,869	23,648	24,679	23,077	22,679	24,424	26,445	26,050	(7)
1,173	1,178	1,368	950	894	875	977	1,008	1,098	1,162	1,249	1,361	1,193	1,522	(8)
19,443	19,791	20,706	20,830	21,460	21,557	21,635	22,166	23,881	25,150	25,653	23,660	25,172	26,639	(9)
11,511	11,513	12,596	13,626	14,068	13,966	14,541	14,789	15,364	16,110	16,647	16,315	16,978	16,689	(10)
12,232	13,050	13,046	12,064	11,793	11,824	11,550	11,473	11,484	11,254	11,576	11,706	12,171	12,633	(11)
95,752	93,717	99,196	107,135	113,485	114,648	118,430	114,830	110,173	112,465	136,050	153,696	181,644	193,652	(12)
16,238	17,331	17,905	18,426	18,475	18,077	16,375	17,822	18,836	19,728	22,303	21,165	23,262	22,990	(13)
1,998	2,000	2,326	2,522	2,557	2,474	2,339	2,430	2,574	2,577	2,829	3,579	4,268	4,140	(14)
21,164	25,646	28,575	28,012	29,003	29,205	29,064	28,264	28,359	30,320	35,880	38,721	42,335	40,828	(15)
1,494	1,594	1,706	1,631	1,627	1,504	1,647	1,681	1,674	1,528	1,669	1,554	1,798	1,681	(16)
145,585	136,990	139,127	138,057	138,609	138,188	140,835	140,029	142,595	142,251	149,525	150,801	153,745	151,778	(17)
137,109	124,047	127,809	126,643	126,505	125,768	127,988	127,431	128,818	126,883	132,340	129,020	128,116	126,093	(18)
617,994	642,205	681,963	679,266	687,322	698,105	712,661	731,448	743,286	742,570	787,557	810,346	860,727	880,407	(19)
84,314	88,495	80,088	79,451	91,260	91,080	95,860	107,242	111,696	152,336	179,214	185,119	190,597	183,151	(20)
533,680	553,710	601,875	599,815	596,062	607,025	616,801	624,206	631,590	590,234	608,343	625,227	670,130	697,256	(21)
9,793	10,380	9,784	9,336	8,602	7,221	7,209	7,393	7,109	6,444	6,032	4,684	4,043	3,780	(22)
5,558	5,052	5,125	5,296	5,105	4,544	4,955	4,653	5,037	4,942	4,502	4,435	3,931	3,758	(23)
549,031	569,142	616,784	614,447	609,769	618,790	628,965	636,252	643,736	601,620	618,877	634,346	678,104	704,794	(24)
17,459	18,583	16,777	15,990	15,685	14,805	14,507	14,464	15,529	15,352	18,787	22,732	26,264	26,373	(25)
23,882	23,889	22,162	21,795	21,024	20,012	20,534	20,462	19,183	19,733	19,698	19,571	19,261	19,090	(26)
590,372	611,614	655,723	652,232	646,478	653,607	664,006	671,178	678,448	636,705	657,362	676,649	723,629	750,257	(27)
61.7	64.4	66.7	67.8	68.2	71.5	71.5	71.6	72.3	75.6	76.5	78.6	80.1	82.4	(28)
7,736	7,731	7,830	7,901	7,856	7,822	7,924	7,974	8,121	8,262	8,300	8,357	8,507	8,626	(29)
8,860	8,842	9,002	9,083	8,896	8,885	9,002	9,023	9,137	9,365	9,425	9,469	9,669	9,795	(30)
552,446	555,047	601,303	642,302	611,292	626,627	657,680	664,366	718,663	766,038	776,710	804,885	818,714	846,556	(31)
94.40	91.19	90.70	90.40	90.24	89.80	91.31	91.19	92.21	91.29	91.89	90.12	87.35	86.40	(32)
8.57	6.14	5.59	5.70	5.77	5.61	5.37	5.10	4.80	4.74	4.49	4.14	3.95	3.76	(33)
140,524	109,952	112,328	154,498	128,028	133,605	156,703	155,545	203,745	291,301	290,173	299,559	268,726	267,855	(34)
12,795	10,807	10,947	15,132	12,572	13,250	15,410	15,325	19,968	29,291	29,314	32,185	30,567	31,305	(35)
9,031	6,633	7,152	11,431	8,967	9,797	11,964	11,884	16,566	25,763	25,426	27,640	25,389	25,992	(36)

4 平成7年以降の「労働時間」は「自給牧草に係る労働時間」を含む総労働時間である。

5 平成7年から、「光熱水料及び動力費」に含めていた「その他の諸材料費」を分離した。

6 平成16年度から、「農機具費」に含めていた「自動車費」を分離した。

7 平成19年度は、平成19年度税制改正における減価償却計算の見直しを行った結果を表章した。

8 調査期間について、令和元年から調査年1月1日から同年12月31日、平成11年度から平成30年度は調査年4月1日から翌年3月31日、

平成7年から平成11年は前年9月1日から調査年8月31日、平成2年は前年7月1日から調査年6月30日である。

累年統計表（続き）

3　牛乳生産費（北海道）（続き）

区　分	単位	平成2年	7	10	11	平成11年度	12	13	14	15	16	17
		(1)	(2)	(3)	(4)	(5)	(6)	(7)	(8)	(9)	(10)	(11)
生乳100kg当たり（乳脂肪分3.5％換算乳量）												
物　財　費 (37)	円	5,292	4,443	4,592	4,619	4,649	4,674	4,694	4,836	4,900	5,077	5,203
種　付　料 (38)	〃	123	118	121	112	113	110	107	108	110	109	113
飼　料　費 (39)	〃	3,733	2,467	2,688	2,597	2,616	2,628	2,679	2,721	2,726	2,836	2,840
流　通　飼　料　費 (40)	〃	1,714	1,411	1,661	1,543	1,500	1,491	1,555	1,600	1,598	1,675	1,707
牧草・放牧・採草費 (41)	〃	2,019	1,056	1,027	1,054	1,116	1,137	1,124	1,121	1,128	1,161	1,133
敷　料　費 (42)	〃	86	63	67	61	61	67	65	70	76	76	79
光熱水料及び動力費 (43)	〃	145	134	129	137	136	148	145	145	152	165	188
その他の諸材料費 (44)	〃	…	15	12	12	11	9	9	10	11	14	13
獣医師料及び医薬品費 (45)	〃	166	166	166	179	180	194	195	195	208	219	221
賃借料及び料金 (46)	〃	77	90	95	97	97	106	105	113	122	132	127
物件税及び公課諸負担 (47)	〃	…	129	127	131	131	130	127	126	124	130	135
乳　牛　償　却　費 (48)	〃	515	928	828	917	921	865	849	931	949	942	1,030
建　物　費 (49)	〃	158	134	146	154	157	166	164	166	176	188	181
自　動　車　費 (50)	〃	…	…	…	…	…	…	…	…	…	22	22
農　機　具　費 (51)	〃	289	188	200	209	213	237	235	237	231	228	236
生　産　管　理　費 (52)	〃	…	11	13	13	13	14	14	14	15	16	18
労　働　費 (53)	〃	1,660	1,881	2,124	2,063	1,964	1,957	1,934	1,773	1,708	1,707	1,691
う　ち　家　族 (54)	〃	1,657	1,833	2,075	2,013	1,910	1,902	1,877	1,709	1,640	1,633	1,600
費　用　合　計 (55)	〃	6,952	6,324	6,716	6,682	6,613	6,631	6,628	6,609	6,608	6,784	6,894
副　産　物　価　額 (56)	〃	1,921	679	576	522	583	759	748	855	849	884	931
生産費（副産物価額差引）(57)	〃	5,031	5,645	6,140	6,160	6,030	5,872	5,880	5,754	5,759	5,900	5,963
支　払　利　子 (58)	〃	…	155	138	134	133	125	124	122	111	108	110
支　払　地　代 (59)	〃	…	59	52	56	59	62	63	62	63	56	59
支払利子・地代算入生産費 (60)	〃	…	5,859	6,330	6,350	6,222	6,059	6,067	5,938	5,933	6,064	6,132
自　己　資　本　利　子 (61)	〃	453	189	187	189	186	187	180	178	184	201	203
自　作　地　地　代 (62)	〃	460	346	323	324	324	310	299	280	277	283	261
資本利子・地代全額算入生産費（全算入生産費）(63)	〃	5,944	6,394	6,840	6,863	6,732	6,556	6,546	6,396	6,394	6,548	6,596

注：1　平成11年度〜平成17年度は、既に公表した『平成12年　牛乳生産費』〜『平成18年　牛乳生産費』のデータである。
　　2　「労働費のうち家族」について、平成3年までは調査対象経営体の所在するその地方の農村雇用賃金により評価し、平成4年から毎月勤
　　　労統計調査（厚生労働省）結果を用いた評価に改訂した。平成10年から、それまでの男女別評価から男女同一評価に改正した。
　　3　平成7年から飼育管理等の直接的な労働以外の労働（自給牧草生産に係る労働、資材等の購入付帯労働及び建物・農機具の修繕労働）を
　　　間接労働として関係費目から分離し、「労働費」及び「労働時間」に計上した。

18	19	20	21	22	23	24	25	26	27	28	29	30	令和元年	
(12)	(13)	(14)	(15)	(16)	(17)	(18)	(19)	(20)	(21)	(22)	(23)	(24)	(25)	
5,332	5,715	6,030	5,959	6,165	6,303	6,353	6,556	6,575	6,408	6,770	6,965	7,311	7,438	(37)
119	128	124	118	122	122	124	126	129	132	132	136	135	143	(38)
2,889	3,187	3,411	3,292	3,327	3,432	3,478	3,688	3,735	3,578	3,608	3,604	3,602	3,657	(39)
1,742	2,038	2,227	2,037	2,122	2,261	2,333	2,542	2,599	2,455	2,483	2,551	2,585	2,611	(40)
1,147	1,149	1,184	1,255	1,205	1,171	1,145	1,146	1,136	1,123	1,125	1,053	1,017	1,046	(41)
78	82	85	89	99	103	102	103	104	101	96	97	107	100	(42)
203	216	218	200	220	236	243	262	270	246	241	258	273	266	(43)
13	13	15	10	10	10	11	11	12	12	13	14	12	16	(44)
219	224	230	229	241	243	240	246	261	269	272	250	260	272	(45)
130	130	140	150	158	157	162	164	168	172	177	172	176	170	(46)
138	148	145	133	133	133	128	127	126	120	123	124	126	129	(47)
1,081	1,060	1,102	1,180	1,276	1,290	1,316	1,273	1,206	1,201	1,443	1,623	1,879	1,977	(48)
183	196	199	203	207	203	182	198	207	211	237	224	241	234	(49)
23	22	26	28	28	28	26	27	28	27	30	38	44	42	(50)
239	290	317	309	326	329	323	313	311	323	381	409	438	415	(51)
17	19	18	18	18	17	18	18	18	16	17	16	18	17	(52)
1,643	1,549	1,545	1,520	1,558	1,555	1,565	1,551	1,560	1,519	1,587	1,592	1,591	1,550	(53)
1,547	1,403	1,419	1,394	1,422	1,415	1,422	1,412	1,410	1,355	1,404	1,362	1,325	1,288	(54)
6,975	7,264	7,575	7,479	7,723	7,858	7,918	8,107	8,135	7,927	8,357	8,557	8,902	8,988	(55)
951	1,001	890	875	1,026	1,025	1,065	1,188	1,222	1,627	1,901	1,955	1,971	1,870	(56)
6,024	6,263	6,685	6,604	6,697	6,833	6,853	6,919	6,913	6,300	6,456	6,602	6,931	7,118	(57)
111	117	109	103	97	81	80	82	78	69	64	49	42	39	(58)
63	57	57	58	57	51	55	52	55	53	48	47	41	38	(59)
6,198	6,437	6,851	6,765	6,851	6,965	6,988	7,053	7,046	6,422	6,568	6,698	7,014	7,195	(60)
197	210	186	176	176	167	161	160	170	164	199	240	272	269	(61)
270	270	246	240	236	225	228	227	210	211	209	207	199	195	(62)
6,665	6,917	7,283	7,181	7,263	7,357	7,377	7,440	7,426	6,797	6,976	7,145	7,485	7,659	(63)

4 平成7年から、「光熱水料及び動力費」に含めていた「その他の諸材料費」を分離した。
5 平成16年度から、「農機具費」に含めていた「自動車費」を分離した。
6 平成19年度は、平成19年度税制改正における減価償却計算の見直しを行った結果を表章した。
7 調査期間について、令和元年から調査年1月1日から同年12月31日、平成11年度から平成30年度は調査年4月1日から翌年3月31日、
　平成7年から平成11年は前年9月1日から調査年8月31日、平成2年は前年7月1日から調査年6月30日である。

累年統計表（続き）

3　牛乳生産費（都府県）

区　　　　　分	単位	平成2年	7	10	11	平成11年度	12	13	14	15	16	17
		(1)	(2)	(3)	(4)	(5)	(6)	(7)	(8)	(9)	(10)	(11)
搾乳牛1頭当たり												
物　　　財　　　費 (1)	円	435,785	436,732	480,103	475,812	472,832	476,534	486,345	511,575	528,245	541,843	553,340
種　　付　　料 (2)	〃	7,648	9,906	10,166	10,572	10,953	11,202	11,249	11,397	11,578	11,535	11,909
飼　　料　　費 (3)	〃	313,871	260,112	300,902	289,256	282,441	285,586	295,390	307,481	319,099	328,506	330,130
流　通　飼　料　費 (4)	〃	229,866	221,199	269,260	256,672	250,147	253,884	263,535	277,348	291,198	300,205	300,946
牧草・放牧・採草費 (5)	〃	84,005	38,913	31,642	32,584	32,294	31,702	31,855	30,133	27,901	28,301	29,184
敷　　料　　費 (6)	〃	4,719	4,882	4,690	5,466	5,501	5,865	5,763	5,355	5,314	5,616	5,632
光熱水料及び動力費 (7)	〃	12,494	13,503	15,009	15,076	15,070	16,020	15,739	16,533	17,085	18,553	20,261
その他の諸材料費 (8)	〃	…	1,803	1,761	1,816	1,752	1,788	1,737	1,672	1,569	1,944	1,960
獣医師料及び医薬品費 (9)	〃	16,377	17,401	18,303	20,672	21,662	21,848	21,552	21,215	21,864	23,221	24,514
賃借料及び料金 (10)	〃	4,313	8,661	9,708	9,607	10,110	10,400	10,563	11,671	12,602	14,010	14,296
物件税及び公課諸負担 (11)	〃	…	7,600	8,384	8,599	8,688	8,812	8,594	8,927	9,139	9,253	9,260
乳　牛　償　却　費 (12)	〃	40,941	78,646	75,229	77,719	78,592	75,066	75,526	86,105	88,135	83,699	87,867
建　　物　　費 (13)	〃	12,298	11,827	11,316	11,487	12,331	12,714	13,266	13,271	14,305	15,545	16,105
自　動　車　費 (14)	〃	…	…	…	…	…	…	…	…	…	4,922	5,149
農　機　具　費 (15)	〃	23,124	20,847	22,420	23,489	23,515	24,999	24,624	25,428	25,023	22,767	23,769
生　産　管　理　費 (16)	〃	…	1,544	2,215	2,053	2,217	2,234	2,342	2,520	2,532	2,272	2,488
労　　働　　費 (17)	〃	174,838	212,626	230,870	227,748	222,096	220,480	214,075	211,122	205,246	202,433	200,899
う　　ち　　家　　族 (18)	〃	172,908	207,024	220,932	218,001	211,587	206,256	199,910	195,460	189,608	187,283	184,461
費　　用　　合　　計 (19)	〃	610,623	649,358	710,973	703,560	694,928	697,014	700,420	722,697	733,491	744,276	754,239
副　産　物　価　額 (20)	〃	114,651	50,705	48,724	43,740	38,937	45,470	38,599	46,381	48,685	51,200	54,215
生産費（副産物価額差引）(21)	〃	495,972	598,653	662,249	659,820	655,991	651,544	661,821	676,316	684,806	693,076	700,024
支　　払　　利　　子 (22)	〃	…	3,723	4,180	4,845	4,067	3,693	3,554	4,020	3,854	3,745	3,862
支　　払　　地　　代 (23)	〃	…	4,435	3,667	3,942	4,131	4,106	4,229	4,315	4,549	4,339	4,368
支払利子・地代算入生産費 (24)	〃	…	606,811	670,096	668,607	664,189	659,343	669,604	684,651	693,209	701,160	708,254
自　己　資　本　利　子 (25)	〃	27,935	18,211	16,974	17,178	17,483	17,938	18,273	18,322	18,735	21,719	21,833
自　作　地　地　代 (26)	〃	14,250	6,180	5,395	5,574	5,689	6,103	5,850	5,642	5,795	5,715	5,788
資本利子・地代全額算入 生産費（全算入生産費）(27)	〃	538,157	631,202	692,465	691,359	687,361	683,384	693,727	708,615	717,739	728,594	735,875
1経営体（戸）当たり												
搾乳牛通年換算頭数 (28)	頭	18.8	24.7	28.4	29.1	29.7	30.1	30.9	31.6	32.1	32.4	33.0
搾乳牛1頭当たり												
実　　搾　　乳　　量 (29)	kg	6,569	7,171	7,530	7,596	7,730	7,876	7,765	7,857	8,005	8,163	8,227
乳脂肪分3.5%換算乳量 (30)	〃	7,014	7,785	8,297	8,373	8,522	8,729	8,647	8,832	9,001	9,200	9,218
生　　乳　　価　　額 (31)	円	651,186	673,871	685,548	691,106	701,025	712,084	713,701	725,761	742,934	753,329	744,668
労　　働　　時　　間 (32)	時間	146.1	141.22	135.04	134.25	133.54	132.01	130.79	129.96	128.88	128.60	127.98
自給牧草に係る労働時間 (33)	〃	…	10.07	8.74	8.61	8.31	7.96	7.86	7.65	7.37	7.38	7.52
所　　　　　　得 (34)	円	328,122	274,084	236,384	240,500	248,423	258,997	244,007	236,570	239,333	239,452	220,875
1日当たり												
所　　　　　　得 (35)	〃	18,166	15,934	14,558	14,922	15,600	16,684	15,939	15,596	15,950	16,094	15,013
家　族　労　働　報　酬 (36)	〃	15,830	14,516	13,180	13,510	14,144	15,135	14,363	14,016	14,315	14,250	13,135

注：1　平成11年度～平成17年度は、既に公表した『平成12年　牛乳生産費』～『平成18年　牛乳生産費』のデータである。
　　2　「労働費のうち家族」について、平成3年までは調査対象経営体の所在するその地方の農村雇用賃金により評価し、平成4年から毎月勤労統計調査（厚生労働省）結果を用いた評価に改訂した。平成10年から、それまでの男女別評価から男女同一評価に改正した。
　　3　平成7年から飼育管理等の直接的な労働以外の労働（自給牧草生産に係る労働、資材等の購入付帯労働及び建物・農機具の修繕労働）を間接労働として関係費目から分離し、「労働費」及び「労働時間」に計上した。

18	19	20	21	22	23	24	25	26	27	28	29	30	令和元年	
(12)	(13)	(14)	(15)	(16)	(17)	(18)	(19)	(20)	(21)	(22)	(23)	(24)	(25)	
573,399	621,793	652,900	622,837	622,425	643,900	653,012	687,783	712,490	711,958	721,032	767,334	802,347	812,120	(1)
11,880	12,341	12,053	12,029	11,728	12,128	12,641	12,899	12,762	13,571	14,560	15,856	17,339	18,402	(2)
342,702	373,179	401,522	368,784	364,855	384,719	399,630	433,268	454,738	453,465	442,304	454,360	469,526	478,092	(3)
313,745	339,427	363,185	333,613	328,849	352,000	370,197	400,577	419,411	418,684	407,905	413,962	429,438	431,712	(4)
28,957	33,752	38,337	35,171	36,006	32,719	29,433	32,691	35,327	34,781	34,399	40,398	40,088	46,380	(5)
5,596	6,674	7,133	7,250	7,586	8,107	8,538	9,595	9,841	10,157	10,348	10,691	12,725	12,331	(6)
21,895	23,534	25,317	23,010	23,863	24,620	26,547	28,584	29,502	27,652	27,464	28,509	30,711	31,244	(7)
1,831	2,352	2,161	2,284	2,276	2,292	2,344	1,995	2,055	2,091	2,159	2,501	2,105	1,901	(8)
25,272	25,224	25,570	27,225	28,392	26,924	27,082	27,019	27,959	29,709	31,997	33,776	34,969	34,213	(9)
14,955	15,787	15,612	15,715	15,788	16,466	15,602	15,797	17,164	16,044	17,646	16,761	18,340	17,912	(10)
9,085	8,496	8,542	8,623	8,506	8,788	8,466	8,242	9,247	8,640	8,935	9,193	9,690	9,599	(11)
92,053	97,593	96,747	101,455	101,760	102,532	100,928	99,802	97,668	98,051	108,489	131,411	142,515	143,875	(12)
17,507	19,911	20,729	21,487	22,185	22,581	18,227	18,857	18,854	17,940	18,334	18,623	18,538	19,468	(13)
5,155	5,975	6,105	5,552	5,581	5,428	5,184	5,849	5,404	5,753	6,462	5,934	6,437	6,223	(14)
22,867	27,719	28,909	26,635	27,162	26,405	25,123	23,044	24,428	26,082	29,266	36,782	36,230	35,519	(15)
2,601	3,008	2,500	2,788	2,743	2,910	2,700	2,832	2,868	2,803	3,068	2,937	3,222	3,341	(16)
197,649	198,213	194,934	190,005	185,800	183,260	182,062	181,858	182,598	184,446	190,063	191,835	187,848	187,597	(17)
179,330	178,385	177,916	172,879	168,299	164,944	163,157	160,730	160,442	161,440	162,813	160,486	153,724	147,758	(18)
771,048	820,006	847,834	812,842	808,225	827,160	835,074	869,641	895,088	896,404	911,095	959,169	990,195	999,717	(19)
57,856	51,745	43,456	44,271	50,310	46,521	45,824	54,750	62,112	74,940	109,707	140,803	170,329	181,424	(20)
713,192	768,261	804,378	768,571	757,915	780,639	789,250	814,891	832,976	821,464	801,388	818,366	819,866	818,293	(21)
4,073	3,073	3,309	3,562	3,150	3,047	2,627	2,461	2,029	1,942	1,630	1,572	1,520	1,579	(22)
4,275	4,564	4,677	4,663	5,197	4,669	4,667	4,803	4,736	5,203	5,324	5,778	5,305	5,356	(23)
721,540	775,898	812,364	776,796	766,262	788,355	796,544	822,155	839,741	828,609	808,342	825,716	826,691	825,228	(24)
21,876	21,229	21,133	19,389	18,426	17,687	17,690	18,459	18,836	19,232	20,455	24,091	24,321	22,974	(25)
5,687	5,522	5,287	5,414	5,376	5,331	5,685	5,276	5,312	5,287	5,175	5,610	5,414	5,351	(26)
749,103	802,649	838,784	801,599	790,064	811,373	819,919	845,890	863,889	853,128	833,972	855,417	856,426	853,553	(27)
33.5	33.7	34.3	35.0	35.3	36.7	37.5	37.8	38.8	39.6	40.1	40.8	41.2	43.3	(28)
8,226	8,248	8,317	8,415	8,287	8,292	8,436	8,492	8,576	8,716	8,760	8,733	8,906	8,587	(29)
9,229	9,236	9,255	9,268	9,114	9,175	9,257	9,265	9,355	9,503	9,540	9,528	9,730	9,515	(30)
732,739	737,100	775,826	837,830	824,061	834,297	845,592	866,021	926,702	966,682	977,464	979,729	992,489	969,074	(31)
127.39	129.08	128.90	126.51	124.81	122.13	120.11	119.81	119.19	119.75	121.96	121.03	119.25	115.82	(32)
6.89	7.28	7.16	6.62	6.80	5.79	5.72	5.73	5.73	5.99	5.73	6.07	5.67	6.04	(33)
190,529	139,587	141,378	233,913	226,098	210,886	212,205	204,596	247,403	299,513	331,935	314,499	319,522	291,604	(34)
13,262	9,723	9,707	16,425	16,273	15,575	16,029	15,876	19,573	23,696	26,637	26,151	27,631	26,799	(35)
11,344	7,860	7,893	14,683	14,560	13,875	14,263	14,034	17,663	21,756	24,581	23,681	25,060	24,196	(36)

4　平成７年以降の「労働時間」は「自給牧草に係る労働時間」を含む総労働時間である。
5　平成７年から、「光熱水料及び動力費」に含めていた「その他の諸材料費」を分離した。
6　平成16年度から、「農機具費」に含めていた「自動車費」を分離した。
7　平成19年度は、平成19年度税制改正における減価償却計算の見直しを行った結果を表章した。
8　調査期間について、令和元年から調査年１月１日から同年12月31日、平成11年度から平成30年度は調査年４月１日から翌年３月31日、
　平成７年から平成11年は前年９月１日から調査年８月31日、平成２年は前年７月１日から調査年６月30日である。

累年統計表（続き）

3　牛乳生産費（都府県）（続き）

区　　　　　分	単位	平成2年	7	10	11	平成11年度	12	13	14	15	16	17
		(1)	(2)	(3)	(4)	(5)	(6)	(7)	(8)	(9)	(10)	(11)
生乳100kg当たり（乳脂肪分3.5％換算乳量）												
物　　　　財　　　　費 (37)	円	6,213	5,610	5,786	5,685	5,548	5,458	5,623	5,792	5,869	5,889	6,001
種　　　付　　　料 (38)	〃	109	127	122	127	128	128	130	129	128	126	129
飼　　　料　　　費 (39)	〃	4,475	3,342	3,626	3,454	3,315	3,272	3,416	3,481	3,546	3,571	3,582
流　通　飼　料　費 (40)	〃	3,277	2,842	3,245	3,065	2,936	2,909	3,048	3,140	3,236	3,263	3,265
牧草・放牧・採草費 (41)	〃	1,198	500	381	389	379	363	368	341	310	308	317
敷　　　料　　　費 (42)	〃	68	62	56	65	64	67	67	61	59	61	61
光熱水料及び動力費 (43)	〃	178	173	181	180	177	184	182	187	190	202	220
その他の諸材料費 (44)	〃	…	23	21	22	21	20	20	19	17	21	21
獣医師料及び医薬品費 (45)	〃	233	224	221	247	254	250	249	240	243	252	266
賃　借　料　及　び　料　金 (46)	〃	61	111	117	115	119	119	122	132	140	152	155
物件税及び公課諸負担 (47)	〃	…	98	101	103	102	101	99	101	102	101	100
乳　牛　償　却　費 (48)	〃	584	1,010	907	928	922	860	873	975	979	910	953
建　　　物　　　費 (49)	〃	175	152	136	138	144	145	153	150	159	169	175
自　動　車　費 (50)	〃	…	…	…	…	…	…	…	…	…	53	55
農　機　具　費 (51)	〃	330	268	271	281	276	286	285	288	278	247	257
生　産　管　理　費 (52)	〃	…	20	27	25	26	26	27	29	28	24	27
労　　　働　　　費 (53)	〃	2,493	2,731	2,782	2,721	2,606	2,526	2,476	2,390	2,280	2,200	2,180
う　　ち　　家　　族 (54)	〃	2,465	2,659	2,663	2,604	2,483	2,363	2,312	2,213	2,106	2,035	2,001
費　　用　　合　　計 (55)	〃	8,706	8,341	8,568	8,406	8,154	7,984	8,099	8,182	8,149	8,089	8,181
副　産　物　価　額 (56)	〃	1,634	651	587	522	457	521	446	525	541	557	588
生産費（副産物価額差引）(57)	〃	7,072	7,690	7,981	7,884	7,697	7,463	7,653	7,657	7,608	7,532	7,593
支　　払　　利　　子 (58)	〃	…	48	50	58	48	42	41	46	43	41	42
支　　払　　地　　代 (59)	〃	…	57	44	47	48	47	49	49	51	47	47
支払利子・地代算入生産費 (60)	〃	…	7,795	8,075	7,989	7,793	7,552	7,743	7,752	7,702	7,620	7,682
自　己　資　本　利　子 (61)	〃	398	234	205	205	205	206	211	207	208	236	237
自　作　地　地　代 (62)	〃	203	79	65	67	67	70	68	64	64	62	63
資本利子・地代全額算入生産費（全算入生産費）(63)	〃	7,673	8,108	8,345	8,261	8,065	7,828	8,022	8,023	7,974	7,918	7,982

注：1　平成11年度～平成17年度は、既に公表した『平成12年　牛乳生産費』～『平成18年　牛乳生産費』のデータである。
　　2　「労働費のうち家族」について、平成3年までは調査対象経営体の所在するその地方の農村雇用賃金により評価し、平成4年から毎月勤労統計調査（厚生労働省）結果を用いた評価に改訂した。平成10年から、それまでの男女別評価から男女同一評価に改正した。
　　3　平成7年から飼育管理等の直接的な労働以外の労働（自給牧草生産に係る労働、資材等の購入付帯労働及び建物・農機具の修繕労働）を間接労働として関係費目から分離し、「労働費」及び「労働時間」に計上した。

18	19	20	21	22	23	24	25	26	27	28	29	30	令和元年	
(12)	(13)	(14)	(15)	(16)	(17)	(18)	(19)	(20)	(21)	(22)	(23)	(24)	(25)	
6,212	6,733	7,054	6,719	6,829	7,019	7,056	7,424	7,616	7,490	7,558	8,052	8,249	8,533	(37)
128	134	130	129	128	133	137	139	137	143	152	166	178	193	(38)
3,713	4,040	4,338	3,979	4,004	4,193	4,317	4,676	4,861	4,771	4,636	4,768	4,826	5,022	(39)
3,399	3,675	3,924	3,600	3,609	3,836	3,999	4,323	4,483	4,405	4,275	4,344	4,414	4,535	(40)
314	365	414	379	395	357	318	353	378	366	361	424	412	487	(41)
61	73	77	78	83	89	93	104	105	107	109	112	131	130	(42)
237	255	274	248	262	268	287	308	315	291	288	299	316	328	(43)
20	25	23	25	25	25	25	22	22	22	23	26	22	20	(44)
274	273	276	294	312	293	293	292	299	313	335	354	359	360	(45)
162	171	169	170	173	179	169	171	183	169	185	176	188	188	(46)
98	92	92	93	93	96	91	89	99	91	94	96	100	101	(47)
997	1,057	1,045	1,095	1,117	1,118	1,090	1,077	1,044	1,032	1,137	1,379	1,465	1,512	(48)
190	216	224	231	243	246	197	203	201	188	192	196	191	206	(49)
56	65	66	60	61	59	56	63	58	60	68	63	67	66	(50)
248	300	313	287	298	288	272	249	261	274	306	386	372	372	(51)
28	32	27	30	30	32	29	31	31	29	33	31	34	35	(52)
2,142	2,146	2,106	2,049	2,039	1,997	1,967	1,963	1,952	1,941	1,991	2,014	1,930	1,971	(53)
1,943	1,931	1,922	1,865	1,847	1,798	1,763	1,735	1,715	1,699	1,706	1,685	1,580	1,552	(54)
8,354	8,879	9,160	8,768	8,868	9,016	9,023	9,387	9,568	9,431	9,549	10,066	10,179	10,504	(55)
627	561	470	478	552	507	495	591	664	788	1,150	1,477	1,750	1,906	(56)
7,727	8,318	8,690	8,290	8,316	8,509	8,528	8,796	8,904	8,643	8,399	8,589	8,429	8,598	(57)
44	33	36	38	35	33	28	27	22	20	17	17	16	17	(58)
46	49	51	50	57	51	50	52	51	55	56	61	55	57	(59)
7,817	8,400	8,777	8,378	8,408	8,593	8,606	8,875	8,977	8,718	8,472	8,667	8,500	8,672	(60)
237	230	228	209	202	193	191	199	201	202	214	253	250	241	(61)
62	60	57	58	59	58	61	57	57	56	54	59	56	56	(62)
8,116	8,690	9,062	8,645	8,669	8,844	8,858	9,131	9,235	8,976	8,740	8,979	8,806	8,969	(63)

4　平成7年から、「光熱水料及び動力費」に含めていた「その他の諸材料費」を分離した。
5　平成16年度から、「農機具費」に含めていた「自動車費」を分離した。
6　平成19年度は、平成19年度税制改正における減価償却計算の見直しを行った結果を表章した。
7　調査期間について、令和元年から調査年1月1日から同年12月31日、平成11年度から平成30年度は調査年4月1日から翌年3月31日、
　平成7年から平成11年は前年9月1日から調査年8月31日、平成2年は前年7月1日から調査年6月30日である。

累年統計表（続き）

4 子牛生産費

区分	単位	平成2年	7	10	11	平成11年度	12	13	14	15	16	17
		(1)	(2)	(3)	(4)	(5)	(6)	(7)	(8)	(9)	(10)	(11)
子牛1頭当たり												
物 財 費 (1)	円	287,921	214,972	231,672	227,737	223,430	221,961	224,996	236,816	247,675	249,507	251,797
種 付 料 (2)	〃	10,308	11,667	13,338	14,639	14,403	13,610	13,438	14,890	15,260	16,062	16,976
飼 料 費 (3)	〃	178,694	103,197	114,754	108,827	106,705	105,610	108,698	111,944	118,710	122,474	123,236
う ち 流 通 飼 料 費 (4)	〃	78,138	72,487	82,983	74,703	71,250	70,341	73,453	74,659	78,765	81,087	80,920
敷 料 費 (5)	〃	15,883	12,108	9,526	9,727	9,279	9,068	9,121	8,467	8,557	8,172	7,761
光 熱 水 料 及 び 動 力 費 (6)	〃	3,312	3,116	4,256	4,055	4,135	4,261	4,352	4,562	4,848	5,255	5,844
そ の 他 の 諸 材 料 費 (7)	〃	…	641	555	581	506	509	501	611	647	613	677
獣 医 師 料 及 び 医 薬 品 費 (8)	〃	8,074	8,585	10,590	11,130	10,981	10,914	11,155	12,068	12,331	12,918	13,770
賃 借 料 及 び 料 金 (9)	〃	7,588	7,491	8,421	8,224	8,316	8,567	8,806	9,343	9,471	10,291	10,914
物 件 税 及 び 公 課 諸 負 担 (10)	〃	…	4,131	4,927	5,269	5,347	5,246	5,594	6,255	6,307	6,191	6,645
繁 殖 雌 牛 償 却 費 (11)	〃	45,582	46,719	45,663	45,324	43,850	44,470	42,259	46,241	47,746	44,015	41,335
建 物 費 (12)	〃	12,533	11,224	11,648	11,508	11,424	11,411	11,912	11,845	12,395	12,275	13,110
自 動 車 費 (13)	〃	…	…	…	…	…	…	…	…	…	3,605	3,720
農 機 具 費 (14)	〃	5,947	5,279	7,056	7,470	7,579	7,447	8,353	9,695	10,567	6,727	6,831
生 産 管 理 費 (15)	〃	…	814	938	983	905	848	807	895	836	909	978
労 働 費 (16)	〃	117,784	197,286	217,101	214,893	212,665	205,873	200,199	195,034	193,038	192,739	188,159
う ち 家 族 (17)	〃	117,784	196,828	216,201	213,627	211,395	204,560	198,460	193,465	191,587	189,009	183,486
費 用 合 計 (18)	〃	405,705	412,258	448,773	442,630	436,095	427,834	425,195	431,850	440,713	442,246	439,956
副 産 物 価 額 (19)	〃	45,840	47,195	46,750	46,939	45,209	43,135	42,342	42,689	43,752	42,194	39,903
生 産 費 （ 副 産 物 価 額 差 引 ） (20)	〃	359,865	365,063	402,023	395,691	390,886	384,699	382,853	389,161	396,961	400,052	400,053
支 払 利 子 (21)	〃	…	2,049	3,116	2,813	2,611	2,416	2,449	2,364	2,462	2,536	2,647
支 払 地 代 (22)	〃	…	2,856	3,840	3,955	3,980	3,897	4,216	4,100	3,808	3,502	3,744
支 払 利 子 ・ 地 代 算 入 生 産 費 (23)	〃	…	369,968	408,979	402,459	397,477	391,012	389,518	395,625	403,231	406,090	406,444
自 己 資 本 利 子 (24)	〃	39,551	37,702	40,775	42,377	42,190	41,783	42,328	42,918	42,583	46,163	48,259
自 作 地 地 代 (25)	〃	22,449	15,881	14,898	14,511	13,740	13,372	13,092	11,939	11,440	11,078	11,203
資 本 利 子 ・ 地 代 全 額 算 入 生 産 費 （ 全 算 入 生 産 費 ） (26)	〃	421,865	423,551	464,652	459,347	453,407	446,167	444,938	450,482	457,254	463,331	465,906
1経営体（戸）当たり												
繁 殖 雌 牛 飼 養 月 平 均 頭 数 (27)	頭	4.6	6.3	6.7	6.8	7.1	7.5	7.8	8.4	9.0	9.3	9.5
子牛1頭当たり												
販 売 時 生 体 重 (28)	kg	287.2	276.3	280.9	283.0	285.7	288.4	284.6	282.5	280.4	278.6	280.1
販 売 価 格 (29)	円	467,025	318,300	347,581	352,525	355,528	360,880	308,892	356,539	392,320	437,408	466,151
労 働 時 間 (30)	時間	130.7	159.04	154.66	153.41	152.14	144.64	143.32	142.63	141.28	140.40	138.25
計 算 期 間 (31)	年	1.2	1.1	1.2	1.2	1.2	1.2	1.2	1.2	1.2	1.2	1.2
繁殖雌牛1頭当たり												
所 得 (32)	円	224,944	145,288	154,955	163,575	169,432	175,141	118,186	154,420	180,921	220,515	241,187
1日当たり												
所 得 (33)	〃	13,768	7,318	8,050	8,589	8,971	9,724	6,654	8,733	10,319	12,777	14,432
家 族 労 働 報 酬 (34)	〃	9,974	4,617	5,155	5,604	6,010	6,649	3,524	5,630	7,234	9,458	10,899

注：1 平成11年度〜平成17年度は、既に公表した『平成12年　子牛生産費』〜『平成18年　子牛生産費』のデータである。
2 平成3年から調査対象に外国種を含む。
3 「労働費のうち家族」について、平成3年までは調査対象経営体の所在するその地方の農村雇用賃金により評価し、平成4年から毎月勤労統計調査（厚生労働省）結果を用いた評価に改訂した。平成10年から、それまでの男女別評価から男女同一評価に改正した。
4 平成7年から飼育管理等の直接的な労働以外の労働（自給牧草生産に係る労働、資材等の購入付帯労働及び建物・農機具の修繕労働）を間接労働として関係費目から分離し、「労働費」及び「労働時間」に計上した。

18	19	20	21	22	23	24	25	26	27	28	29	30	令和元年	
(12)	(13)	(14)	(15)	(16)	(17)	(18)	(19)	(20)	(21)	(22)	(23)	(24)	(25)	
259,302	289,061	337,195	335,321	344,498	356,136	358,838	376,129	381,831	377,010	377,890	390,050	410,599	415,680	(1)
17,086	17,834	18,911	17,240	17,694	18,272	18,076	19,000	20,229	21,879	22,538	21,115	20,957	21,467	(2)
128,829	149,593	178,616	171,771	176,385	186,126	189,527	208,274	213,612	215,489	219,716	228,586	237,620	235,611	(3)
83,900	99,844	120,007	113,896	119,076	127,903	131,750	147,522	150,125	146,804	142,711	152,081	159,606	158,536	(4)
7,624	7,533	7,490	7,737	7,907	7,712	8,367	7,811	8,192	8,472	8,688	9,196	8,517	8,608	(5)
6,183	7,022	7,458	6,442	6,731	7,292	7,785	8,686	9,256	8,980	9,030	9,440	10,807	11,528	(6)
529	618	531	636	658	624	604	645	765	448	599	581	522	872	(7)
13,879	14,855	18,758	18,201	19,250	19,362	19,505	19,250	20,481	22,447	24,160	22,511	24,000	23,616	(8)
10,761	10,845	10,873	11,085	11,772	11,913	11,387	12,406	12,598	13,473	12,255	13,525	15,126	14,380	(9)
7,038	7,996	7,137	7,762	7,694	7,713	8,199	8,781	8,373	8,608	9,025	9,134	8,911	9,075	(10)
43,307	41,090	53,850	61,481	64,351	64,181	65,365	60,740	57,560	43,059	35,659	38,266	45,300	48,909	(11)
10,758	12,850	14,846	15,414	15,168	15,861	14,369	14,039	14,333	14,907	15,320	15,819	16,027	15,339	(12)
3,963	6,123	5,504	6,004	5,597	6,010	5,466	5,751	5,518	6,360	6,829	6,905	7,080	8,824	(13)
8,237	11,186	11,705	10,114	9,957	9,729	8,771	9,205	9,517	11,373	12,394	13,300	14,101	15,576	(14)
1,108	1,516	1,516	1,434	1,334	1,341	1,417	1,541	1,397	1,515	1,677	1,672	1,631	1,875	(15)
183,741	177,395	169,392	172,684	178,634	173,732	171,291	171,023	170,272	172,642	183,290	185,902	183,114	183,010	(16)
180,049	173,582	165,794	169,851	175,696	170,928	168,380	167,854	166,373	169,233	178,485	180,281	177,635	175,279	(17)
443,043	466,456	506,587	508,005	523,132	529,868	530,129	547,152	552,103	549,652	561,180	575,952	593,713	598,690	(18)
39,129	33,208	31,118	30,530	30,940	29,932	28,165	26,858	25,951	26,578	28,062	24,844	22,364	23,397	(19)
403,914	433,248	475,469	477,475	492,192	499,936	501,964	520,294	526,152	523,074	533,118	551,108	571,349	575,293	(20)
2,956	3,063	2,024	1,835	1,854	1,764	1,841	1,659	1,748	1,788	1,796	1,685	1,660	1,430	(21)
3,773	4,311	5,551	5,794	5,866	5,982	6,528	7,105	7,184	8,387	9,323	8,981	9,767	8,743	(22)
410,643	440,622	483,044	485,104	499,912	507,682	510,333	529,058	535,084	533,249	544,237	561,774	582,776	585,466	(23)
48,933	54,887	56,675	54,478	51,582	47,944	48,714	50,462	46,644	43,378	45,224	53,830	56,637	59,680	(24)
13,490	14,098	12,802	12,588	12,779	13,504	13,229	13,476	13,951	13,713	15,273	13,169	11,556	10,454	(25)
473,066	509,607	552,521	552,170	564,273	569,130	572,276	592,996	595,679	590,340	604,734	628,773	650,969	655,600	(26)
9.9	10.5	11.9	11.3	11.9	12.1	12.3	12.6	12.9	13.6	13.9	14.5	15.7	16.6	(27)
279.9	283.0	279.9	283.1	291.8	283.2	283.9	284.0	283.3	284.0	288.0	291.7	291.2	291.9	(28)
481,065	467,958	375,320	350,796	373,635	385,497	402,523	483,432	552,157	668,630	784,652	754,495	740,368	735,646	(29)
135.39	131.11	124.55	127.83	134.58	130.45	127.63	125.12	124.32	123.08	128.98	127.83	126.45	124.20	(30)
1.2	1.2	1.2	1.2	1.2	1.1	1.2	1.2	1.2	1.2	1.2	1.2	1.3	1.2	(31)
250,542	199,676	54,784	35,779	49,711	48,663	60,614	122,244	183,446	304,598	419,609	370,773	336,995	327,905	(32)
15,101	12,595	3,729	2,273	3,006	3,041	3,875	8,016	12,178	20,281	26,825	24,094	22,013	22,011	(33)
11,338	8,266	nc	nc	nc	nc	nc	3,823	8,155	16,480	22,951	19,764	17,538	17,272	(34)

5 平成7年から、「光熱水料及び動力費」に含めていた「その他の諸材料費」を分離した。
6 平成16年度から、「農機具費」に含めていた「自動車費」を分離した。
7 平成19年度は、平成19年度税制改正における減価償却計算の見直しを行った結果を表章した。
8 調査期間について、令和元年から調査年1月1日から同年12月31日、平成11年度から平成30年度は調査年4月1日から翌年3月31日、
　平成2年から平成11年は前年8月1日から調査年7月31日である。

累年統計表（続き）

5　乳用雄育成牛生産費

区　　　分	単位	平成2年	7	10	11	平成11年度	12	13	14	15	16	17
		(1)	(2)	(3)	(4)	(5)	(6)	(7)	(8)	(9)	(10)	(11)
乳用雄育成牛1頭当たり												
物　　財　　費 (1)	円	223,241	112,577	114,186	88,348	82,634	90,767	109,247	99,795	111,049	114,520	118,032
も　と　畜　費 (2)	〃	148,422	56,892	49,026	25,307	20,837	30,583	47,712	38,514	47,655	49,593	52,520
飼　　料　　費 (3)	〃	57,486	39,904	49,788	47,627	46,058	44,454	45,840	46,187	47,925	48,715	48,215
う　ち　流通飼料費 (4)	〃	54,993	38,741	48,428	46,316	44,828	43,221	44,690	44,877	46,606	46,871	46,290
敷　　料　　費 (5)	〃	4,536	3,224	2,806	2,874	2,930	2,978	3,047	2,857	2,809	2,747	2,651
光熱水料及び動力費 (6)	〃	1,212	1,200	1,435	1,514	1,653	1,714	1,625	1,740	1,676	1,733	1,841
その他の諸材料費 (7)	〃	…	135	152	110	95	97	84	71	86	89	99
獣医師料及び医薬品費 (8)	〃	4,354	5,070	5,077	5,220	5,279	5,155	5,279	4,857	5,313	5,694	6,215
賃借料及び料金 (9)	〃	280	315	566	521	535	527	477	500	536	734	802
物件税及び公課諸負担 (10)	〃	…	628	587	599	594	617	597	629	591	698	770
建　　物　　費 (11)	〃	3,229	2,802	2,690	2,550	2,427	2,362	2,325	2,198	2,188	2,302	2,593
自　動　車　費 (12)	〃	…	…	…	…	…	…	…	…	…	423	496
農　機　具　費 (13)	〃	3,722	2,326	1,937	1,896	2,062	2,096	2,062	1,940	1,972	1,538	1,614
生　産　管　理　費 (14)	〃	…	81	122	130	164	184	199	302	298	254	216
労　　働　　費 (15)	〃	15,466	16,324	19,411	18,646	17,359	16,733	15,291	15,057	14,324	14,514	13,447
う　　ち　　家　族 (16)	〃	15,063	16,261	19,259	18,513	17,252	16,606	15,105	14,556	13,759	13,641	12,294
費　用　合　計 (17)	〃	238,707	128,901	133,597	106,994	99,993	107,500	124,538	114,852	125,373	129,034	131,479
副　産　物　価　額 (18)	〃	5,750	3,233	3,270	3,062	2,884	2,898	2,451	2,566	2,454	3,067	2,785
生産費（副産物価額差引） (19)	〃	232,957	125,668	130,327	103,932	97,109	104,602	122,087	112,286	122,919	125,967	128,694
支　払　利　子 (20)	〃	…	786	1,098	1,136	1,104	1,004	916	999	929	1,183	1,223
支　払　地　代 (21)	〃	…	109	127	137	146	143	144	137	172	162	156
支払利子・地代算入生産費 (22)	〃	…	126,563	131,552	105,205	98,359	105,749	123,147	113,422	124,020	127,312	130,073
自　己　資　本　利　子 (23)	〃	3,484	1,906	1,539	1,405	1,328	1,447	1,608	1,411	1,491	1,779	1,809
自　作　地　地　代 (24)	〃	947	599	710	638	625	631	621	628	669	669	714
資本利子・地代全額算入生産費（全算入生産費） (25)	〃	237,388	129,068	133,801	107,248	100,312	107,827	125,376	115,461	126,180	129,760	132,596
1経営体（戸）当たり												
飼養月平均頭数 (26)	頭	51.5	78.2	83.2	86.1	94.5	100.7	115.6	140.6	176.5	162.8	178.2
乳用雄育成牛1頭当たり												
販売時生体重 (27)	kg	268.7	247.4	281.0	281.5	282.9	279.4	291.8	288.7	287.2	273.9	273.3
販　　売　　価　　格 (28)	円	254,568	65,506	109,506	66,303	60,860	89,775	63,352	70,227	55,662	72,649	107,251
労　　働　　時　　間 (29)	時間	14.5	11.57	11.75	11.42	10.66	10.18	9.49	9.39	9.09	9.12	8.63
育　　成　　期　　間 (30)	月	6.6	5.7	6.6	6.6	6.7	6.4	6.6	6.5	6.4	6.1	6.0
所　　　　　得 (31)	円	36,674	△ 44,796	△ 2,787	△ 20,389	△ 20,247	632	△ 44,690	△ 28,639	△ 54,599	△ 41,022	△ 10,528
1日当たり												
所　　　　　得 (32)	〃	20,957	nc	nc	nc	nc	501	nc	nc	nc	nc	nc
家　族　労　働　報　酬 (33)	〃	18,425	nc	nc	nc	nc	nc	nc	nc	nc	nc	nc

注：1　平成11年度～平成17年度は、既に公表した『平成12年　乳用雄育成牛生産費』～『平成18年　乳用雄育成牛生産費』のデータである。
　　2　「労働費のうち家族」について、平成3年までは調査対象経営体の所在するその地方の農村雇用賃金により評価し、平成4年から毎月勤労統計調査（厚生労働省）結果を用いた評価に改訂した。平成10年から、それまでの男女別評価から男女同一評価に改正した。
　　3　平成7年から飼育管理等の直接的な労働以外の労働（自給牧草生産に係る労働、資材等の購入付帯労働及び建物・農機具の修繕労働）を間接労働として関係費目から分離し、「労働費」及び「労働時間」に計上した。

18	19	20	21	22	23	24	25	26	27	28	29	30	令和元年	
(12)	(13)	(14)	(15)	(16)	(17)	(18)	(19)	(20)	(21)	(22)	(23)	(24)	(25)	
116,304	127,227	119,072	107,390	110,869	128,474	121,673	136,925	146,178	155,561	203,139	204,775	233,042	236,575	(1)
48,320	49,088	30,533	30,034	29,735	44,012	37,061	46,525	50,622	58,911	112,465	116,405	145,356	147,756	(2)
50,558	61,099	71,066	61,405	61,267	64,150	64,804	71,162	74,606	72,593	63,406	64,396	64,840	64,443	(3)
48,675	58,742	66,607	58,994	57,933	61,021	62,950	69,186	72,573	69,615	62,189	60,900	61,924	61,674	(4)
2,980	3,191	3,645	4,599	6,150	6,439	6,334	6,124	5,974	6,337	7,432	8,744	9,038	9,479	(5)
2,032	2,273	1,560	1,667	2,098	2,338	2,407	2,569	2,678	2,545	2,308	2,514	2,612	2,849	(6)
44	50	26	56	51	100	66	44	67	87	76	23	7	17	(7)
5,566	5,553	6,432	4,076	5,207	5,030	5,180	5,008	5,804	6,571	8,797	5,507	5,103	6,303	(8)
901	884	634	703	1,125	1,261	1,287	872	1,058	1,087	1,369	828	828	829	(9)
846	789	638	727	879	958	771	784	792	859	774	939	953	927	(10)
2,469	1,878	2,016	2,084	2,295	2,072	1,720	1,971	2,400	3,139	2,928	2,511	1,583	1,278	(11)
587	430	515	454	576	552	467	437	505	970	860	708	559	506	(12)
1,784	1,853	1,858	1,424	1,250	1,363	1,419	1,255	1,519	2,239	2,552	2,020	1,968	1,991	(13)
217	139	149	161	236	199	157	174	153	223	172	180	195	197	(14)
13,106	11,878	11,773	9,893	11,053	10,243	9,666	9,802	9,881	10,499	9,341	11,257	10,639	10,647	(15)
11,629	11,265	11,643	9,432	10,198	9,390	8,633	8,809	8,572	9,209	7,052	10,111	9,080	9,395	(16)
129,410	139,105	130,845	117,283	121,922	138,717	131,339	146,727	156,059	166,060	212,480	216,032	243,681	247,222	(17)
2,831	2,298	1,761	2,971	3,740	3,338	2,219	2,499	1,738	2,285	1,125	3,911	3,168	3,938	(18)
126,579	136,807	129,084	114,312	118,182	135,379	129,120	144,228	154,321	163,775	211,355	212,121	240,513	243,284	(19)
1,283	1,311	261	1,397	906	821	1,023	1,011	917	797	521	632	563	575	(20)
138	158	113	58	52	137	110	121	131	151	173	181	173	166	(21)
128,000	138,276	129,458	115,767	119,140	136,337	130,253	145,360	155,369	164,723	212,049	212,934	241,249	244,025	(22)
1,850	1,662	2,384	942	1,110	1,297	1,063	1,042	1,576	1,719	2,007	1,327	1,441	1,015	(23)
721	498	645	453	621	565	407	383	417	478	384	477	397	329	(24)
130,571	140,436	132,487	117,162	120,871	138,199	131,723	146,785	157,362	166,920	214,440	214,738	243,087	245,369	(25)
176.1	180.5	165.3	225.5	177.2	212.8	225.4	217.7	200.2	170.9	258.6	226.8	236.9	253.5	(26)
272.3	270.6	276.4	299.2	300.9	300.0	298.4	299.0	301.5	304.0	303.4	300.4	299.9	301.7	(27)
124,625	110,500	95,583	99,601	97,178	107,037	109,577	145,390	152,673	228,788	241,333	234,811	257,965	254,808	(28)
8.80	8.08	7.72	6.60	7.52	6.75	6.39	6.48	6.50	6.73	5.67	6.64	6.12	5.93	(29)
6.0	6.0	6.0	6.4	6.6	6.5	6.3	6.3	6.4	6.6	6.3	6.2	6.4	6.5	(30)
8,254	△ 16,511	△ 22,232	△ 6,734	△ 11,764	△ 19,910	△ 12,043	8,839	5,876	73,274	36,336	31,988	25,796	20,178	(31)
8,734	nc	nc	nc	nc	nc	nc	12,787	8,836	102,841	69,377	44,274	41,523	31,839	(32)
6,014	nc	nc	nc	nc	nc	nc	10,725	5,839	99,757	64,811	41,777	38,564	29,718	(33)

4 平成7年から、「光熱水料及び動力費」に含めていた「その他の諸材料費」を分離した。
5 平成16年度から、「農機具費」に含めていた「自動車費」を分離した。
6 平成19年度は、平成19年度税制改正における減価償却計算の見直しを行った結果を表章した。
7 調査期間について、令和元年から調査年1月1日から同年12月31日、平成11年度から平成30年度は調査年4月1日から翌年3月31日、
　平成2年から平成11年は前年8月1日から調査年7月31日である。

累年統計表（続き）

6　交雑種育成牛生産費

区　分	単位	平成11年度	12	13	14	15	16	17	18	19
		(1)	(2)	(3)	(4)	(5)	(6)	(7)	(8)	(9)
交雑種育成牛1頭当たり										
物財費 (1)	円	133,672	140,966	177,367	158,889	194,005	198,071	209,387	227,516	224,133
もと畜費 (2)	〃	67,207	76,932	110,827	92,339	126,636	128,454	139,783	156,533	141,074
飼料費 (3)	〃	49,538	47,257	49,561	49,939	50,428	52,034	51,260	53,499	65,402
うち流通飼料費 (4)	〃	48,838	46,561	48,904	49,171	49,598	50,691	49,873	51,991	63,356
敷料費 (5)	〃	3,287	3,140	3,407	3,242	3,380	3,147	3,072	2,977	2,410
光熱水料及び動力費 (6)	〃	1,734	1,849	1,751	1,669	1,651	1,918	2,115	2,229	2,384
その他の諸材料費 (7)	〃	161	160	149	145	131	141	97	72	79
獣医師料及び医薬品費 (8)	〃	5,127	4,995	4,999	4,901	5,104	5,107	5,191	4,760	4,534
賃借料及び料金 (9)	〃	405	408	439	465	478	715	814	898	1,005
物件税及び公課諸負担 (10)	〃	684	699	754	690	660	960	1,058	887	1,008
建物費 (11)	〃	2,804	2,766	2,630	2,868	2,811	2,930	3,085	2,593	2,690
自動車費 (12)	〃	…	…	…	…	…	1,440	1,534	1,444	1,599
農機具費 (13)	〃	2,567	2,598	2,683	2,494	2,581	1,016	1,138	1,333	1,595
生産管理費 (14)	〃	158	162	167	137	145	209	240	291	353
労働費 (15)	〃	19,444	18,716	16,570	15,992	15,552	16,431	16,381	14,849	14,756
うち家族 (16)	〃	18,079	17,383	14,125	13,522	12,416	13,721	12,729	11,854	11,879
費用合計 (17)	〃	153,116	159,682	193,937	174,881	209,557	214,502	225,768	242,365	238,889
副産物価額 (18)	〃	2,921	2,865	2,509	2,352	2,523	2,913	2,560	2,631	2,380
生産費（副産物価額差引） (19)	〃	150,195	156,817	191,428	172,529	207,034	211,589	223,208	239,734	236,509
支払利子 (20)	〃	1,373	1,267	1,190	1,278	1,164	1,240	1,279	1,096	1,135
支払地代 (21)	〃	109	107	92	160	171	234	237	197	170
支払利子・地代算入生産費 (22)	〃	151,677	158,191	192,710	173,967	208,369	213,063	224,724	241,027	237,814
自己資本利子 (23)	〃	1,960	1,862	2,048	1,734	1,863	2,070	2,273	2,368	2,452
自作地地代 (24)	〃	555	537	516	498	528	528	493	595	502
資本利子・地代全額算入生産費（全算入生産費） (25)	〃	154,192	160,590	195,274	176,199	210,760	215,661	227,490	243,990	240,768
1経営体（戸）当たり										
飼養月平均頭数 (26)	頭	87.6	91.0	106.5	121.3	138.1	130.5	132.8	115.4	136.0
交雑種育成牛1頭当たり										
販売時生体重 (27)	kg	261.4	254.6	262.0	259.3	262.9	261.8	265.4	265.8	276.7
販売価格 (28)	円	136,402	170,936	151,810	187,667	210,900	232,393	250,303	261,000	225,204
労働時間 (29)	時間	11.96	11.61	10.44	10.36	9.94	10.52	10.22	9.57	9.55
育成期間 (30)	月	7.3	6.7	6.9	6.7	6.8	6.7	6.6	6.3	6.4
所得 (31)	円	2,804	30,128	△ 26,775	27,222	14,947	33,051	38,308	31,827	△ 731
1日当たり										
所得 (32)	〃	2,023	22,674	nc	25,531	15,060	30,184	37,603	33,067	nc
家族労働報酬 (33)	〃	208	20,868	nc	23,437	12,651	27,811	34,888	29,989	nc

注：1　平成11年度～平成17年度は、既に公表した『平成12年　交雑種育成牛生産費』～『平成18年　交雑種育成牛生産費』のデータである。
　　2　平成16年度から、「農機具費」に含めていた「自動車費」を分離した。
　　3　平成19年度は、平成19年度税制改正における減価償却計算の見直しを行った結果を表章した。
　　4　調査期間について、令和元年から調査年1月1日から同年12月31日、平成11年度から平成30年度は調査年4月1日から翌年3月31日である。

20	21	22	23	24	25	26	27	28	29	30	令和元年	
(10)	(11)	(12)	(13)	(14)	(15)	(16)	(17)	(18)	(19)	(20)	(21)	
190,083	184,180	204,859	239,872	207,905	240,109	266,340	274,350	318,871	354,754	331,266	363,829	(1)
99,008	101,007	120,230	149,616	118,218	142,902	165,626	175,626	225,898	258,486	229,783	262,548	(2)
71,812	63,429	64,966	70,380	71,983	76,473	79,279	78,135	72,344	74,167	77,717	77,021	(3)
69,656	62,646	63,635	69,377	70,725	75,365	78,014	77,310	70,970	72,554	75,158	75,240	(4)
2,794	3,664	3,683	4,088	4,863	4,964	5,553	6,336	5,412	5,327	5,539	5,564	(5)
2,243	1,803	1,966	2,222	3,135	3,424	3,474	3,188	3,038	3,692	4,016	3,611	(6)
82	64	32	53	68	57	33	17	25	42	34	229	(7)
5,725	6,076	6,387	6,442	3,759	5,778	5,785	4,756	5,149	5,417	6,166	6,086	(8)
1,099	623	571	642	494	507	586	532	578	603	667	758	(9)
997	962	880	1,065	919	906	955	863	954	813	843	1,437	(10)
3,189	3,728	3,274	2,705	2,278	2,038	2,297	1,992	2,349	2,661	2,981	2,938	(11)
980	731	1,086	991	831	1,051	849	1,119	1,342	1,326	1,212	1,099	(12)
1,823	1,848	1,516	1,537	1,150	1,509	1,376	1,246	1,479	1,955	2,090	2,321	(13)
331	245	268	131	207	500	527	540	303	265	218	217	(14)
14,466	14,123	14,955	14,898	15,492	15,880	15,722	14,609	14,445	15,293	14,968	14,929	(15)
13,583	13,307	14,446	14,097	12,540	12,156	11,643	9,121	9,640	11,935	11,758	12,345	(16)
204,549	198,303	219,814	254,770	223,397	255,989	282,062	288,959	333,316	370,047	346,234	378,758	(17)
2,334	2,456	2,535	3,017	4,100	1,947	2,088	1,743	2,485	3,694	4,410	4,618	(18)
202,215	195,847	217,279	251,753	219,297	254,042	279,974	287,216	330,831	366,353	341,824	374,140	(19)
2,002	932	906	2,227	883	1,035	1,275	774	921	800	754	709	(20)
199	161	363	94	41	45	58	64	83	233	333	114	(21)
204,416	196,940	218,548	254,074	220,221	255,122	281,307	288,054	331,835	367,386	342,911	374,963	(22)
1,216	2,226	2,264	1,846	1,468	2,704	3,258	3,710	2,892	3,272	3,317	2,438	(23)
606	714	730	622	581	454	415	230	517	799	825	605	(24)
206,238	199,880	221,542	256,542	222,270	258,280	284,980	291,994	335,244	371,457	347,053	378,006	(25)
109.1	91.4	90.7	97.8	99.6	91.8	99.7	104.2	108.7	106.7	117.3	146.8	(26)
284.9	283.1	287.7	278.0	288.9	283.9	284.9	297.6	293.2	300.3	301.5	289.2	(27)
170,761	204,737	245,755	227,598	220,752	281,517	302,219	353,723	379,461	371,982	391,522	411,349	(28)
10.22	10.42	10.79	10.46	10.63	10.86	10.72	10.31	9.88	9.90	9.28	9.06	(29)
6.4	6.3	6.4	6.4	6.4	6.4	6.4	6.8	6.6	6.8	6.9	6.8	(30)
△ 20,072	21,104	41,653	△ 12,379	13,071	38,551	32,555	74,790	57,266	16,531	60,369	48,731	(31)
nc	17,923	32,541	nc	12,375	38,169	34,134	100,558	74,371	18,166	71,655	55,534	(32)
nc	15,426	30,202	nc	10,435	35,043	30,283	95,261	69,944	13,692	66,738	52,066	(33)

累年統計表（続き）

7　去勢若齢肥育牛生産費

区　　　分	単位	平成2年	7	10	11	平成11年度	12	13	14	15	16	17
		(1)	(2)	(3)	(4)	(5)	(6)	(7)	(8)	(9)	(10)	(11)
去勢若齢肥育牛1頭当たり												
物　　財　　費 (1)	円	733,657	623,171	665,693	665,236	657,909	658,627	679,295	687,872	632,668	719,836	745,104
も　と　畜　費 (2)	〃	473,675	385,928	403,001	412,988	413,431	415,671	429,837	434,010	364,453	437,530	463,273
飼　　料　　費 (3)	〃	212,143	184,537	207,657	197,166	188,725	187,526	193,222	198,060	208,707	221,686	221,191
うち流通飼料費 (4)	〃	196,598	178,773	203,134	193,029	185,614	184,483	190,455	195,693	206,647	219,764	218,968
敷　　料　　費 (5)	〃	14,357	12,584	12,414	12,410	12,472	11,960	12,226	11,367	11,871	10,890	10,857
光熱水料及び動力費 (6)	〃	4,622	4,657	5,310	5,342	5,849	6,044	6,193	6,318	7,536	8,087	8,597
その他の諸材料費 (7)	〃	…	383	319	406	452	432	373	392	423	575	403
獣医師料及び医薬品費 (8)	〃	5,097	5,331	5,744	6,011	6,155	6,153	6,135	5,859	6,823	6,811	6,722
賃借料及び料金 (9)	〃	1,280	1,709	2,040	2,217	2,298	2,385	2,512	2,321	3,044	3,458	4,488
物件税及び公課諸負担 (10)	〃	…	4,271	4,982	5,242	5,249	5,313	5,388	5,213	5,207	5,456	5,256
建　　物　　費 (11)	〃	11,116	12,009	11,017	10,911	10,723	10,623	11,058	11,370	11,323	11,913	11,329
自　動　車　費 (12)	〃	…	…	…	…	…	…	…	…	…	4,886	4,894
農　機　具　費 (13)	〃	11,367	10,644	12,158	11,334	11,237	11,326	11,214	11,741	12,044	7,256	6,853
生　産　管　理　費 (14)	〃	…	1,118	1,051	1,209	1,318	1,194	1,137	1,221	1,237	1,288	1,241
労　　働　　費 (15)	〃	80,746	103,918	98,778	92,249	87,472	85,074	83,232	81,829	80,127	80,851	76,440
う　ち　家　族 (16)	〃	80,632	102,358	96,555	90,269	85,555	83,103	81,278	78,610	74,791	76,787	71,689
費　　用　　合　　計 (17)	〃	814,403	727,089	764,471	757,485	745,381	743,701	762,527	769,701	712,795	800,687	821,544
副　産　物　価　額 (18)	〃	36,310	27,179	21,056	19,196	18,666	17,923	16,133	15,951	17,533	18,059	16,522
生産費（副産物価額差引）(19)	〃	778,093	699,910	743,415	738,289	726,715	725,778	746,394	753,750	695,262	782,628	805,022
支　払　利　子 (20)	〃	…	8,492	10,024	10,836	11,746	12,102	12,995	13,409	12,393	12,907	11,980
支　払　地　代 (21)	〃	…	547	401	332	360	334	315	376	527	442	480
支払利子・地代算入生産費 (22)	〃	…	708,949	753,840	749,457	738,821	738,214	759,704	767,535	708,182	795,977	817,482
自　己　資　本　利　子 (23)	〃	22,950	17,283	16,421	15,239	14,297	13,583	13,839	10,868	11,186	10,802	10,817
自　作　地　地　代 (24)	〃	3,985	3,095	2,934	2,860	2,788	2,626	2,530	2,487	2,551	2,732	2,617
資本利子・地代全額算入生産費（全算入生産費）(25)	〃	805,028	729,327	773,195	767,556	755,906	754,423	776,073	780,890	721,919	809,511	830,916
1経営体（戸）当たり												
飼　養　月　平　均　頭　数 (26)	頭	14.7	25.1	31.2	33.9	36.0	38.6	40.3	44.7	46.1	44.7	45.9
去勢若齢肥育牛1頭当たり												
販　売　時　生　体　重 (27)	kg	671.8	688.5	682.9	680.5	685.1	685.8	696.4	696.9	707.6	713.0	713.8
販　　売　　価　　格 (28)	円	875,792	721,243	770,745	738,234	719,032	714,577	611,607	705,686	787,591	867,486	915,794
労　　働　　時　　間 (29)	時間	78.3	75.90	65.69	62.25	59.12	57.27	56.29	55.98	55.63	55.89	53.52
肥　　育　　期　　間 (30)	月	19.8	20.2	20.2	20.1	20.2	20.2	20.5	20.5	20.0	19.5	19.5
所　　　　　　　　得 (31)	円	178,331	114,652	113,460	79,046	65,766	59,466	△ 66,819	16,761	154,200	148,296	170,001
1日当たり												
所　　　　　　　　得 (32)	〃	18,244	12,322	14,319	10,582	9,266	8,669	nc	2,548	24,207	22,671	27,592
家　族　労　働　報　酬 (33)	〃	15,488	10,132	11,876	8,159	6,859	6,306	nc	518	22,051	20,602	25,412

注： 1　平成11年度〜平成17年度は、既に公表した『平成12年　去勢若齢肥育牛生産費』〜『平成18年　去勢若齢肥育牛生産費』のデータである。
　　 2　「労働費のうち家族」について、平成3年までは調査対象経営体の所在するその地方の農村雇用賃金により評価し、平成4年から毎月勤労統計調査（厚生労働省）結果を用いた評価に改訂した。平成10年から、それまでの男女別評価から男女同一評価に改正した。
　　 3　平成7年から飼育管理等の直接的な労働以外の労働（自給牧草生産に係る労働、資材等の購入付帯労働及び建物・農機具の修繕労働）を間接労働として関係費目から分離し、「労働費」及び「労働時間」に計上した。

18	19	20	21	22	23	24	25	26	27	28	29	30	令和元年	
(12)	(13)	(14)	(15)	(16)	(17)	(18)	(19)	(20)	(21)	(22)	(23)	(24)	(25)	
803,969	889,932	966,785	878,746	782,412	802,352	825,976	853,714	907,454	982,100	1,054,763	1,165,338	1,293,885	1,245,936	(1)
507,593	542,550	561,339	523,902	433,948	437,761	455,240	457,457	507,188	585,251	669,604	780,702	894,275	844,283	(2)
232,738	280,161	335,141	285,016	275,273	290,201	298,818	324,806	328,177	324,077	304,977	306,403	319,345	323,576	(3)
230,363	278,003	332,649	282,229	272,459	287,945	296,540	323,716	327,025	322,496	303,224	304,695	318,290	321,275	(4)
11,283	11,806	11,815	12,848	13,658	13,800	13,192	12,101	12,336	12,462	12,697	11,991	12,579	12,873	(5)
8,952	9,710	9,777	9,203	10,008	10,834	11,493	12,295	12,632	11,886	11,644	12,272	12,978	13,592	(6)
443	467	411	414	366	370	350	327	247	197	174	200	292	338	(7)
8,146	8,068	8,224	8,004	8,148	7,729	8,200	7,981	8,033	8,813	11,180	10,754	10,424	10,055	(8)
4,238	4,218	3,656	3,919	4,294	4,165	4,421	4,147	4,316	4,630	5,508	5,491	6,704	6,500	(9)
5,678	5,140	5,004	5,002	5,331	5,571	5,701	5,738	5,384	5,141	5,348	5,628	5,324	6,014	(10)
11,732	12,815	14,439	13,861	14,088	15,421	12,056	12,919	12,661	12,819	13,306	12,702	12,804	11,144	(11)
5,028	5,595	6,203	6,130	6,520	6,184	6,216	5,655	5,562	5,944	7,576	6,730	5,911	6,078	(12)
6,855	7,962	8,810	8,664	9,004	8,673	8,662	8,746	9,295	9,131	10,632	10,484	11,494	9,734	(13)
1,283	1,440	1,966	1,783	1,774	1,643	1,627	1,542	1,623	1,749	2,117	1,981	1,755	1,749	(14)
75,109	74,713	72,751	72,568	74,130	72,151	71,732	71,241	70,891	76,862	79,134	76,059	75,799	77,887	(15)
69,342	69,413	68,065	67,694	69,275	67,643	67,198	65,923	65,149	70,105	72,876	69,453	68,390	68,187	(16)
879,078	964,645	1,039,536	951,314	856,542	874,503	897,708	924,955	978,345	1,058,962	1,133,897	1,241,397	1,369,684	1,323,823	(17)
15,332	14,738	11,564	11,137	10,949	11,098	10,266	9,437	10,081	10,861	10,929	9,586	8,598	10,363	(18)
863,746	949,907	1,027,972	940,177	845,593	863,405	887,442	915,518	968,264	1,048,101	1,122,968	1,231,811	1,361,086	1,313,460	(19)
11,845	13,498	14,236	13,469	10,970	11,690	11,692	12,741	13,330	12,266	13,768	12,120	18,275	15,067	(20)
430	345	379	351	413	441	465	439	460	413	542	461	484	410	(21)
876,021	963,750	1,042,587	953,997	856,976	875,536	899,599	928,698	982,054	1,060,780	1,137,278	1,244,392	1,379,845	1,328,937	(22)
12,930	10,834	10,456	9,519	9,686	8,909	7,952	7,514	7,362	7,592	6,669	6,886	7,323	5,971	(23)
2,957	2,375	2,267	2,480	2,430	2,660	2,508	2,192	2,123	2,379	2,954	2,652	2,146	2,082	(24)
891,908	976,959	1,055,310	965,996	869,092	887,105	910,059	938,404	991,539	1,070,751	1,146,901	1,253,930	1,389,314	1,336,990	(25)
48.3	52.6	55.3	57.7	58.2	61.6	63.0	67.7	69.4	65.3	69.2	72.7	72.0	72.0	(26)
716.0	725.7	738.5	750.2	751.6	756.5	755.7	757.6	761.0	768.8	778.5	782.2	794.9	794.0	(27)
934,191	934,149	867,041	817,943	829,297	787,812	836,272	907,897	1,016,759	1,207,278	1,313,694	1,298,384	1,365,496	1,331,679	(28)
53.23	53.14	51.85	51.55	53.46	52.31	50.92	49.29	48.72	51.69	52.07	49.82	49.72	50.00	(29)
19.8	20.0	19.8	20.2	20.0	19.9	20.0	20.1	20.0	20.0	20.3	20.3	20.0	20.2	(30)
127,512	39,812	△ 107,481	△ 68,360	41,596	△ 20,081	3,871	45,122	99,854	216,603	249,292	123,445	54,041	70,929	(31)
21,195	6,587	nc	nc	6,816	nc	665	8,103	18,259	37,540	42,469	22,148	9,873	13,141	(32)
18,554	4,402	nc	nc	4,831	nc	nc	6,360	16,525	35,811	40,829	20,436	8,143	11,649	(33)

4 平成7年から、「光熱水料及び動力費」に含めていた「その他の諸材料費」を分離した。
5 平成16年度から、「農機具費」に含めていた「自動車費」を分離した。
6 平成19年度は、平成19年度税制改正における減価償却計算の見直しを行った結果を表章した。
7 調査期間について、令和元年から調査年1月1日から同年12月31日、平成11年度から平成30年度は調査年4月1日から翌年3月31日、
平成2年から平成11年は前年8月1日から調査年7月31日である。

累年統計表（続き）

7　去勢若齢肥育牛生産費（続き）

区　　　分	単位	平成2年	7	10	11	平成11年度	12	13	14	15	16	17
		(1)	(2)	(3)	(4)	(5)	(6)	(7)	(8)	(9)	(10)	(11)
去勢若齢肥育牛生体100kg当たり												
物　　財　　費 (34)	円	109,210	90,509	97,475	97,764	96,024	96,031	97,543	98,712	89,408	100,955	104,377
も　　と　　畜　　費 (35)	〃	70,508	56,052	59,011	60,692	60,343	60,607	61,722	62,282	51,504	61,363	64,898
飼　　料　　費 (36)	〃	31,579	26,803	30,407	28,976	27,545	27,341	27,746	28,422	29,494	31,091	30,986
う　ち　流　通　飼　料　費 (37)	〃	29,265	25,966	29,745	28,368	27,091	26,898	27,349	28,082	29,203	30,821	30,675
敷　　料　　費 (38)	〃	2,137	1,828	1,817	1,824	1,820	1,744	1,756	1,631	1,678	1,528	1,521
光熱水料及び動力費 (39)	〃	688	676	778	785	854	881	889	907	1,065	1,134	1,204
その他の諸材料費 (40)	〃	…	56	46	60	66	63	53	56	60	81	56
獣医師料及び医薬品費 (41)	〃	759	774	841	883	898	897	881	841	964	955	942
賃借料及び料金 (42)	〃	191	248	299	326	335	348	361	333	430	485	629
物件税及び公課諸負担 (43)	〃	…	620	730	770	766	775	774	748	736	765	736
建　　物　　費 (44)	〃	1,655	1,744	1,613	1,604	1,565	1,549	1,587	1,632	1,600	1,670	1,587
自　　動　　車　　費 (45)	〃	…	…	…	…	…	…	…	…	…	685	685
農　　機　　具　　費 (46)	〃	1,693	1,546	1,780	1,666	1,640	1,651	1,610	1,685	1,702	1,018	960
生　産　管　理　費 (47)	〃	…	162	153	178	192	175	164	175	175	180	173
労　　働　　費 (48)	〃	12,019	15,093	14,465	13,556	12,767	12,406	11,951	11,742	11,323	11,339	10,708
う　　ち　　家　　族 (49)	〃	12,002	14,866	14,139	13,265	12,487	12,118	11,671	11,280	10,569	10,769	10,043
費　　用　　合　　計 (50)	〃	121,229	105,602	111,940	111,320	108,791	108,437	109,494	110,454	100,731	112,294	115,085
副　産　物　価　額 (51)	〃	5,405	3,948	3,083	2,821	2,724	2,613	2,317	2,289	2,478	2,533	2,314
生産費（副産物価額差引）(52)	〃	115,824	101,654	108,857	108,499	106,067	105,824	107,177	108,165	98,253	109,761	112,771
支　　払　　利　　子 (53)	〃	…	1,233	1,468	1,592	1,714	1,765	1,866	1,924	1,751	1,810	1,678
支　　払　　地　　代 (54)	〃	…	79	59	49	53	49	45	54	74	62	67
支払利子・地代算入生産費 (55)	〃	…	102,966	110,384	110,140	107,834	107,638	109,088	110,143	100,078	111,633	114,516
自　己　資　本　利　子 (56)	〃	3,416	2,510	2,404	2,239	2,087	1,980	1,987	1,560	1,581	1,515	1,515
自　作　地　地　代 (57)	〃	593	449	430	420	407	383	363	357	361	383	367
資本利子・地代全額算入生産費（全算入生産費）(58)	〃	119,833	105,925	113,218	112,799	110,328	110,001	111,438	112,060	102,020	113,531	116,398

注：1　平成11年度～平成17年度は、既に公表した『平成12年　去勢若齢肥育牛生産費』～『平成18年　去勢若齢肥育牛生産費』のデータである。

2　「労働費のうち家族」について、平成3年までは調査対象経営体の所在するその地方の農村雇用賃金により評価し、平成4年から毎月勤労統計調査（厚生労働省）結果を用いた評価に改訂した。平成10年から、それまでの男女別評価から男女同一評価に改正した。

3　平成7年から飼育管理等の直接的な労働以外の労働（自給牧草生産に係る労働、資材等の購入付帯労働及び建物・農機具の修繕労働）を間接労働として関係費目から分離し、「労働費」及び「労働時間」に計上した。

18	19	20	21	22	23	24	25	26	27	28	29	30	令和元年	
(12)	(13)	(14)	(15)	(16)	(17)	(18)	(19)	(20)	(21)	(22)	(23)	(24)	(25)	
112,282	122,637	130,909	117,140	104,108	106,056	109,303	112,681	119,242	127,752	135,490	148,977	162,776	156,918	(34)
70,890	74,767	76,008	69,838	57,740	57,864	60,243	60,380	66,646	76,130	86,014	99,805	112,503	106,332	(35)
32,504	38,608	45,380	37,993	36,628	38,359	39,543	42,871	43,123	42,157	39,176	39,170	40,175	40,752	(36)
32,172	38,311	45,043	37,622	36,253	38,061	39,242	42,727	42,972	41,951	38,951	38,952	40,042	40,462	(37)
1,576	1,627	1,600	1,713	1,817	1,824	1,746	1,597	1,621	1,621	1,631	1,533	1,582	1,622	(38)
1,250	1,338	1,324	1,227	1,332	1,432	1,521	1,623	1,660	1,546	1,496	1,569	1,633	1,712	(39)
62	64	56	55	48	49	46	43	32	26	22	26	37	43	(40)
1,138	1,112	1,114	1,067	1,084	1,022	1,085	1,053	1,056	1,146	1,436	1,375	1,311	1,266	(41)
592	581	495	522	571	550	585	547	567	602	708	702	843	819	(42)
793	708	677	667	709	736	754	757	707	669	687	720	670	758	(43)
1,638	1,766	1,956	1,847	1,875	2,039	1,595	1,705	1,664	1,667	1,709	1,624	1,611	1,402	(44)
703	771	840	817	869	818	823	747	731	773	973	860	744	765	(45)
957	1,097	1,193	1,156	1,199	1,146	1,147	1,155	1,222	1,187	1,366	1,340	1,446	1,226	(46)
179	198	266	238	236	217	215	203	213	228	272	253	221	221	(47)
10,490	10,295	9,850	9,674	9,864	9,536	9,492	9,403	9,315	9,998	10,166	9,723	9,538	9,809	(48)
9,684	9,565	9,216	9,024	9,218	8,941	8,892	8,702	8,561	9,119	9,362	8,879	8,606	8,587	(49)
122,772	132,932	140,759	126,814	113,972	115,592	118,795	122,084	128,557	137,750	145,656	158,700	172,314	166,727	(50)
2,141	2,031	1,566	1,485	1,457	1,467	1,358	1,246	1,325	1,413	1,404	1,225	1,082	1,305	(51)
120,631	130,901	139,193	125,329	112,515	114,125	117,437	120,838	127,232	136,337	144,252	157,475	171,232	165,422	(52)
1,654	1,860	1,928	1,795	1,460	1,545	1,547	1,682	1,752	1,596	1,769	1,549	2,299	1,898	(53)
60	48	51	47	55	58	62	58	60	54	70	59	61	51	(54)
122,345	132,809	141,172	127,171	114,030	115,728	119,046	122,578	129,044	137,987	146,091	159,083	173,592	167,371	(55)
1,806	1,493	1,416	1,269	1,289	1,178	1,052	992	967	988	857	880	921	752	(56)
413	327	307	330	323	352	332	289	279	310	379	339	270	263	(57)
124,564	134,629	142,895	128,770	115,642	117,258	120,430	123,859	130,290	139,285	147,327	160,302	174,783	168,386	(58)

4 平成7年から、「光熱水料及び動力費」に含めていた「その他の諸材料費」を分離した。
5 平成16年度から、「農機具費」に含めていた「自動車費」を分離した。
6 平成19年度は、平成19年度税制改正における減価償却計算の見直しを行った結果を表章した。
7 調査期間について、令和元年から調査年1月1日から同年12月31日、平成11年度から平成30年度は調査年4月1日から翌年3月31日、
　平成2年から平成11年は前年8月1日から調査年7月31日である。

累年統計表（続き）

8　乳用雄肥育牛生産費

区　　　分	単位	平成2年	7	10	11	平成11年度	12	13	14	15	16	17
		(1)	(2)	(3)	(4)	(5)	(6)	(7)	(8)	(9)	(10)	(11)
乳用雄肥育牛1頭当たり												
物　　財　　費 (1)	円	472,981	315,463	365,019	352,365	318,332	290,072	312,790	332,674	299,089	298,361	304,840
も　と　畜　費 (2)	〃	251,648	113,258	137,165	134,233	110,710	84,522	100,621	110,504	71,674	68,648	81,334
飼　　料　　費 (3)	〃	184,844	168,250	192,598	183,169	172,569	170,010	176,829	188,102	192,400	194,208	189,386
うち流通飼料費 (4)	〃	178,907	165,101	191,395	181,995	171,402	168,885	175,617	186,837	191,224	192,454	187,756
敷　　料　　費 (5)	〃	9,921	9,290	7,628	8,016	8,463	8,747	8,976	8,412	8,820	8,750	8,569
光熱水料及び動力費 (6)	〃	3,441	3,554	4,655	4,529	4,803	4,983	5,056	4,826	5,201	5,954	5,886
その他の諸材料費 (7)	〃	…	258	230	237	285	306	316	337	320	245	175
獣医師料及び医薬品費 (8)	〃	3,122	2,936	3,550	3,348	3,394	3,262	3,229	3,221	3,476	3,376	3,491
賃借料及び料金 (9)	〃	617	576	1,004	967	1,005	1,071	1,102	1,123	1,326	2,136	2,561
物件税及び公課諸負担 (10)	〃	…	2,322	2,725	2,655	2,521	2,546	2,531	2,542	2,250	2,433	2,292
建　　物　　費 (11)	〃	8,754	8,020	7,606	6,987	6,939	6,964	6,696	6,803	7,163	6,262	5,391
自　動　車　費 (12)	〃	…	…	…	…	…	…	…	…	…	1,893	1,872
農　機　具　費 (13)	〃	10,634	6,733	7,584	7,931	7,342	7,350	7,105	6,277	5,937	3,965	3,361
生　産　管　理　費 (14)	〃	…	266	274	293	301	311	329	527	522	491	522
労　　働　　費 (15)	〃	36,486	42,800	37,878	36,573	34,326	34,035	34,230	32,620	33,661	31,159	28,169
う　ち　家　族 (16)	〃	36,155	40,314	36,999	35,812	33,329	32,930	33,152	31,253	31,315	29,531	24,519
費　　用　　合　　計 (17)	〃	509,467	358,263	402,897	388,938	352,658	324,107	347,020	365,294	332,750	329,520	333,009
副　産　物　価　額 (18)	〃	16,324	12,680	8,342	7,552	7,694	7,294	7,146	6,982	7,052	9,071	6,189
生産費（副産物価額差引） (19)	〃	493,143	345,583	394,555	381,386	344,964	316,813	339,874	358,312	325,698	320,449	326,820
支　　払　　利　　子 (20)	〃	…	5,495	4,427	4,455	4,247	3,969	4,433	3,873	4,135	4,690	3,333
支　　払　　地　　代 (21)	〃	…	282	253	243	240	235	228	208	480	291	233
支払利子・地代算入生産費 (22)	〃	…	351,360	399,235	386,084	349,451	321,017	344,535	362,393	330,313	325,430	330,386
自　己　資　本　利　子 (23)	〃	12,380	7,498	7,927	7,277	6,844	6,900	6,108	6,277	6,227	5,298	5,407
自　作　地　地　代 (24)	〃	2,790	1,522	1,388	1,319	1,362	1,404	1,340	1,437	1,552	1,549	2,172
資本利子・地代全額算入生産費（全算入生産費） (25)	〃	508,313	360,380	408,550	394,680	357,657	329,321	351,983	370,107	338,092	332,277	337,965
1経営体（戸）当たり												
飼　養　月　平　均　頭　数 (26)	頭	38.8	67.0	79.9	83.3	90.5	92.8	91.6	96.8	91.5	102.5	120.5
乳用雄肥育牛1頭当たり												
販　売　時　生　体　重 (27)	kg	730.1	741.0	753.1	760.0	755.4	752.1	758.4	760.1	746.1	761.6	751.7
販　　売　　価　　格 (28)	円	556,319	338,645	371,246	309,608	299,989	339,679	248,222	231,984	273,694	353,077	370,923
労　　働　　時　　間 (29)	時間	30.4	27.60	23.17	22.40	21.14	20.89	21.39	20.50	21.51	20.05	17.73
肥　　育　　期　　間 (30)	月	14.2	14.9	15.2	15.4	15.4	15.3	15.6	16.0	15.4	14.9	14.3
所　　　　　得 (31)	円	99,331	27,599	9,010	△40,664	△16,133	51,592	△63,161	△99,156	△25,304	57,178	65,056
1日当たり												
所　　　　　得 (32)	〃	26,400	8,531	3,234	nc	nc	20,730	nc	nc	nc	24,344	32,877
家　族　労　働　報　酬 (33)	〃	22,368	5,743	nc	nc	nc	17,393	nc	nc	nc	21,429	29,047

注：1　平成11年度～平成17年度は、既に公表した『平成12年　乳用雄肥育牛生産費』～『平成18年　乳用雄肥育牛生産費』のデータである。
　　2　「労働費のうち家族」について、平成3年までは調査対象経営体の所在するその地方の農村雇用賃金により評価し、平成4年から毎月勤
　　　労統計調査（厚生労働省）結果を用いた評価に改訂した。平成10年から、それまでの男女別評価から男女同一評価に改正した。
　　3　平成7年から飼育管理等の直接的な労働以外の労働（自給牧草生産に係る労働、資材等の購入付帯労働及び建物・農機具の修繕労働）を
　　　間接労働として関係費目から分離し、「労働費」及び「労働時間」に計上した。

	18	19	20	21	22	23	24	25	26	27	28	29	30	令和元年	
	(12)	(13)	(14)	(15)	(16)	(17)	(18)	(19)	(20)	(21)	(22)	(23)	(24)	(25)	
	338,800	383,365	412,078	358,095	358,601	377,874	386,973	406,609	432,419	439,522	475,757	503,803	505,466	510,114	(1)
	108,012	127,313	117,310	104,769	106,123	100,779	111,656	110,523	134,039	150,371	204,183	246,398	244,943	253,603	(2)
	196,135	221,407	259,881	217,595	212,802	232,769	236,890	259,664	262,270	252,108	232,001	221,695	223,292	219,937	(3)
	194,025	220,179	258,953	216,735	211,400	231,390	235,587	258,102	260,652	250,444	229,786	218,373	220,011	217,179	(4)
	8,594	8,377	7,923	8,017	8,417	8,835	8,992	9,001	8,305	9,093	10,246	7,592	7,535	9,036	(5)
	6,196	6,624	6,327	5,961	6,037	6,617	6,726	7,276	7,713	7,622	7,471	7,871	8,532	8,262	(6)
	197	229	450	274	547	519	147	185	297	294	275	433	214	162	(7)
	2,271	2,046	2,446	2,498	3,162	3,605	3,295	2,650	2,840	2,952	2,988	2,999	3,098	2,814	(8)
	3,361	3,227	2,355	2,409	2,756	2,864	3,044	3,095	3,215	3,467	4,122	2,537	2,537	2,848	(9)
	2,515	2,042	2,116	2,138	2,107	2,244	2,341	2,229	2,158	2,094	2,353	2,014	1,793	2,031	(10)
	5,795	6,203	6,433	7,617	8,849	11,649	7,378	5,939	6,010	5,794	6,719	6,506	6,940	5,157	(11)
	1,640	2,041	2,219	2,294	1,958	2,030	2,074	2,116	1,702	1,608	1,861	1,838	2,290	1,905	(12)
	3,579	3,435	4,101	4,060	5,370	5,398	3,736	3,319	3,208	3,469	2,970	3,422	3,767	3,874	(13)
	505	421	517	463	473	565	694	612	662	650	568	498	525	485	(14)
	27,418	26,720	26,986	26,034	25,034	25,611	24,755	23,148	24,380	25,030	25,437	23,926	24,940	22,320	(15)
	25,235	24,652	25,674	24,586	22,565	21,542	20,903	19,974	21,142	21,577	23,760	20,928	22,601	20,140	(16)
	366,218	410,085	439,064	384,129	383,635	403,485	411,728	429,757	456,799	464,552	501,194	527,729	530,406	532,434	(17)
	5,771	6,095	6,377	5,268	5,454	5,407	5,382	4,770	5,198	4,736	4,356	4,270	5,500	4,662	(18)
	360,447	403,990	432,687	378,861	378,181	398,078	406,346	424,987	451,601	459,816	496,838	523,459	524,906	527,772	(19)
	2,808	3,002	2,635	2,400	1,749	1,777	2,655	2,478	2,702	2,372	2,297	960	947	1,367	(20)
	375	570	126	244	88	171	129	130	176	202	158	125	130	134	(21)
	363,630	407,562	435,448	381,505	380,018	400,026	409,130	427,595	454,479	462,390	499,293	524,544	525,983	529,273	(22)
	6,390	7,366	5,615	5,860	6,245	5,701	3,890	4,089	4,288	4,080	4,888	5,817	6,091	4,449	(23)
	2,702	1,125	1,042	1,072	1,243	877	873	872	819	795	1,063	1,152	1,522	1,070	(24)
	372,722	416,053	442,105	388,437	387,506	406,604	413,893	432,556	459,586	467,265	505,244	531,513	533,596	534,792	(25)
	115.7	122.6	118.1	132.3	147.9	154.1	147.1	160.5	156.6	143.6	125.7	136.0	132.9	128.4	(26)
	751.2	750.7	756.1	757.5	773.3	782.8	769.5	767.9	759.7	755.1	769.7	775.9	779.7	779.9	(27)
	381,826	338,127	350,843	336,306	326,701	303,316	307,534	353,521	392,291	482,717	497,881	492,924	499,280	511,198	(28)
	18.23	17.90	18.29	17.64	17.49	17.23	16.90	15.71	16.26	16.49	16.65	15.37	15.76	13.12	(29)
	14.2	14.2	14.2	14.6	14.6	14.8	14.2	14.0	13.9	13.6	13.6	13.3	13.9	13.4	(30)
	43,431	△ 44,783	△ 58,931	△ 20,613	△ 30,752	△ 75,168	△ 80,693	△ 54,100	△ 41,046	41,904	22,348	△ 10,692	△ 4,102	2,065	(31)
	21,070	nc	nc	nc	nc	nc	nc	nc	nc	24,487	11,793	nc	nc	1,411	(32)
	16,659	nc	nc	nc	nc	nc	nc	nc	nc	21,639	8,653	nc	nc	nc	(33)

4 平成7年から、「光熱水料及び動力費」に含めていた「その他の諸材料費」を分離した。
5 平成16年度から、「農機具費」に含めていた「自動車費」を分離した。
6 平成19年度は、平成19年度税制改正における減価償却計算の見直しを行った結果を表章した。
7 調査期間について、令和元年から調査年1月1日から同年12月31日、平成11年度から平成30年度は調査年4月1日から翌年3月31日、
　平成2年から平成11年は前年8月1日から調査年7月31日である。

累年統計表（続き）

8　乳用雄肥育牛生産費（続き）

区　分	単位	平成2年	7	10	11	平成11年度	12	13	14	15	16	17
		(1)	(2)	(3)	(4)	(5)	(6)	(7)	(8)	(9)	(10)	(11)
乳用雄肥育牛生体100kg当たり												
物　財　費 (34)	円	64,784	42,572	48,467	46,360	42,140	38,568	41,245	43,766	40,087	39,174	40,553
も　と　畜　費 (35)	〃	34,467	15,284	18,213	17,661	14,655	11,238	13,267	14,537	9,606	9,014	10,820
飼　料　費 (36)	〃	25,317	22,705	25,573	24,099	22,845	22,604	23,317	24,746	25,788	25,500	25,194
う　ち　流　通　飼　料　費 (37)	〃	24,504	22,280	25,413	23,945	22,690	22,454	23,157	24,580	25,630	25,270	24,977
敷　料　費 (38)	〃	1,359	1,253	1,012	1,055	1,120	1,163	1,183	1,107	1,182	1,149	1,140
光熱水料及び動力費 (39)	〃	471	479	618	596	636	662	667	635	697	782	783
その他の諸材料費 (40)	〃	…	35	31	31	38	41	42	44	43	32	23
獣医師料及び医薬品費 (41)	〃	428	396	471	440	449	434	426	424	466	443	464
賃借料及び料金 (42)	〃	85	78	133	127	133	142	145	148	178	280	341
物件税及び公課諸負担 (43)	〃	…	314	362	349	334	339	334	335	301	319	305
建　物　費 (44)	〃	1,200	1,083	1,011	919	918	926	883	895	960	822	717
自　動　車　費 (45)	〃	…	…	…	…	…	…	…	…	…	248	249
農　機　具　費 (46)	〃	1,457	909	1,007	1,044	972	977	937	826	796	521	447
生　産　管　理　費 (47)	〃	…	36	36	39	40	42	44	69	70	64	70
労　働　費 (48)	〃	4,997	5,776	5,028	4,811	4,545	4,524	4,513	4,292	4,512	4,092	3,748
う　ち　家　族 (49)	〃	4,952	5,440	4,912	4,711	4,413	4,378	4,371	4,112	4,197	3,878	3,262
費　用　合　計 (50)	〃	69,781	48,348	53,495	51,171	46,685	43,092	45,758	48,058	44,599	43,266	44,301
副　産　物　価　額 (51)	〃	2,236	1,711	1,108	994	1,019	970	942	918	945	1,191	823
生産費（副産物価額差引） (52)	〃	67,545	46,637	52,387	50,177	45,666	42,122	44,816	47,140	43,654	42,075	43,478
支　払　利　子 (53)	〃	…	742	588	586	562	528	585	510	554	616	443
支　払　地　代 (54)	〃	…	38	34	32	32	31	30	27	64	38	31
支払利子・地代算入生産費 (55)	〃	…	47,417	53,009	50,795	46,260	42,681	45,431	47,677	44,272	42,729	43,952
自　己　資　本　利　子 (56)	〃	1,696	1,012	1,053	957	906	917	805	826	835	696	719
自　作　地　地　代 (57)	〃	382	205	184	174	180	187	177	189	208	203	289
資本利子・地代全額算入生産費（全算入生産費） (58)	〃	69,623	48,634	54,246	51,926	47,346	43,785	46,413	48,692	45,315	43,628	44,960

注：1　平成11年度～平成17年度は、既に公表した『平成12年　乳用雄肥育牛生産費』～『平成18年　乳用雄肥育牛生産費』のデータである。
　　2　「労働費のうち家族」について、平成3年までは調査対象経営体の所在するその地方の農村雇用賃金により評価し、平成4年から毎月勤労統計調査（厚生労働省）結果を用いた評価に改訂した。平成10年から、それまでの男女別評価から男女同一評価に改正した。
　　3　平成7年から飼育管理等の直接的な労働以外の労働（自給牧草生産に係る労働、資材等の購入付帯労働及び建物・農機具の修繕労働）を間接労働として関係費目から分離し、「労働費」及び「労働時間」に計上した。

18	19	20	21	22	23	24	25	26	27	28	29	30	令和元年	
(12)	(13)	(14)	(15)	(16)	(17)	(18)	(19)	(20)	(21)	(22)	(23)	(24)	(25)	
45,106	51,070	54,504	47,272	46,371	48,269	50,287	52,952	56,919	58,202	61,810	64,929	64,829	65,407	(34)
14,379	16,960	15,516	13,831	13,723	12,874	14,510	14,393	17,643	19,913	26,527	31,755	31,416	32,517	(35)
26,112	29,495	34,374	28,724	27,517	29,734	30,784	33,816	34,522	33,385	30,142	28,572	28,640	28,201	(36)
25,831	29,331	34,251	28,611	27,336	29,558	30,615	33,612	34,309	33,165	29,854	28,144	28,219	27,847	(37)
1,145	1,116	1,048	1,058	1,088	1,128	1,168	1,173	1,094	1,204	1,331	979	966	1,158	(38)
825	882	837	787	781	845	874	948	1,015	1,009	971	1,015	1,094	1,059	(39)
26	30	59	36	71	66	19	24	39	39	36	56	27	21	(40)
302	273	324	330	409	461	428	345	374	391	388	387	397	361	(41)
447	430	312	318	356	366	396	403	423	459	535	327	325	365	(42)
335	272	280	282	273	287	304	290	284	277	306	259	230	261	(43)
772	826	851	1,006	1,144	1,488	959	773	791	767	873	838	890	661	(44)
218	272	293	303	253	259	269	275	224	213	241	236	294	244	(45)
477	458	542	536	694	689	486	432	423	459	386	441	483	497	(46)
68	56	68	61	62	72	90	80	87	86	74	64	67	62	(47)
3,651	3,560	3,626	3,437	3,238	3,272	3,216	3,014	3,210	3,314	3,305	3,083	3,199	2,862	(48)
3,360	3,284	3,452	3,245	2,918	2,752	2,716	2,601	2,783	2,857	3,087	2,697	2,899	2,583	(49)
48,757	54,630	58,130	50,709	49,609	51,541	53,503	55,966	60,129	61,516	65,115	68,012	68,028	68,269	(50)
768	812	844	695	705	691	699	621	684	627	566	550	705	597	(51)
47,989	53,818	57,286	50,014	48,904	50,850	52,804	55,345	59,445	60,889	64,549	67,462	67,323	67,672	(52)
374	400	348	317	226	227	345	323	356	314	298	124	121	175	(53)
50	76	17	32	11	22	17	17	23	27	21	16	17	17	(54)
48,413	54,294	57,651	50,363	49,141	51,099	53,166	55,685	59,824	61,230	64,868	67,602	67,461	67,864	(55)
851	981	743	774	808	728	506	532	564	540	635	750	781	570	(56)
360	150	138	141	161	112	113	113	108	105	138	148	195	137	(57)
49,624	55,425	58,532	51,278	50,110	51,939	53,785	56,330	60,496	61,875	65,641	68,500	68,437	68,571	(58)

4 平成7年から、「光熱水料及び動力費」に含めていた「その他の諸材料費」を分離した。
5 平成16年度から、「農機具費」に含めていた「自動車費」を分離した。
6 平成19年度は、平成19年度税制改正における減価償却計算の見直しを行った結果を表章した。
7 調査期間について、令和元年から調査年1月1日から同年12月31日、平成11年度から平成30年度は調査年4月1日から翌年3月31日、
　平成2年から平成11年は前年8月1日から調査年7月31日である。

交雑種肥育牛生産費

累年統計表（続き）

9 交雑種肥育牛生産費

区　　　分		単位	平　成 11年度	12	13	14	15	16	17	18	19
			(1)	(2)	(3)	(4)	(5)	(6)	(7)	(8)	(9)
交雑種肥育牛1頭当たり											
物　　　　財　　　　費	(1)	円	421,203	386,164	396,266	456,165	415,869	489,544	504,593	542,871	613,561
も　　と　　畜　　費	(2)	〃	193,507	158,782	156,909	203,612	151,280	220,635	237,357	257,565	277,908
飼　　　　料　　　　費	(3)	〃	186,261	185,460	196,431	209,270	218,374	223,221	222,745	240,535	289,483
う　ち　流　通　飼　料　費	(4)	〃	185,381	184,596	195,524	208,414	217,453	222,017	221,698	239,135	288,502
敷　　　　料　　　　費	(5)	〃	9,695	10,072	10,582	9,596	10,248	10,425	9,764	9,919	8,726
光　熱　水　料　及　び　動　力　費	(6)	〃	5,801	5,956	6,009	6,088	5,761	6,042	6,393	6,774	7,479
そ　の　他　の　諸　材　料　費	(7)	〃	159	168	172	295	378	380	366	292	265
獣　医　師　料　及　び　医　薬　品　費	(8)	〃	4,643	4,690	4,498	4,317	4,365	4,605	4,656	4,597	5,067
賃　借　料　及　び　料　金	(9)	〃	948	1,003	1,016	1,061	1,645	1,755	1,751	1,283	1,228
物　件　税　及　び　公　課　諸　負　担	(10)	〃	3,046	3,076	3,096	3,172	3,561	3,233	3,217	2,817	2,888
建　　　　物　　　　費	(11)	〃	9,250	9,057	9,182	10,369	10,771	11,223	9,436	9,875	11,185
自　　　動　　　車　　　費	(12)	〃	…	…	…	…	…	2,687	2,765	3,122	2,553
農　　　機　　　具　　　費	(13)	〃	7,518	7,544	8,008	7,901	8,751	4,785	5,452	5,157	5,863
生　　産　　管　　理　　費	(14)	〃	375	356	363	484	735	553	691	935	916
労　　　　働　　　　費	(15)	〃	43,471	43,082	42,275	41,552	43,077	44,385	44,048	43,264	43,013
う　　　ち　　　家　　　族	(16)	〃	41,368	40,743	40,046	38,965	40,682	41,897	41,352	37,521	37,039
費　　　用　　　合　　　計	(17)	〃	464,674	429,246	438,541	497,717	458,946	533,929	548,641	586,135	656,574
副　　産　　物　　価　　額	(18)	〃	7,256	7,247	8,008	7,808	9,423	8,273	9,254	8,881	7,528
生　産　費（副　産　物　価　額　差　引）	(19)	〃	457,418	421,999	430,533	489,909	449,523	525,656	539,387	577,254	649,046
支　　　払　　　利　　　子	(20)	〃	6,390	5,847	6,138	8,489	9,430	6,639	6,967	6,206	6,277
支　　　払　　　地　　　代	(21)	〃	197	201	217	219	269	290	239	161	148
支　払　利　子・地　代　算　入　生　産　費	(22)	〃	464,005	428,047	436,888	498,617	459,222	532,585	546,593	583,621	655,471
自　　己　　資　　本　　利　　子	(23)	〃	9,024	8,910	9,278	9,653	8,665	9,759	10,211	10,775	11,175
自　　作　　地　　地　　代	(24)	〃	1,774	1,813	1,850	1,930	2,187	2,102	2,037	2,079	1,860
資　本　利　子・地　代　全　額　算　入 生　産　費（全　算　入　生　産　費）	(25)	〃	474,803	438,770	448,016	510,200	470,074	544,446	558,841	596,475	668,506
1経営体（戸）当たり											
飼　養　月　平　均　頭　数	(26)	頭	80.6	83.3	85.5	85.9	87.3	90.4	91.5	100.3	96.5
交雑種肥育牛1頭当たり											
販　売　時　生　体　重	(27)	kg	710.3	710.1	714.2	726.0	714.9	729.6	738.0	750.2	758.7
販　　　売　　　価　　　格	(28)	円	453,059	488,338	378,501	446,589	486,554	582,878	622,952	604,195	575,160
労　　　働　　　時　　　間	(29)	時間	27.07	26.68	26.84	26.61	27.47	28.39	28.82	28.76	28.77
肥　　　育　　　期　　　間	(30)	月	18.4	18.5	18.8	19.4	19.0	19.3	19.1	19.2	19.2
所　　　　　　　　得	(31)	円	30,422	101,034	△ 18,341	△ 13,063	68,014	92,190	117,711	58,095	△ 43,272
1日当たり											
所　　　　　　　　得	(32)	〃	9,806	33,208	nc	nc	21,205	27,926	35,151	18,643	nc
家　　族　　労　　働　　報　　酬	(33)	〃	6,325	29,683	nc	nc	17,821	24,333	31,493	14,518	nc

注：1　平成11年度～平成17年度は、既に公表した『平成12年　交雑種肥育牛生産費』～『平成18年　交雑種肥育牛生産費』のデータである。
　　2　平成16年度から、「農機具費」に含めていた「自動車費」を分離した。
　　3　平成19年度は、平成19年度税制改正における減価償却計算の見直しを行った結果を表章した。
　　4　調査期間について、令和元年から調査年1月1日から同年12月31日、平成11年度から平成30年度は調査年4月1日から翌年3月31日である。

	20	21	22	23	24	25	26	27	28	29	30	令和元年	
	(10)	(11)	(12)	(13)	(14)	(15)	(16)	(17)	(18)	(19)	(20)	(21)	
	642,460	529,950	507,627	598,541	630,287	636,593	659,100	703,108	715,192	767,256	780,187	748,809	(1)
	246,948	195,223	187,440	252,733	280,960	258,012	271,169	326,594	371,349	416,488	430,702	405,634	(2)
	346,633	285,828	269,139	294,300	299,790	327,921	339,623	326,384	294,278	298,304	298,560	297,952	(3)
	345,538	284,854	268,214	292,797	299,138	327,060	338,732	325,498	293,216	297,136	297,100	293,518	(4)
	9,118	8,868	8,991	9,270	9,177	9,438	8,721	9,394	8,052	7,629	7,940	8,200	(5)
	7,918	7,073	7,549	8,114	8,338	9,724	10,140	9,476	9,378	9,788	9,807	9,251	(6)
	366	426	462	259	214	240	218	334	203	263	254	235	(7)
	5,130	4,974	5,107	3,859	4,211	4,734	4,267	3,943	4,525	4,515	4,966	3,677	(8)
	1,463	1,464	1,742	2,769	3,532	2,841	2,682	2,904	2,969	2,831	3,170	3,362	(9)
	2,511	2,806	2,631	2,988	2,953	2,692	2,754	2,774	2,588	2,606	2,583	2,706	(10)
	11,623	12,417	13,638	13,477	11,049	10,699	9,261	9,783	11,042	13,980	12,382	9,105	(11)
	2,782	2,687	3,202	3,188	3,402	3,142	3,209	3,421	3,520	3,648	3,324	2,300	(12)
	6,636	6,713	6,814	6,602	5,892	6,014	5,959	7,293	6,495	6,194	5,456	5,513	(13)
	1,332	1,471	912	982	769	1,136	1,097	808	793	1,010	1,043	874	(14)
	44,580	43,424	41,759	41,359	41,285	41,953	41,570	39,329	39,627	39,235	39,749	40,181	(15)
	43,096	40,948	38,270	37,676	37,691	38,261	37,207	33,817	34,240	31,220	31,119	33,257	(16)
	687,040	573,374	549,386	639,900	671,572	678,546	700,670	742,437	754,819	806,491	819,936	788,990	(17)
	6,766	7,238	7,145	5,827	5,800	5,884	6,189	6,290	5,098	5,761	6,686	7,189	(18)
	680,274	566,136	542,241	634,073	665,772	672,662	694,481	736,147	749,721	800,730	813,250	781,801	(19)
	5,821	3,499	3,427	4,994	7,438	5,535	5,583	5,520	4,843	4,006	6,068	4,522	(20)
	217	223	211	113	89	90	146	151	286	146	278	547	(21)
	686,312	569,858	545,879	639,180	673,299	678,287	700,210	741,818	754,850	804,882	819,596	786,870	(22)
	13,527	11,801	12,365	8,174	11,535	8,602	8,270	8,638	13,011	11,992	7,983	6,272	(23)
	1,435	1,489	1,416	1,763	1,728	1,610	1,547	1,633	1,523	1,582	1,540	1,628	(24)
	701,274	583,148	559,660	649,117	686,562	688,499	710,027	752,089	769,384	818,456	829,119	794,770	(25)
	94.8	97.4	103.8	112.3	117.2	115.4	118.3	125.6	129.8	141.3	144.4	157.5	(26)
	751.6	753.4	766.6	795.7	796.5	806.5	797.9	816.2	813.2	826.6	824.7	813.0	(27)
	519,531	484,302	538,153	505,177	538,858	608,814	655,596	823,570	828,635	768,503	798,525	799,867	(28)
	29.60	29.50	28.72	28.67	27.33	27.59	27.32	25.79	25.36	25.16	24.81	24.31	(29)
	19.3	19.2	19.2	19.0	18.9	19.0	18.8	18.5	18.1	18.6	18.6	18.2	(30)
	△ 123,685	△ 44,608	30,544	△ 96,327	△ 96,750	△ 31,212	△ 7,407	115,569	108,025	△ 5,159	10,048	46,254	(31)
	nc	nc	9,445	nc	nc	nc	nc	41,892	39,807	nc	4,229	18,802	(32)
	nc	nc	5,184	nc	nc	nc	nc	38,169	34,451	nc	221	15,591	(33)

累年統計表（続き）

9　交雑種肥育牛生産費（続き）

区　　　分	単位	平成11年度	12	13	14	15	16	17	18	19
		(1)	(2)	(3)	(4)	(5)	(6)	(7)	(8)	(9)
交雑種肥育牛生体100kg当たり										
物　　　　財　　　　費　(34)	円	59,300	54,381	55,485	62,832	58,176	67,091	68,337	72,368	80,875
も　　　と　　　畜　　　費　(35)	〃	27,243	22,360	21,971	28,045	21,162	30,238	32,164	34,335	36,632
飼　　　　料　　　　費　(36)	〃	26,222	26,118	27,505	28,825	30,548	30,593	30,184	32,065	38,156
う　ち　流　通　飼　料　費　(37)	〃	26,098	25,996	27,378	28,707	30,419	30,428	30,042	31,878	38,027
敷　　　　料　　　　費　(38)	〃	1,365	1,418	1,482	1,322	1,434	1,428	1,323	1,323	1,150
光　熱　水　料　及　び　動　力　費　(39)	〃	817	839	841	839	806	828	866	903	986
そ　の　他　の　諸　材　料　費　(40)	〃	22	24	24	41	53	52	50	39	35
獣　医　師　料　及　び　医　薬　品　費　(41)	〃	654	660	630	595	611	631	631	613	668
賃　借　料　及　び　料　金　(42)	〃	134	141	142	146	230	241	237	171	162
物　件　税　及　び　公　課　諸　負　担　(43)	〃	429	433	434	437	498	443	436	375	381
建　　　　物　　　　費　(44)	〃	1,303	1,275	1,285	1,428	1,507	1,538	1,278	1,316	1,475
自　　　動　　　車　　　費　(45)	〃	…	…	…	…	…	368	375	416	336
農　　　機　　　具　　　費　(46)	〃	1,058	1,063	1,121	1,088	1,224	656	739	688	773
生　　産　　管　　理　　費　(47)	〃	53	50	50	66	103	75	94	124	121
労　　　　働　　　　費　(48)	〃	6,120	6,067	5,919	5,723	6,026	6,083	5,969	5,768	5,670
う　　　ち　　　家　　　族　(49)	〃	5,824	5,737	5,607	5,367	5,691	5,742	5,603	5,002	4,882
費　　　用　　　合　　　計　(50)	〃	65,420	60,448	61,404	68,555	64,202	73,174	74,346	78,136	86,545
副　　産　　物　　価　　額　(51)	〃	1,021	1,021	1,121	1,076	1,318	1,134	1,254	1,184	992
生　産　費　（　副　産　物　価　額　差　引　）　(52)	〃	64,399	59,427	60,283	67,479	62,884	72,040	73,092	76,952	85,553
支　　　払　　　利　　　子　(53)	〃	900	823	859	1,169	1,319	910	944	827	827
支　　　払　　　地　　　代　(54)	〃	28	28	30	30	38	40	32	21	19
支　払　利　子　・　地　代　算　入　生　産　費　(55)	〃	65,327	60,278	61,172	68,678	64,241	72,990	74,068	77,800	86,399
自　　己　　資　　本　　利　　子　(56)	〃	1,270	1,255	1,299	1,330	1,212	1,337	1,384	1,436	1,473
自　　作　　地　　地　　代　(57)	〃	250	255	259	266	306	288	276	277	245
資　本　利　子　・　地　代　全　額　算　入 生　産　費　（　全　算　入　生　産　費　）　(58)	〃	66,847	61,788	62,730	70,274	65,759	74,615	75,728	79,513	88,117

注：1　平成11年度～平成17年度は、既に公表した『平成12年　交雑種肥育牛生産費』～『平成18年　交雑種肥育牛生産費』のデータである。
　　2　平成16年度から、「農機具費」に含めていた「自動車費」を分離した。
　　3　平成19年度は、平成19年度税制改正における減価償却計算の見直しを行った結果を表章した。
　　4　調査期間について、令和元年から調査年1月1日から同年12月31日、平成11年度から平成30年度は調査年4月1日から翌年3月31日である。

20	21	22	23	24	25	26	27	28	29	30	令和元年	
(10)	(11)	(12)	(13)	(14)	(15)	(16)	(17)	(18)	(19)	(20)	(21)	
85,476	70,341	66,221	75,224	79,137	78,929	82,606	86,145	87,944	92,820	94,599	92,104	(34)
32,855	25,912	24,452	31,763	35,276	31,990	33,986	40,014	45,663	50,386	52,224	49,894	(35)
46,118	37,938	35,110	36,986	37,640	40,659	42,566	39,988	36,187	36,088	36,201	36,648	(36)
45,972	37,809	34,989	36,797	37,559	40,552	42,454	39,880	36,057	35,947	36,024	36,103	(37)
1,213	1,177	1,173	1,165	1,152	1,170	1,093	1,151	990	923	963	1,009	(38)
1,053	939	985	1,020	1,047	1,206	1,271	1,161	1,153	1,184	1,189	1,138	(39)
49	57	60	33	27	30	27	41	25	32	31	29	(40)
682	660	666	485	529	587	535	483	556	546	602	452	(41)
195	194	227	348	443	352	336	356	365	342	384	414	(42)
334	373	343	375	371	334	345	340	318	315	313	333	(43)
1,547	1,648	1,779	1,694	1,388	1,326	1,161	1,199	1,358	1,691	1,501	1,120	(44)
370	357	418	401	427	389	402	419	433	442	403	283	(45)
883	891	889	830	740	746	747	894	799	749	661	677	(46)
177	195	119	124	97	140	137	99	97	122	127	107	(47)
5,932	5,764	5,447	5,198	5,184	5,202	5,210	4,818	4,873	4,746	4,821	4,943	(48)
5,734	5,435	4,992	4,735	4,732	4,744	4,663	4,143	4,211	3,777	3,775	4,091	(49)
91,408	76,105	71,668	80,422	84,321	84,131	87,816	90,963	92,817	97,566	99,420	97,047	(50)
900	961	932	732	728	729	776	771	627	697	811	884	(51)
90,508	75,144	70,736	79,690	83,593	83,402	87,040	90,192	92,190	96,869	98,609	96,163	(52)
774	464	447	628	934	686	700	676	595	485	736	556	(53)
29	30	28	14	11	11	18	19	35	18	34	67	(54)
91,311	75,638	71,211	80,332	84,538	84,099	87,758	90,887	92,820	97,372	99,379	96,786	(55)
1,800	1,566	1,613	1,027	1,448	1,067	1,037	1,058	1,600	1,451	968	772	(56)
191	198	185	222	217	200	194	200	187	191	187	201	(57)
93,302	77,402	73,009	81,581	86,203	85,366	88,989	92,145	94,607	99,014	100,534	97,759	(58)

累年統計表（続き）

10 肥育豚生産費

区分	単位	平成2年	7	10	11	平成11年度	12	13	14	15	16	17
		(1)	(2)	(3)	(4)	(5)	(6)	(7)	(8)	(9)	(10)	(11)
肥育豚1頭当たり												
物財費 (1)	円	26,678	22,869	25,309	23,957	22,770	22,442	23,337	24,009	24,445	25,256	25,008
種付料 (2)	〃	…	21	22	34	43	50	54	54	51	51	65
もと畜費 (3)	〃	13,547	57	91	91	35	41	29	27	25	23	19
飼料費 (4)	〃	10,816	17,281	19,469	18,072	16,811	16,476	17,235	17,651	18,239	19,139	18,582
うち流通飼料費 (5)	〃	10,810	17,275	19,468	18,066	16,810	16,474	17,234	17,648	18,234	19,138	18,581
敷料費 (6)	〃	122	184	144	141	150	139	140	142	131	138	139
光熱水料及び動力費 (7)	〃	407	948	918	912	942	981	1,004	995	1,020	1,042	1,206
その他の諸材料費 (8)	〃	…	41	61	56	62	61	58	60	45	38	54
獣医師料及び医薬品費 (9)	〃	545	1,390	1,337	1,361	1,369	1,303	1,296	1,352	1,355	1,409	1,357
賃借料及び料金 (10)	〃	124	157	203	219	250	251	283	288	288	322	403
物件税及び公課諸負担 (11)	〃	…	174	171	179	172	170	175	170	186	161	183
繁殖雌豚費 (12)	〃	…	601	791	808	824	815	837	823	722	730	745
種雄豚費 (13)	〃	…	155	185	172	167	176	182	175	146	130	130
建物費 (14)	〃	594	1,106	1,149	1,131	1,147	1,184	1,238	1,352	1,366	1,189	1,191
自動車費 (15)	〃	…	…	…	…	…	…	…	…	…	256	263
農機具費 (16)	〃	523	694	700	712	710	699	700	808	769	539	578
生産管理費 (17)	〃	…	60	68	69	88	96	106	112	102	89	93
労働費 (18)	〃	3,365	5,135	5,215	5,036	4,912	4,920	4,799	4,676	4,638	4,581	4,490
うち家族 (19)	〃	3,180	4,621	4,771	4,690	4,545	4,568	4,386	4,136	4,069	3,916	3,753
費用合計 (20)	円	30,043	28,004	30,524	28,993	27,682	27,362	28,136	28,685	29,083	29,837	29,498
副産物価額 (21)	〃	360	1,102	974	940	873	837	919	900	788	766	759
生産費（副産物価額差引）(22)	〃	29,683	26,902	29,550	28,053	26,809	26,525	27,217	27,785	28,295	29,071	28,739
支払利子 (23)	〃	…	349	280	288	260	262	271	193	195	182	206
支払地代 (24)	〃	…	18	19	9	12	11	10	10	10	10	11
支払利子・地代算入生産費 (25)	〃	…	27,269	29,849	28,350	27,081	26,798	27,498	27,988	28,500	29,263	28,956
自己資本利子 (26)	〃	334	651	657	606	604	598	632	641	677	600	636
自作地地代 (27)	〃	61	89	93	93	94	87	85	83	82	80	84
資本利子・地代全額算入生産費（全算入生産費）(28)	〃	30,078	28,009	30,599	29,049	27,779	27,483	28,215	28,712	29,259	29,943	29,676
1経営体（戸）当たり												
飼養月平均頭数 (29)	頭	211.2	494.7	545.3	573.0	594.2	599.9	621.4	622.3	648.0	668.1	678.4
肥育豚1頭当たり												
販売時生体重 (30)	kg	108.0	107.9	109.2	109.7	109.6	109.8	110.7	110.7	111.7	111.1	111.0
販売価格 (31)	円	29,326	28,318	29,974	28,532	28,124	27,491	31,604	30,104	28,281	30,432	31,507
労働時間 (32)	時間	28.4	3.63	3.34	3.24	3.19	3.15	3.14	3.15	3.19	3.11	3.08
所得 (33)	円	2,823	5,752	4,896	4,872	5,588	5,261	8,492	6,252	3,850	5,085	6,304
1日当たり												
所得 (34)	〃	8,555	14,029	13,100	13,079	15,415	14,716	24,437	18,733	11,450	15,829	20,092
家族労働報酬 (35)	〃	7,358	12,224	11,093	11,203	13,490	12,800	22,374	16,563	9,193	13,712	17,798

注：1　平成11年度～平成17年度は、既に公表した『平成12年　肥育豚生産費』～『平成18年　肥育豚生産費』のデータである。
　　2　平成2年の労働時間の表章単位は、肥育豚10頭当たりで表章した。
　　3　「労働費のうち家族」について、平成3年までは調査対象経営体の所在するその地方の農村雇用賃金により評価し、平成4年から毎月
　　　勤労統計調査（厚生労働省）結果を用いた評価に改訂した。平成10年から、それまでの男女別評価から男女同一評価に改正した。
　　4　平成5年より対象を肥育経営農家から一貫経営農家とした。
　　5　平成7年から、繁殖雌豚及び繁殖雄豚を償却資産として扱うことを取り止め、購入費用を「繁殖雌豚費」及び「種雄豚費」に計上した。
　　　また、繁殖豚の育成費用は該当する費目に計上するとともに、繁殖豚の販売価額は「副産物価額」に計上した。

18	19	20	21	22	23	24	25	26	27	28	29	30	令和元年	
(12)	(13)	(14)	(15)	(16)	(17)	(18)	(19)	(20)	(21)	(22)	(23)	(24)	(25)	
26,702	29,339	30,741	26,697	25,948	27,649	28,064	29,959	30,659	29,833	27,951	28,619	28,540	29,219	(1)
65	75	74	75	50	87	90	110	125	132	135	143	151	171	(2)
14	15	13	22	55	66	58	25	21	12	20	31	74	87	(3)
19,502	22,274	23,685	19,958	18,846	20,185	21,246	22,854	23,100	22,177	20,255	20,541	20,451	20,957	(4)
19,501	22,273	23,685	19,958	18,845	20,182	21,245	22,853	23,098	22,176	20,253	20,539	20,450	20,957	(5)
155	139	124	130	132	133	126	133	129	127	121	113	106	116	(6)
1,346	1,431	1,331	1,269	1,364	1,406	1,440	1,547	1,600	1,526	1,509	1,592	1,661	1,730	(7)
59	41	49	53	59	52	73	70	60	56	50	54	52	102	(8)
1,376	1,337	1,391	1,526	1,588	1,683	1,754	1,907	2,042	2,125	2,090	2,116	1,992	1,917	(9)
287	262	301	240	280	281	308	317	298	297	270	288	228	284	(10)
207	181	192	177	199	191	188	188	179	179	185	173	183	210	(11)
824	631	587	661	563	731	597	645	552	691	792	811	739	741	(12)
132	154	210	114	140	118	98	106	95	114	130	126	93	98	(13)
1,802	1,765	1,730	1,466	1,547	1,550	1,138	1,179	1,391	1,339	1,255	1,392	1,510	1,456	(14)
263	292	288	260	288	285	243	231	235	216	250	257	307	319	(15)
571	615	646	620	710	738	592	527	704	709	752	842	857	894	(16)
99	127	120	126	127	143	113	120	128	133	137	140	136	137	(17)
4,438	4,384	4,393	4,191	4,165	4,143	4,115	4,024	4,115	4,062	4,280	4,265	4,610	4,767	(18)
3,585	3,841	3,755	3,643	3,258	3,242	3,177	3,111	3,220	3,336	3,428	3,423	3,791	4,126	(19)
31,140	33,723	35,134	30,888	30,113	31,792	32,179	33,983	34,774	33,895	32,231	32,884	33,150	33,986	(20)
767	691	833	638	652	764	755	813	866	831	878	883	963	909	(21)
30,373	33,032	34,301	30,250	29,461	31,028	31,424	33,170	33,908	33,064	31,353	32,001	32,187	33,077	(22)
126	178	152	119	192	164	113	114	112	120	104	69	72	69	(23)
15	13	15	20	19	23	10	11	16	13	9	11	11	13	(24)
30,514	33,223	34,468	30,389	29,672	31,215	31,547	33,295	34,036	33,197	31,466	32,081	32,270	33,159	(25)
911	708	761	650	576	577	563	550	573	532	539	588	579	560	(26)
73	90	108	113	123	111	132	126	119	99	84	91	94	105	(27)
31,498	34,021	35,337	31,152	30,371	31,903	32,242	33,971	34,728	33,828	32,089	32,760	32,943	33,824	(28)
683.5	684.0	720.6	749.4	754.1	772.9	813.0	839.3	853.0	855.8	868.3	882.0	796.4	739.0	(29)
112.4	112.2	112.8	112.6	112.9	112.9	114.0	113.9	114.0	113.2	113.8	114.2	113.8	114.3	(30)
31,792	34,195	33,857	29,293	31,327	30,303	29,373	33,343	39,840	37,963	37,207	39,387	35,983	36,629	(31)
3.13	3.12	3.00	2.85	2.83	2.82	2.74	2.69	2.71	2.64	2.72	2.71	2.91	2.95	(32)
4,863	4,813	3,144	2,547	4,913	2,330	1,003	3,159	9,024	8,102	9,169	10,729	7,504	7,596	(33)
15,687	14,924	10,224	8,490	18,453	8,792	3,876	12,328	34,377	30,430	34,438	41,465	25,437	24,210	(34)
12,513	12,450	7,398	5,947	15,827	6,196	1,190	9,690	31,741	28,060	32,098	38,841	23,156	22,091	(35)

6 平成7年から飼育管理等の直接的な労働以外の労働（自給牧草生産に係る労働、資材等の購入付帯労働及び建物・農機具の修繕労働）を
　間接労働として関係費目から分離し、「労働費」及び「労働時間」に計上した。
7 平成7年から、「光熱水料及び動力費」に含めていた「その他の諸材料費」を分離した。
8 平成7年から、子豚の販売価額を「副産物価額」に計上するとともに、その育成費用は該当する費目に計上した。
9 平成16年度から、「農機具費」に含めていた「自動車費」を分離した。
10 平成19年度は、平成19年度税制改正における減価償却計算の見直しを行った結果を表章した。
11 調査期間について、令和元年から調査年1月1日から同年12月31日、平成11年度から平成30年度は調査年4月1日から翌年3月31日、
　平成2年から平成11年は前年7月1日から調査年6月30日である。

累年統計表（続き）

10　肥育豚生産費（続き）

区　　分	単位	平成2年	7	10	11	平成11年度	12	13	14	15	16	17
		(1)	(2)	(3)	(4)	(5)	(6)	(7)	(8)	(9)	(10)	(11)
肥育豚生体100kg当たり												
物　　　財　　　費 (36)	円	24,703	21,182	23,169	21,841	20,781	20,439	21,074	21,692	21,890	22,725	22,518
種　　　付　　　料 (37)	〃	…	19	20	31	39	46	49	49	46	46	59
も　　と　　畜　　費 (38)	〃	12,544	53	84	83	32	38	26	25	22	21	17
飼　　　料　　　費 (39)	〃	10,015	16,006	17,824	16,476	15,343	15,006	15,564	15,947	16,333	17,219	16,733
う　ち　流　通　飼　料　費 (40)	〃	10,009	16,001	17,823	16,471	15,342	15,004	15,563	15,944	16,329	17,218	16,732
敷　　　料　　　費 (41)	〃	113	171	132	129	137	127	125	128	116	124	125
光　熱　水　料　及　び　動　力　費 (42)	〃	377	877	840	832	860	894	907	899	913	938	1,086
そ　の　他　の　諸　材　料　費 (43)	〃	…	37	56	51	56	55	52	54	40	34	49
獣　医　師　料　及　び　医　薬　品　費 (44)	〃	505	1,288	1,224	1,241	1,249	1,187	1,170	1,221	1,214	1,267	1,222
賃　借　料　及　び　料　金 (45)	〃	115	146	185	199	228	228	255	260	259	290	363
物　件　税　及　び　公　課　諸　負　担 (46)	〃	…	161	155	163	156	154	159	153	166	146	164
繁　　殖　　雌　　豚　　費 (47)	〃	…	557	724	737	752	742	756	744	646	657	671
種　　雄　　豚　　費 (48)	〃	…	144	169	157	152	161	165	158	131	117	117
建　　　物　　　費 (49)	〃	550	1,025	1,053	1,031	1,047	1,079	1,117	1,222	1,223	1,070	1,072
自　　動　　車　　費 (50)	〃	…	…	…	…	…	…	…	…	…	230	236
農　　機　　具　　費 (51)	〃	484	643	641	648	649	635	633	731	689	485	520
生　　産　　管　　理　　費 (52)	〃	…	55	62	63	81	87	96	101	92	81	84
労　　　働　　　費 (53)	〃	3,115	4,758	4,776	4,590	4,484	4,482	4,334	4,224	4,154	4,121	4,042
う　　ち　　家　　族 (54)	〃	2,944	4,358	4,369	4,275	4,148	4,161	3,961	3,736	3,644	3,523	3,379
費　　用　　合　　計 (55)	〃	27,818	25,940	27,945	26,431	25,265	24,921	25,408	25,916	26,044	26,846	26,560
副　　産　　物　　価　　額 (56)	〃	333	1,021	890	857	797	763	830	812	706	690	684
生　産　費（副　産　物　価　額　差　引） (57)	〃	27,485	24,919	27,055	25,574	24,468	24,158	24,578	25,104	25,338	26,156	25,876
支　　払　　利　　子 (58)	〃	…	323	257	263	237	238	245	174	174	164	186
支　　払　　地　　代 (59)	〃	…	16	17	8	12	10	9	10	9	10	10
支　払　利　子・地　代　算　入　生　産　費 (60)	〃	…	25,258	27,329	25,845	24,717	24,406	24,832	25,288	25,521	26,330	26,072
自　　己　　資　　本　　利　　子 (61)	〃	309	603	602	553	551	545	571	579	607	540	573
自　　作　　地　　地　　代 (62)	〃	57	84	85	86	86	79	76	75	73	72	76
資本利子・地代全額算入生産費（全　算　入　生　産　費） (63)	〃	27,851	25,945	28,016	26,484	25,354	25,030	25,479	25,942	26,201	26,942	26,721

注： 1　平成11年度～平成17年度は、既に公表した『平成12年　肥育豚生産費』～『平成18年　肥育豚生産費』のデータである。
　　 2　平成2年の労働時間の表章単位は、肥育豚10頭当たりで表章した。
　　 3　「労働費のうち家族」について、平成3年までは調査対象経営体の所在するその地方の農村雇用賃金により評価し、平成4年から毎月
　　　　勤労統計調査（厚生労働省）結果を用いた評価に改訂した。平成10年から、それまでの男女別評価から男女同一評価に改正した。
　　 4　平成5年より対象を肥育経営農家から一貫経営農家とした。
　　 5　平成7年から、繁殖雌豚及び繁殖雄豚を償却資産として扱うことを取り止め、購入費用を「繁殖雌豚費」及び「種雄豚費」に計上した。
　　　　また、繁殖豚の育成費用は該当する費目に計上するとともに、繁殖豚の販売価額は「副産物価額」に計上した。

18	19	20	21	22	23	24	25	26	27	28	29	30	令和元年	
(12)	(13)	(14)	(15)	(16)	(17)	(18)	(19)	(20)	(21)	(22)	(23)	(24)	(25)	
23,747	26,139	27,245	23,706	22,987	24,496	24,610	26,300	26,887	26,354	24,552	25,069	25,079	25,560	(36)
58	67	65	67	44	77	79	97	110	116	119	125	133	149	(37)
13	14	12	20	48	59	51	22	19	11	18	27	65	76	(38)
17,343	19,844	20,990	17,722	16,696	17,885	18,634	20,065	20,255	19,591	17,792	17,992	17,968	18,331	(39)
17,342	19,843	20,990	17,722	16,695	17,882	18,633	20,064	20,254	19,590	17,791	17,990	17,968	18,331	(40)
138	123	109	116	117	118	110	117	114	112	107	99	94	102	(41)
1,197	1,275	1,181	1,127	1,208	1,245	1,262	1,358	1,403	1,348	1,325	1,394	1,460	1,513	(42)
52	37	43	47	53	45	64	61	53	50	44	48	46	89	(43)
1,224	1,191	1,233	1,354	1,406	1,491	1,538	1,674	1,791	1,877	1,835	1,853	1,750	1,677	(44)
255	233	267	213	248	250	270	277	261	263	238	252	201	249	(45)
185	161	171	156	176	169	165	164	156	158	164	151	161	184	(46)
733	563	520	587	498	647	524	566	484	610	696	711	649	649	(47)
117	137	186	101	124	105	86	93	83	101	114	111	82	86	(48)
1,602	1,573	1,533	1,302	1,371	1,373	998	1,034	1,220	1,183	1,101	1,221	1,328	1,272	(49)
234	260	255	231	255	252	212	203	207	190	219	226	270	280	(50)
507	549	573	551	630	654	518	463	619	627	660	736	753	783	(51)
89	112	107	112	113	126	99	106	112	117	120	123	119	120	(52)
3,947	3,905	3,894	3,719	3,690	3,672	3,607	3,532	3,610	3,588	3,760	3,736	4,049	4,170	(53)
3,189	3,422	3,328	3,231	2,886	2,872	2,785	2,730	2,825	2,948	3,011	2,998	3,329	3,609	(54)
27,694	30,044	31,139	27,425	26,677	28,168	28,217	29,832	30,497	29,942	28,312	28,805	29,128	29,730	(55)
683	616	738	566	579	677	662	714	760	734	771	773	845	794	(56)
27,011	29,428	30,401	26,859	26,098	27,491	27,555	29,118	29,737	29,208	27,541	28,032	28,283	28,936	(57)
112	158	135	106	170	145	99	100	98	106	92	61	63	60	(58)
14	12	13	17	17	20	9	10	13	11	8	10	9	11	(59)
27,137	29,598	30,549	26,982	26,285	27,656	27,663	29,228	29,848	29,325	27,641	28,103	28,355	29,007	(60)
810	631	675	577	510	511	494	483	503	470	474	515	509	490	(61)
65	81	96	100	109	98	116	110	104	87	74	80	83	91	(62)
28,012	30,310	31,320	27,659	26,904	28,265	28,273	29,821	30,455	29,882	28,189	28,698	28,947	29,588	(63)

6　平成７年から飼育管理等の直接的な労働以外の労働（自給牧草生産に係る労働、資材等の購入付帯労働及び建物・農機具の修繕労働）を
　間接労働として関係費目から分離し、「労働費」及び「労働時間」に計上した。
7　平成７年から、「光熱水料及び動力費」に含めていた「その他の諸材料費」を分離した。
8　平成７年から、子豚の販売価額を「副産物価額」に計上するとともに、その育成費用は該当する費目に計上した。
9　平成16年度から、「農機具費」に含めていた「自動車費」を分離した。
10　平成19年度は、平成19年度税制改正における減価償却計算の見直しを行った結果を表章した。
11　調査期間について、令和元年から調査年１月１日から同年12月31日、平成11年度から平成30年度は調査年４月１日から翌年３月31日、
　平成２年から平成11年は前年７月１日から調査年６月30日である。

（付表）
個 別 結 果 表 （ 様 式 ）

調査票様式は、次のURLから御覧になれます。
・牛乳生産費統計調査票
・子牛生産費統計調査票
・育成牛・肥育牛生産費統計調査票
・肥育豚生産費統計調査票

【 https://www.e-stat.go.jp/stat-search/file-download?statInfId=000032089986&fileKind=2 】

年　農業経営統計調査（牛乳生産費）　個別結果表No. 1

○指導部

1	調　査　年
2	都道府県
3	センサス番号
4	前回センサス番号

法人番号

| 頭数階層区分 | 農業地域類型区分 | 生産費区分 | 認定農業者区分 |

乳牛負担等
- 建物
- 飼料関係作業

5 家族員数及び農業就業者等（人）
- 世帯員
- 家族員
- 農業就業者
- 農業専従者
- 農業臨時雇

6 資本額及び資本利子（円）
	資本額	利子額
資本額計		
借入資本		
自己資本		
流動資本		
労働資本		
固定資産別内訳		
乳牛		
建物		
自動車		
農機具等		
牧草関係		

○ 自給牧草の生産に要した費用（円）
	価額
光熱動力費	
賃借料及び料金	
その他の諸材料費	
建物費	
自動車費	
農機具費	
計	

7 乳用牛の月別期首飼養頭数（頭）
	搾乳牛	育成牛	子牛
1月			
2月			
3月			
4月			
5月			
6月			
7月			
8月			
9月			
10月			
11月			
12月（末）			
計			
通年換算頭数			

8 借入金（円）
- 借入金
- 調査期末償還残高
- 支払利子

1 生産費総括（円）

		搾乳牛			乳用牛	
		購入	自給	負担償却	計	育成牛
6	生産費総括（円）					
7	計					
8	物財費					
9	種付料					
10	飼料費					
11	流通飼料費					
12	牧草・放牧・採草費					
13	敷料費					
14	光熱水力費					
15	その他の諸材料費					
16	獣医師料・医薬品費					
17	賃借料及び料金					
18	物件税・公課諸負担					
19	乳牛償却費					
20	建物費					
21	自動車費					
22	農機具費					
23	生産管理費					
24	労働費					
25	直接労働費					
26	間接労働費					
27	費用合計					
28	副産物価額					
29	生産費					
30	支払利子					
31	支払地代					
32	利子・地代算入生産費					
33	自己資本利子					
34	自作地地代					
35	全算入生産費					

2 主産物（kg、円）
36	生産量		
37	出荷		
38	小売		
39	子牛給与		
40	乳牛自家消費		
41	乳量計		
42	乳脂肪生産量		
43	乳脂肪分3.5%換算乳量		
44	価額		
45	乳脂肪分		
46	乳脂肪均		
47	乳均価		
48	無脂乳固形分生産量		
49	無脂乳固形分率		

4 搾乳牛の概要（頭、調査期間延べ月飼養頭数）
50	調査期間延べ月飼養頭数		
51	1産		
52	2産		
53	3産		
54	4産		
55	5産以上		
56	計		

1頭当たり　搾乳牛　乳牛　年通　年換算　1頭当たり　償却価額　乳飼比

3 副産物（1）きゅう肥（kg、円）
利用	計
販売	数量 価額
自家農業仕向	数量 価額
廃棄	数量 価額
搬出	数量

（2）子牛の概要（頭、円）
	10日齢販売	頭数 価額
評価	10日齢廃棄	
	死亡	雌 雄
	計（死亡・廃業含む）	雌 雄 計

売却頭数　取得価額　償却価額　売却価額　うち処分差損失

○ 自給牧草の生産（a、kg）
	作付面積	収穫量	収穫量
いね科	デントコーン		
	イタリアン		
	ソルゴー		
	稲発酵粗飼料		
	その他		
まめ科	いね科主		
	まめ科主		
	その他		

作付面積	収穫量
穀類及び野草類	
野生	
乾	
計	
放牧　牧　場	
牧草給与割合（%）	

1　2　3　4　5　6　7　8　9　10　11　12　13　14

204

年　農業経営統計調査（牛乳生産費）　個別結果表No. 2

○ 指標部

1	調査年	センサス番号	前回センサス番号
2	年		

9 作業別労働時間及び労働費（時間、円）

	家族（男・女・計）	雇用（男・女・計）	計	1頭当たり	単価
5 直接労働時間 計					
6 飼料調理・給与・給水					
7 敷料搬入・きゅう肥搬出					
8 搾乳・処理・運搬					
9 その他					
10 間接労働時間					
11 自給牧草労働時間					
12 労働時間 合計					
13 1頭当たり					
14 労 直接労働費					
15 働 間接労働費					
16 費 自給牧草労働費					
17 1頭当たり					
18 間 直接労働費					
19 接 間接労働費					
20 費 自給牧草労働費					
21 1頭当たり					

10 年齢階層別家族労働時間及び労働評価額（時間、円）

	搾乳牛負担労働時間（男・女・計）	搾乳牛負担労働評価額（男・女・計）
23 経営管理労働時間		
24		
25 65歳未満		
26 65～70		
27 70～75		
28 75歳以上		
29 計		

11 地代（a、円）

	使用地面積	所有地地代	搾乳牛負担地面積	使用地面積	搾乳牛負担地面積
30 建物敷地					
31 運動場					
32 所 使用10a当たり地代					
33 有 見積10a当たり地代					
34 地 搾乳牛負担地面積					
35 牧草栽培					
36 借 使用地面積					
37 入 使用10a当たり地代					
38 地 搾乳牛負担地面積					
39 放牧地					
40 採草地					
（a） 計					
支払地代					

12 経営耕地（調査開始時）（a）

	所有地	借入地	計
42 田			
43 普通畑			
44 樹園地			
45 牧草地			
小計			
計			

13 物件税及び公課諸負担（円）

	物件税	公課諸負担	計
所有地			
借入地			
計			

14 建物等（円）

	所有状況	償却費
畜舎（うちフリーストール）（㎡）		
納屋・倉庫（㎡）		
乾牧草収納庫（㎡）		
サイロ（基）		
ふん尿貯留槽（基）		
ふん尿処理施設（㎡）		
クーラー室		
電気牧柵		
浄化処理施設		
その他		

15 自動車（台、円）

	所有台数	償却費
貨物自動車		
乗用自動車		
計		

16 農機具（台、円）

	所有台数	償却費
搾乳機（バケット・パイプライン）		
牛乳冷却機		
バルククーラー		
パーソンクリーナー		
トラクター		
は種機		
マニュアスプレッダー		
切り返し機（ローダー）		
プラウ・ハロー		
中耕除草機		
モア		
集草機		
カッター		
ベーラー		
その他の牧草収穫機		
計		

17 処分差損失（円）

	建物	自動車	農機具	計

18 流通飼料の給与量と価額（kg、円）

	数量	価額	単価
穀類（大麦、その他の麦、とうもろこし、大豆、米、その他、計）			
購 ぬか・ふすま類（ふすま、米ぬか、麦ぬか、その他、計）			
入 植物性かす類（大豆油かす、ビートパルプ、その他、計）			
飼 配合飼料（計）			
料 TMR			
牛乳脂肪			
いも類及び野菜類			
稲わら			
その他のわら類（計）			
生牧草			
乾牧草（計）			
自 ヘイキューブ その他 計			
給 サイレージ（計）			
飼 いも類及び発酵粗飼料			
料 稲発酵粗飼料 その他 計			
その他（計）			
牛乳脂肪			
自給 いも類及び野菜類 計			
飼料 稲わら その他のわら類 計			

19 自給牧草の給与量（kg）

	数量（生牧草・乾牧草）	数量（乾・牧・計）
い ね科（デントコーン、イタリアン、ソルゴー、稲発酵粗飼料、その他飼料、計）		
生牧草 まめ科 その他 計		
数量 いも類及び野菜類		
野草類（野草、放牧）		

［参考1］収益性等（円、%）

	1頭当たり	家族労働報酬（1日当たり）
52 収益		
53 収 益 額		
54 生 産 費 総 額		
55 所得		
56 利 潤		
57 所 得		
58 1日当たり		

［参考2］消費税（円）

消費税	

［参考3］飼料給与量（TDN換算量）（kg）1頭当たり

	粗飼料	濃厚飼料

年　農業経営統計調査（子牛生産費）　個別結果表No. 1

○ 指標部

	調査年	都道府県	センサス番号	生産費区分	頭数階層区分	農業地域類型区分	生産費計算係数	計算期間	認定農業者区分	前回センサス番号	法人番号

1　生産費総括（円）

	計	購入	自給	計算対象畜賦負担分	償却	計	子牛1頭当たり 購入	自給	計	償却	繁殖雌牛1頭当たり
6 物財費 計											
7 　種付料											
8 　飼料費											
9 　購入飼料費											
10 　流通飼料費											
11 　牧草・放牧・採草費											
13 　敷料費											
14 　光熱動力費											
15 　その他の諸材料費											
16 　獣医師料・医薬品費											
17 　賃借料及び公課諸負担											
18 　繁殖雌牛償却費											
19 　建物費											
20 　自動車費											
21 　農機具費											
22 　生産管理費											
24 労働費 計											
25 　直接労働費											
26 　間接労働費											
27 費用合計											
28 副産物価額											
29 生産費											
30 支払利子											
31 支払地代											
32 利子・地代算入生産費											
33 自己資本利子											
34 自作地地代											
35 全算入生産費											

2　生産物

	雌子牛	雄子牛	計
36 頭数			
37 1頭当たり			

3　副産物及びきゅう肥（kg、円）

	総数	数量	数	価額	1頭当たり 数量	価額
38 計						
利用 販売						
自家農業仕向						
その他						
搬出量						

4　出荷に要した費用（円）

47 材料費	
48 労働費	
49 計	

5　計算対象繁殖雌牛の品種別頭数（頭）

	実頭数	延べ頭数
黒毛		
褐毛		
日本短角		
その他		
計		

6　家族員数及び農業就業者等（人）

	男	女
世帯員 家族		
農業就業者		
農業専従者		
農業年雇		

7　資本額及び資本利子（円）

	資本額	利子額
資本額 計		
借入資本		
自己資本		
流動資本		
労働資本		
固定資本		
産別内訳 繁殖雌牛		
建物		
自動車		
農機具等		
計		
販売回数（回）		
延べ計算期間（年）		

○ 自給牧草の生産に要した費用（円）

	価額
光熱動力費	
賃借料及び料金	
その他の諸材料費	
建物費	
自動車費	
農機具費	
計	

8　繁殖雌牛飼養頭数（頭）

	繁殖雌牛の月初め飼養頭数
1月	
2月	
3月	
4月	
5月	
6月	
7月	
8月	
9月	
10月	
11月	
12月	
計	
飼養月数（月）	
飼養月平均頭数（頭）	

9　繁殖雌牛の概要

月齢（月）	
評価額（円）	
償却月数（月）	
償却月額（円）	
処分差損失（円）	
売却頭数（頭）	
売却価額（円）	
分間頭数a（頭）	
分娩頭数b（頭）	
ン・ト平均b/a（月）	

10　借入金（円）

調査期末（償還残高）	

【参考1】収益性等（円）

粗収益	
生産費総額	
所得	
1日当たり	
家族労働報酬	
1日当たり	

年　農業経営統計調査（子牛生産費）　個別結果表No.2

○ 指標部

| 1 | 調査年 | センサス番号 | 前回センサス番号 |
| 2 | | | |

3 11 作業別労働時間及び労働費（時間、円）

		家　族			雇　用			1頭当たり
		男	女	計	男	女	計	
4								
5	直接労働時間　計							
6	飼料調理・給与・給水							
7	敷料搬入・きゅう肥搬出							
8	その他							
9	間接労働時間							
10	自給牧草労働時間							
11	労働時間合計							
12	1頭当たり							
13	労働費							
14	直接労働費							
15	間接労働費							
16	自給牧草労働費							
17	1頭当たり							
18	経営管理労働時間							
19	1頭当たり							

12 年齢階層別家族労働評価額（時間、円）

		計算対象畜負担労働時間			計算対象畜負担労働評価額		
		男	女	計	男	女	計
22	計						
23	65歳未満						
24	65〜70						
25	70〜75						
26	75歳以上						

13 地代（a、円）

		所有地	借入地	計
28	建物敷地			
29	運動場			
30	放牧地			
31	牧草栽培			
32	採草地			

14 経営土地（調査開始時）（a）

		所有地	借入地	計
37	田			
38	普通畑			
39	樹園地			
40	牧草地			
41	採草地			
42	小計			
43	畜舎等			
44	放牧地			
45	採草地			
46	小計			
47	合計			

15 物件税及び公課諸負担（円）

		物件税	公課諸負担	計
49	公課			
50	物件税			

【参考2】消費税（円）

| 51 | 消費税 | | |

【参考3】飼料給与量（TDN換算量）（kg）1頭当たり

		濃厚飼料	粗飼料	飼料計
55	費			
56	飼料給与			
57	計			

17 自動車（台、円）

		所有台数	償却費
	貨物自動車		
	その他		
	計		

18 農機具（台、円）

		所有台数	償却費
	ベーラー・ニューマスプレッダー		
	ふん尿搬出機（ローダー）		
	切り返し機（ローダー）		
	動力噴霧機		
	トラクター		
	カッター		
	飼料粉砕機		
	飼料配合機		
	自動給水機		
	その他		
	計		

19 処分差損失（円）

		所有状況	償却費
	建物		
	自動車		
	農機具		
	生産管理機器		
	計		

16 建物（円）

		所有状況	償却費
	畜舎・倉庫（㎡）		
	納屋・倉庫（㎡）		
	たい肥舎（㎡）		
	ふん尿貯留槽（基）		
	プラウ利用乾燥施設（基）		
	飼料用タンク（基）		
	その他		
	計		

○ 自給牧草の生産（a、kg）

		作付面積	収穫量	優等量
	デントコーン			
	イタリアン			
	いね	ソルゴー			
	科	稲発酵粗飼料			
		その他飼料			
	まぜ	いね科及び野菜科主			
	まき	その他			
		その他			
	いも類及び生草			
	野	乾			
		計			

20 流通飼料の給与量と価額（kg、円）

		数量	価額	単価
		計			
		麦類	大麦			
			その他の麦			
		とうもろこし			
		大豆			
		飼料用米			
	購入	その他			
		ぬか・ふすま類 計			
		ふすま			
		米・麦ぬか			
		その他			
		植物性かす類 計			
		大豆油かす			
		ビートパルプ			
		その他			
		配合飼料			
飼		TMR			
料		牛乳脱脂乳			
		その他わら及び野菜類			
		いも類及び野菜類 計			
		稲わら			
		その他			
		生牧草			
		乾牧草			
		計			

21 自給牧草の給与量（kg）

		生牧草	乾牧草	サイレージ
	自給牧草			
	配合飼料			
	計			

		数量	牧草	サイレージ
	いね科	デントコーン			
		イタリアン			
		ソルゴー			
		稲発酵粗飼料			
		その他			
	まぜ	いね科及び野菜科主			
	まき	その他			
		計			
	いも類及び野菜類			
	野	生草			
		乾			
	放牧場費（時間）			

年　農業経営統計調査（育成牛・肥育牛生産費）　個別結果表No.1

○ 指標部

調査年	都道府県	センサス番号	生産費区分	頭数階層区分	農業地域類型区分	生産費計算係数	認定農業者区分	前回センサス番号	法人番号

1 生産費総括 (円)

- 財 物 費
- もと畜費
- 飼料費（自給・飼料費）
  - 流通飼料費
  - 牧草・放牧・採草費
- 敷料費
- 光熱動力費
- その他の諸材料費
- 獣医師料・医薬品費
- 賃借料及び公課諸負担
- 物件税・公課諸負担
- 建物費
- 自動車費
- 農機具費
- 生産管理費
- 労働費
  - 直接労働費
  - 間接労働費
  - 計
- 費用合計
- 副産物価額
- 生産費
- 支払利子
- 支払地代
- 利子・地代算入生産費
- 自己資本利子
- 自作地地代
- 全算入生産費

購入 / 自給 / 計算対象 / 畜産負担 / 償却 / 計

育成牛・肥育牛1頭当たり　償却

2 主産物

	総数	購入	自給	計	1頭当たり
もと畜 頭数（頭）					
月齢（月）					
評価額（円）					

- 頭数（頭）
- 月齢（月）
- 販売生体重（kg）
- 評価価額（円）
- 肥育・育成期間（月）

4 出荷に要した費用（円）
- 材料費
- 労働費
- 計

3 副産物 (kg、頭、円)

	数量	価額
	総量	自給	その他	計	数量	価額

- 利用
- きゅう肥（販売・自家農業仕向・その他）
- 排出量
- 事故牛・4ヶ月末満の子牛
- 計

5 家族員数及び農業就業者等（人）

	男	女
世帯員		
自家農業従事者		
農業就業者		
農業専従者		
家族員		
年雇		

6 資本額及び資本利子（円）

	資本額	利子額
資本額 計		
借入資本		
自己資本		
流動資本		
固定資本		
資産別内訳（建物・自動車・農機具関係・牧草）		
販売回数（回）		
延べ計算期間（年）		

○ 自給牧草の生産に要した費用（円）
- 光熱動力費
- 賃借料及び料金
- その他の諸材料費
- 建物費
- 自動車費
- 農機具費
- 計（計算対象畜負担分）

7 月始め飼養頭数（頭）

1月	2月	3月	4月	5月	6月	7月	8月	9月	10月	11月	12月	計

- 飼養月数（月）
- 飼養月平均頭数

8 販売肉用牛の品種別頭数（頭）

	実頭数
黒毛	
褐毛	
日本短角	
乳用	
その他	
計	

9 借入金
- 調査開始時未償還残高
- 支払利子

[参考1] 収益性等（円）

	1頭当たり
粗収益	
生産費	
所得（総額 / 1日当たり）	
家族労働報酬（総額 / 1日当たり）	

年　農業経営統計調査（育成牛・肥育牛生産費）　個別結果表No. 2

○ 指標部

| 調査年 | | | センサス番号 | 前回センサス番号 |

10　作業別労働時間及び労働費（時間、円）

	家　族			雇　用			
	男	女	計	男	女	計	単価
直接労働時間　計							
飼料調理・給与・給水							
敷料搬入・きゅう肥搬出							
その他							
間接労働時間							
自給牧草労働時間							
労働時間合計							
1頭当たり							
労働費							
直接労働費							
敷料搬入・きゅう肥搬出							
間接労働費							
自給牧草労働費							
1頭当たり							

11　年齢階層別家族労働時間及び労働評価額（時間、円）

	計算対象畜負担労働時間			計算対象畜負担評価額
	男	女	計	
65歳未満				
65〜70				
70〜75				
75歳以上				
計				

経営管理労働時間

12　地代（a、円）

	建物	牧地	運動場	牧草栽培	採草地	計
使用地面積						
所有地地代						
有　10a当たり地代						
地　対象畜負担地代						
借入地面積						
他　使用地地代						
地　10a当たり地代						
対象畜負担地代						

13　経営耕地（調査開始時）（a）

	所有地	借入地	計
田			
普通畑			
樹園地			
牧草地			
小計			
畜舎等			
放牧地			
採草地			
小計			
計			

14　物件税及び公課諸負担（円）

	税	負担
物件税		
公課		
計		

【参考2】消費税（円）

| 費目 |
| 租飼料 |
| 濃厚飼料 |
| 計 |

【参考3】飼料給与（TDN換算量）（kg）1頭当たり

| 租飼料 | 濃厚飼料 | 計 |

15　建物等（円）

	所有状況	償却費
畜舎（㎡）		
納屋・倉庫（㎡）		
たい肥舎（㎡）		
ふん尿貯留槽（㎡）		
ブ子利用乾燥施設（基）		
飼料用タンク（基）		
その他		
計		

16　自動車（台、円）

	所有台数	償却費
貨物自動車		
自動車		
その他		
計		

17　農機具（台、円）

	所有台数	償却費
ベーラー		
マニュアスプレッダー		
ふん尿搬出機		
切り返し機（ローダー）		
動力噴霧機		
トラクター		
カッター		
飼料粉砕機		
飼料配合機		
自動給餌機		
自動給水機		
その他		
計		

18　処分差損失（円）

建物	
自動車	
農機具	
生産管理機器	
計	

○ 自給牧草の生産（a、kg）

	作付面積	収穫量
い　デントコーン		
ね　イタリアン		
科　ソルゴー		
稲発酵粗飼料		
その他		
ま　牧　類		
せい　いも類及び野菜類		
科　生草		
野　乾草		
その他		
計		
放牧	牧	
牧草給与割合（%）		

19　流通飼料の給与量と価額（kg、円）

		数量	価額	単価
	1頭当たり			
穀　大麦類　計				
大麦				
その他の麦				
とうもろこし				
大　飼料用米				
その他				
類　豆　計				
ぬか・ふすま　計				
ふすま				
米ぬか				
その他				
植物性かす類　計				
大豆油かす				
ビートパルプ				
購　その他				
入　配合飼料　計				
飼　牛乳肥脂乳				
料　TMR				
いも類及び野菜類				
稲わら類　計				
稲わら				
その他のわら				
その他				
生牧草　計				
乾牧草				

20　自給牧草の給与量（kg）

		生牧草	乾牧草
い　デントコーン			
ね　イタリアン			
科　ソルゴー			
稲発酵粗飼料			
穀類			
ま　いも類及び野菜類			
せい　生草			
科　乾草			
野　放牧場費（時間）			

209

年　農業経営統計調査（肥育豚生産費）　個別結果表 No. 1

○指標節

	調査年	都道府県	前回センサス番号　法人番号	センサス番号	認定農業者区分	生産費区分	農業地域類型区分	頭数階層区分	生産費計算係数	肉豚平均販売月齢	子豚平均販売月齢	肉豚平均飼養月齢 死亡・とう汰 豚平均飼養月齢	子豚平均導入月齢
1													
2													
3													
4													
5													

1　生産費総括（円）

肥育豚1頭当たり　　計算対象　　購入／自給／負担分　償却

No	費目
6	計
7	購入
8	財物費
9	種付料
10	もと畜費
11	飼料費
12	飼料費
13	流通飼料費（牧草・放牧・採草費）
14	敷料費
15	光熱水力費
16	その他の諸材料費
17	獣医師料及び医薬品費
18	賃借料及び料金
19	物件税・公課諸負担
20	繁殖雌豚費
21	種雄豚費
22	建物費
23	自動車費
24	農機具費
25	生産管理費
26	労働費　計
27	直接労働費
28	間接労働費
29	費用合計
30	副産物価額
31	生産費
32	支払利子
33	支払地代
34	利子・地代算入生産費
35	自己資本利子
36	自作地地代
37	資本利子・地代全額算入生産費
38	
39	

2　主産物

1頭当たり　　総数　　総量　　数量　価額　　1頭当たり価額

40	頭数（頭）
41	月齢（月）
42	生体重（kg）
43	評価額（円/頭）
44	死亡・とう汰頭数（頭）

3　副産物（kg、頭、円）

総量　　数量　価額　　1頭当たり価額

45	きゅう肥
46	利用　計
	販売
	自家農業仕向
	その他
	肥育豚
	搬故
	繁殖雌豚
	種雄豚
	子豚
	計

4　出荷に要した費用（円）

48	材料費
49	料金
50	労働費
51	計

5　家族員数及び農業就業者等（人）

		男	女
	世帯員		
	家族		
	農業就業者		
	農業専従者		
	農業年雇		

6　資本額及び資本利子（円）

	資本額	資本利子
計		
借入資本		
自己資本		
流動資本		
労賃資本		
固定資本		
建物		
自動車		
農機具等		

（資産別内訳）

7　肉豚飼養頭数（頭）

肉豚の月始め飼養頭数（肥育豚＋子豚）

1 月	
2 月	
3 月	
4 月	
5 月	
6 月	
7 月	
8 月	
9 月	
10 月	
11 月	
12 月	
計	
飼養月数（月）	
飼養月平均頭数	

○子豚の生産・販売等状況　頭数

分べんした繁殖雌豚頭数	
子豚の分べん頭数	
子豚の導入頭数	
子豚の販売頭数	

○繁殖豚の飼養状況（年始の飼養頭数）　頭数

繁殖雌豚	
繁殖雄豚	
後継繁殖雌豚	
後継繁殖雄豚	

〔参考1〕収益性等（円）　1頭当たり

粗収益	
生産費総額	
所得	
1日当たり所得	
家族労働報酬	
1日当たり家族労働報酬	

8　借入金（円）

| 支払利子 | |
| 調査期首未償還残高 | |

210

農業経営統計調査（肥育豚生産費）　個別結果表No.2

○指標部

調査年	
センサス番号	
前回センサス番号	

9 作業別労働時間及び労働費（時間、円）

		家族		雇用		計	
		男	女	男	女		
直接労働時間　計							
飼料調理・給与・給水							
敷料搬入・きゅう肥搬出							
その他							
間接労働時間							
労働時間合計							
1頭当たり							
労働費							
直接労働費							
間接労働費							
1頭当たり							

10 年齢階層別家族労働時間及び労働評価額（時間、円）

	計算対象畜負担労働時間			計算対象畜負担労働評価額			
	男	女	計	男	女	計	
65歳未満							
65～70							
70～75							
75歳以上							
計							
経営管理労働時間							

11 地代（a、円）

	運動場	牧草栽培	採草地	計
所有地 使用地面積				
有 10a当たり地代				
地 対象畜負担地代				
借入 使用地面積				
地 10a当たり地代				
地 対象畜負担地代				

12 経営耕地（調査開始時）（a）

	所有地	借入地	計
耕地 田			
普通畑			
樹園地			
地 牧草地			
小計			
畜産用地 畜舎等			
採草地			
小計			
合計			

13 物件税及び公課諸負担（円）

物件税 諸負担	
課 諸負担	
公課 計	

14 建物等（円）

	所有状況	償却費
畜舎（m²）		
たい肥舎（m²）		
ふん尿貯留槽（基）		
脱臭施設（基）		
浄化処理施設（基）		
ふん乾燥施設（基）		
飼料用タンク（基）		
その他		
計		

15 自動車（台、円）

	所有台数	償却費
貨物自動車		
その他		
計		

16 農機具（台、円）

	所有台数	償却費
バキュームカー		
マニュアスプレッダー		
固液分離機（ローダー）		
切り返し機		
動力噴霧機		
トラクター		
飼料配合機		
飼料自動給水機		
自動給水機		
その他		
計		

17 処分差損失（円）

建物	
自動車	
農機具	
生産管理機器	

18 流通飼料の給与量と価額（kg、円）

		数量	価額	単価	1頭当たり
購入	穀類　計				
	大麦				
	その他の麦				
	とうもろこし				
	飼料用米				
	その他				
	ぬか・ふすま類　計				
	ぬか				
	ふすま				
	その他				
	植物性かす類				
	配合飼料				
	エコフィード				
	脱脂乳				
	いも類及び野菜類				
	その他				
	計				
自給	飼料				

［参考2］消費税（円）

消費税	

［参考3］飼料給与量（TDN換算量）（kg）1頭当たり

	計	濃厚飼料	粗飼料

211

令和元年　畜産物生産費

令和5年4月　発行　　　　　　　定価は表紙に表示しています。

編集　　〒100-8950　東京都千代田区霞が関1－2－1
　　　　　農林水産省大臣官房統計部

発行　　〒141-0031　東京都品川区西五反田7-22-17　TOCビル11階34号
　　　　　一般財団法人　農林統計協会
　　　　　振替　　00190-5-70255　TEL 03(3492)2950

ISBN978-4-541-04437-2　C3061